高等学校"十三五"规划教材

QIANRUSHI XITONG JISHU YU YINGYONG

嵌入式系统技术与应用

祁桂兰　主编

祁桂兰　麻小娟　许　飞　编著

西北工业大学出版社

【内容简介】 本书系统介绍了嵌入式系统的基础知识,ARM 体系结构下的 Cortex－A9 多核处理器系统开发涉及的软、硬件基础知识。

以 Cortex－A9 多核处理器的 ARM Exynos 4412 四核处理器为例,具体描述了嵌入式处理器的组成、片内功能模块及功能模块的应用实现。介绍了 ARM Exynos 4412 开发板的软件技术,包括 Linux 操作系统的 Ubuntu 版本应用,开发板的 Android 应用,主机、虚拟机及目标板的开发平台搭建、交叉环境配置以及 Boot-Loader、内核移植基础知识。

本书可作为高等院校计算机科学与技术、软件工程、电子信息工程、通信工程、自动控制、电气自动化、物联网应用等专业的教材,也可以作为工程技术人员进行嵌入式系统开发与应用的参考书。

图书在版编目(CIP)数据

嵌入式系统技术与应用/祁桂兰主编 . —西安:西北工业大学出版社,2017.8
(2023.1 重印)

ISBN 978－7－5612－5459－2

Ⅰ.①嵌… Ⅱ.①祁… Ⅲ.①微型计算机—系统设计—高等学校—教材 Ⅳ.①TP360.21

中国版本图书馆 CIP 数据核字(2017)第 193014 号

策划编辑:雷　军
责任编辑:张　友

出版发行:西北工业大学出版社
通信地址:西安市友谊西路 127 号　　　　邮编:710072
电　　话:(029)88493844,88491757
网　　址:www.nwpup.com
印　刷　者:陕西向阳印务有限公司
开　　本:787 mm×1 092 mm　　　1/16
印　　张:17.5
字　　数:423 千字
版　　次:2017 年 8 月第 1 版　　2023 年 1 月第 3 次印刷
定　　价:58.00 元

前　言

本书系统地描述 FS4412 ARM Cortex – A9 四核处理器平台环境下的嵌入式系统开发涉及的软、硬件基础知识。内容力求理论与实践相结合,注重具体实际应用技术。书中主要内容已经在笔者的实际教学过程中得到使用。

全书共分 11 章。

第 1 章对嵌入式系统做概要性介绍。

第 2~6 章以 ARM Cortex – A9 四核处理器的 ARM Exynos 4412 为主,具体描述嵌入式处理器的组成、片内功能模块原理、应用及开发板的基本组成。针对功能模块的应用,书中给出驱动程序的汇编语言代码和 C 语言代码,这些代码大多数取自 Linux,Uboot 以及厂商的测试程序。

第 7~9 章具体描述基于 ARM Cortex – A9 四核处理器的应用软件技术,包括 Linux 操作系统的 Ubuntu 版本应用、开发板的 Android 操作系统的应用、Linux 操作系统的基本命令以及 Boot Loader、内核基础知识等。

第 10 章主要列举 ARM Cortex – A9 四核处理器在 Android 系统的应用实例;给出 Linux 主机调试环境搭建、主机与 FS4412 目标板的开发平台搭建、交叉环境配置的方法;描述 Android 版本的 Uboot 与 Linux 的 Uboot 版本转换技术。

第 11 章主要描述嵌入式系统开发应用中必须做的几个实验,从实验原理、实验步骤以及实验现象进行举例分析。给出相应的实验程序及 Uboot,Linux 源代码,实验程序均已调试通过。

建议在讲授计算机组成原理或微机原理及 Linux 操作系统后开设本课程,同时学生应该有一定的 C 语言基础。

本书第 1~5,10,11 章由祁桂兰编写,第 6 章由许飞编写,第 7~9 章由麻小娟编写。全书由祁桂兰统稿,由李伟华教授审稿。

在本书的编写过程中,李青对书中的 C 代码进行了校对,国家邮政局发展研究中心张辛对本书内容进行了排版和资料校对,并在统稿过程中提出了许多建议和修改意见,在此一并表示衷心的感谢。

在本书的编写过程中,除了书后列出的参考文献外,还引用了华清远见公司的技术资料、随机资料和相关程序,在此向这些文献的作者及华清远见公司表示感谢。

鉴于水平有限,书中的疏漏和不当之处在所难免,敬请专家和读者批评指正。

编　者

2017 年 1 月

目　　录

第1章　嵌入式系统基础知识 ··· 1

1.1　嵌入式系统简介 ·· 1

1.2　嵌入式系统硬件及软件组成 ·· 4

1.3　主流嵌入式微处理器 ··· 5

1.4　主流嵌入式操作系统 ··· 8

习题1 ··· 10

第2章　ARM 体系结构 ·· 11

2.1　微处理器的体系结构基础 ··· 11

2.2　ARM 处理器体系结构 ··· 15

2.3　Cortex - A9 处理器体系结构 ······································· 18

习题2 ··· 22

第3章　ARM 程序员模型 ·· 23

3.1　数据类型和存储器格式 ·· 23

3.2　ARM 处理器工作模式 ··· 29

3.3　ARM 的寄存器组织 ··· 30

3.4　程序状态寄存器与指令计数器 ····································· 34

3.5　ARM 体系异常处理 ··· 35

习题3 ··· 41

第4章　ARM 指令系统 ·· 42

4.1　ARM 处理器的寻址方式 ·· 42

4.2　ARM 指令集介绍 ·· 49

4.3　Thumb 指令集介绍 ·· 72

习题4 ··· 77

第5章　ARM 汇编语言程序设计基础 ······································ 78

5.1　ARM 汇编语言的程序结构 ··· 78

5.2　ARM 汇编语言程序设计 ……………………………………………………… 87

5.3　C 语言与汇编语言混合编程 ………………………………………………… 98

习题 5 …………………………………………………………………………………… 107

第 6 章　嵌入式系统的存储器系统 ……………………………………………… 108

6.1　嵌入式系统存储器的结构 …………………………………………………… 108

6.2　NAND 型和 NOR 型 Flash …………………………………………………… 110

6.3　嵌入式系统存储芯片模型 …………………………………………………… 112

6.4　嵌入式系统典型存储芯片的应用操作 ……………………………………… 117

习题 6 …………………………………………………………………………………… 126

第 7 章　嵌入式操作系统介绍 …………………………………………………… 127

7.1　操作系统简介 ………………………………………………………………… 127

7.2　操作系统内核 ………………………………………………………………… 129

7.3　嵌入式操作系统 ……………………………………………………………… 136

习题 7 …………………………………………………………………………………… 138

第 8 章　Linux 软件平台开发技术 ……………………………………………… 139

8.1　Linux 体系结构 ……………………………………………………………… 139

8.2　Linux 目录结构和文件 ……………………………………………………… 143

8.3　Linux 常用操作命令 ………………………………………………………… 147

8.4　Linux Shell 编程 …………………………………………………………… 165

8.5　GCC 编译 ……………………………………………………………………… 168

8.6　Makefile 文件编写 …………………………………………………………… 172

习题 8 …………………………………………………………………………………… 176

第 9 章　ARM Boot Loader 简介 ………………………………………………… 177

9.1　Boot Loader 概述 …………………………………………………………… 177

9.2　Uboot 引导程序分析 ………………………………………………………… 178

9.3　Uboot 启动举例 ……………………………………………………………… 187

习题 9 …………………………………………………………………………………… 190

第 10 章　嵌入式系统开发环境搭建 ……………………………………………… 191

10.1　嵌入式系统硬件平台及常用接口 ………………………………………… 191

10.2　目标板的 Android 系统应用 ……………………………………………… 196

10.3　嵌入式 Linux 开发环境搭建 ……………………………………………… 202

10.4　嵌入式 Linux 调试环境搭建 ……………………………………………… 209

10.5　交叉开发环境搭建 ………………………………………………………… 212

习题 10 ………………………………………………………………………………… 225

第 11 章　基本实验编程举例及驱动程序分析 ·· 226

　11.1　Boot Loader(Uboot)移植实验 ··· 226

　11.2　Linux 系统移植实验 ··· 242

　11.3　LED 驱动开发实验 ·· 250

　习题 11 ·· 270

参考文献 ·· 271

第1章 嵌入式系统基础知识

本章介绍嵌入式系统开发的基础知识,从嵌入式系统的定义、嵌入式计算机的历史由来、嵌入式系统的基本特点、嵌入式系统应用、嵌入式处理器分类、嵌入式系统软、硬件各部分组成等方面进行介绍,涉及嵌入式系统开发的基本内容,使读者系统地建立起嵌入式系统的整体概念。

1.1 嵌入式系统简介

1.1.1 嵌入式系统的概念

1. 广义的概念

嵌入式系统(embedded system)目前被计算机界普遍认同的定义是:以应用为中心、以计算机技术为基础,软、硬件可裁剪,适应应用系统对功能、可靠性、成本、体积、功耗等有严格要求的专用计算机系统。

由嵌入式系统的定义可以看出,嵌入式系统有以下明显特点:
- 嵌入式系统是一个专用计算机系统,有处理器,可编程;
- 嵌入式系统有明确的应用目的;
- 嵌入式系统作为机器或设备的组成部分被使用。

2. 狭义的概念

从狭义上说,嵌入式系统就是嵌入到对象体中的专用计算机系统。这里有三要素:嵌入、专用、计算机。由三要素引出嵌入式系统的特点:
- 嵌入性:嵌入到对象体系中,有对象环境要求;
- 专用性:软、硬件按照对象要求裁剪;
- 计算机:实现对象的智能化功能。

1.1.2 嵌入式系统的发展

嵌入式系统的发展与微处理器发展历程密切相关。

1971 年出现的 4 位集成电路微处理器 Intel 4004 是为嵌入到计算器设计的。通常可以将 Intel 4004 微处理器的出现看做是嵌入式系统发展的初级阶段。

20 世纪 70 年代后,大规模和超大规模集成电路技术迅速发展,出现了各式各样的微处理器,微处理器位数从 8 位、16 位、32 位发展到 64 位,微处理器内部功能增强并集成了更多的功能模块,极大地提高了微处理器的计算能力、处理能力和实时控制能力,促进了嵌入式系统的发展。

最早的单片机是 Intel 公司的 8048,它出现在 1976 年。Motorola 同时推出了 68HC05,Zilog 公司推出了 Z80 系列。这些早期的单片机均含有 256B 的 RAM、4KB 的 ROM、4 个 8 位并口、1 个全双工串行口、2 个 16 位定时器。之后在 20 世纪 80 年代初,Intel 又进一步完善了 8048,在它的基础上研制成功了 8051,这在单片机的历史上是值得纪念的一页,迄今为止,51 系列的单片机仍然是最为成功的单片机芯片,在各种产品中有着非常广泛的应用。8 位单片机使用汇编语言或 C 语言编程,也可以称为无操作系统的嵌入式系统。

嵌入式操作系统伴随着嵌入式系统的发展经历了三个比较明显的阶段:

1. 无操作系统的嵌入算法阶段

无操作系统的嵌入算法阶段,系统通过汇编语言编程对系统进行直接控制,运行结束后清除内存。系统结构和功能都相对单一,处理效率较低,存储容量较小,几乎没有用户接口,比较适合于各类专用领域。

2. 简单监控式的实时操作系统阶段

简单监控式操作系统阶段,系统的特点是 CPU 种类繁多,通用性比较差;系统开销小,效率高;一般配备系统仿真器,具有一定的兼容性和扩展性;操作系统的用户界面不够友好;主要用来控制系统负载以及监控应用程序运行。

3. 通用的嵌入式实时操作系统阶段

以嵌入式操作系统为核心的嵌入式系统,能运行于各种类型的微处理器上,兼容性好、内核精小、效率高,具有高度的模块化和扩展性;具备文件和目录管理、设备支持、多任务、网络支持、图形窗口以及用户界面等功能;具有大量的应用程序接口 API;嵌入式应用软件丰富。

1.1.3　嵌入式系统的特点

嵌入式系统作为一个专用计算机系统,与通用计算机相比,有以下主要特点,在设计阶段需要给予更多的考虑。

1. 与应用密切相关

嵌入式系统作为机器或设备的组成部分,与具体的应用密切相关。

2. 实时性

实时性要求嵌入式系统必须在规定的时间内正确地完成规定的操作,例如在工业控制应用领域中,化工车间的控制对实时性要求非常严格。虽然在某些嵌入式系统中对实时性要求并不严格,但超时也会引起使用者的不满。

3. 复杂的算法

对不同的应用,嵌入式系统有不同的算法。例如,控制汽车发动机的嵌入式系统必须执行复杂的控制算法,以达到降低污染、减少油耗并且不降低发动机工作效率的目的。算法的复杂性还体现在,程序在解决某一问题时必须考虑运行时间的限制、运行环境以及干扰信号带来的影响等。

4. 制造成本

制造成本的高低决定了含有嵌入式系统的设备或产品能否在市场上成功地销售。微处理器、存储器、I/O 设备和嵌入式操作系统的价格对制造成本也有比较大的影响。

5. 功耗

许多嵌入式系统采用电池供电,因此对功耗有着严格的要求。在选择微处理器、存储器和接口芯片时,要充分考虑功耗。除此以外,还要考虑微处理器、操作系统是否支持多种节电模式。

6. 开发和调试

具备相应的开发环境、开发工具和调试工具,才能进行嵌入式系统的开发和调试。通常,在 PC 上运行系统开发工具包,输入、编译及链接系统运行的代码,然后将可执行程序下载到嵌入式开发板上,使其运行并对其进行调试。代码调试通过后,根据需要,设计并生产相应的电路板,焊接元器件,将程序固化或装入内存。

7. 可靠性

嵌入式系统应该能够可靠地运行。比如能长时间正确运行且不死机,或者死机后能由看门狗电路自动重新启动;能在规定的温度、湿度环境下连续运行;具有一定的抗干扰能力等。

8. 体积

嵌入式系统一般要求体积尽可能小。

1.1.4　嵌入式系统的应用

嵌入式系统应用非常广泛,以下一些设备或产品中就含有嵌入式系统。

· 家庭中的全自动洗衣机、空调机、微波炉、电饭煲、数字电视、机顶盒、屏幕电话、智能手机、上网终端、数字门锁、智能防盗系统。

· 办公室中的传真机、复印机、扫描仪、绘图机等。

· 手持设备,如 MP3、GPS 手持机、数码相机、数码摄像机、个人数字助理等。

· 安全及金融领域中用到的身份认证识别、指纹识别、声音识别等。

· 通信和网络使用的设备,如服务器、交换机、路由器、无线基站、3G/4G 移动电话、宽带调制解调器、下一代高性能手持式因特网设备等。

· 医用电子设备,如电子血压计、心电图仪等。

· 汽车电子产品中的时速、发动机转速和油量的信号采集与数字显示设备,行驶状态和故障记录的数字设备,电子地图、导航、车载 GPS、无线上网设备,刹车和安全气囊自动控制设备,汽车黑匣子、车载 MP3、车载 DVD、车载数字电视、车载信息系统等。

· 军事、航空、航天领域中的设备,如我国的神舟飞船、长征运载火箭,美国的 F-16 战斗机、FA-18 战斗机、B-2 隐形轰炸机、爱国者导弹以及 1997 年火星表面登陆的火星探测器等。

· 其他领域,如工业控制设备和仪器仪表、机器人、智能玩具等。

总之,在许多领域和设备中,都大量使用了嵌入式系统。

1.2 嵌入式系统硬件及软件组成

嵌入式系统由硬件和软件组成,如图1-1所示。

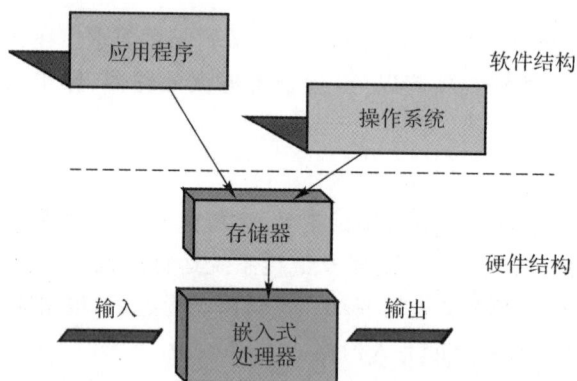

图1-1 嵌入式系统组成

1.2.1 嵌入式系统硬件组成

嵌入式系统的硬件主要包括嵌入式处理芯片、嵌入式系统存储器、I/O接口及常用的I/O设备、典型ARM处理芯片以及嵌入式互连通信接口。不同的嵌入式产品,硬件组成也不相同,共同点是有嵌入式处理器、存储器、输入和输出设备,如图1-2所示。

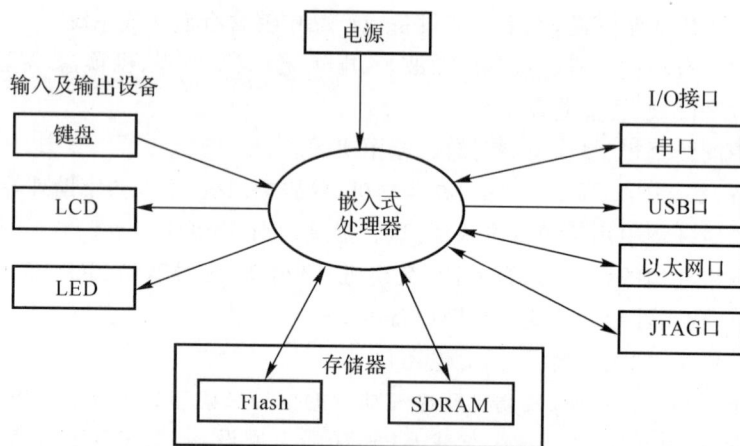

图1-2 嵌入式系统硬件组成

1.2.2 嵌入式系统软件组成

嵌入式系统软件组成如图1-3所示。对于简单的应用,比如不使用操作系统或仅使用小型操作系统的嵌入式系统,软件组成也不尽相同。

图1-3中,板级支持包(Board Support Package,BSP)和硬件抽象层(Hardware Abstract

Layer，HAL）与 PC 的基本输入输出系统（Basic Input Output System，BIOS）相似。不同的嵌入式微处理器、不同的硬件平台或不同的操作系统，BSP/HAL 也不同。

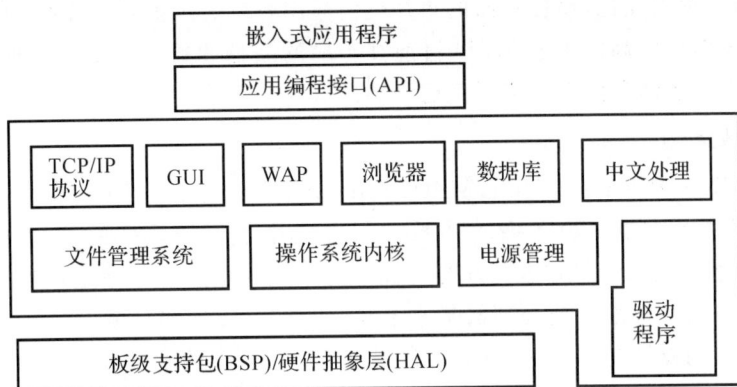

图 1-3　嵌入式系统软件组成

1.3　主流嵌入式微处理器

1.3.1　嵌入式处理器分类

嵌入式系统硬件部分的核心是嵌入式处理器。嵌入式处理器分类方法比较多，比如按照处理器的字长或按照面世的时间顺序等来分类。本书按处理器的应用领域从广义上分为 4 类，即嵌入式微控制器、嵌入式微处理器、嵌入式数字信号处理器和嵌入式片上系统，如图 1-4 所示。

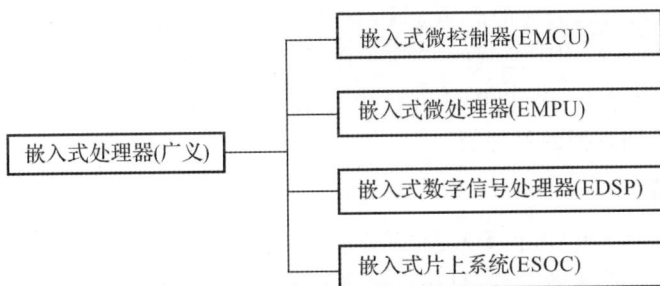

图 1-4　嵌入式微处理器分类

1. 嵌入式微控制器

微控制器（Micro Controller Unit，MCU）的典型代表是单片机，一般以某种微处理器内核为核心，根据某些典型的应用，在芯片内部集成了 ROM/EPROM、RAM、总线、总线逻辑、定时/计数器、看门狗、I/O、串行口、脉宽调制输出、A/D、D/A、Flash ROM、EEPROM 等各种必要功能部件和外设。

为适应不同的应用需求，对功能的设置和外设的配置进行必要的修改和裁剪，使得一个系列的单片机具有多种衍生产品，每种衍生产品的处理器内核都相同，不同的是存储器和外设的配置及功能的设置。这样使单片机最大限度地与应用需求相匹配，从而减少整个系统的功耗和成本。嵌入式微控制器目前的代表性产品有 8051,P51XA,MCS－251,MCS－96/196/296,MC68HC05/11/12/16 等。

与嵌入式微处理器相比,微控制器的单片化使应用系统的体积大大减小,从而使功耗和成本大幅度下降、可靠性提高。由于 MCU 目前在产品的品种和数量上是所有种类嵌入式处理器中最多的,加上上述诸多优点决定了微控制器是嵌入式系统应用的主流。

2. 嵌入式微处理器

微处理器(Micro Processor Unit,MPU)是由通用计算机中的 CPU 演变而来的。MPU 采用增强型通用微处理器。由于嵌入式系统通常应用于比较恶劣的环境中,因而嵌入式 MPU 在工作温度、电磁兼容性以及可靠性方面的要求较通用的标准微处理器高。但是,嵌入式 MPU 在功能方面与标准的微处理器基本上是一样的。根据实际嵌入式应用要求,将嵌入式 MPU 装配在专门设计的主板上,只保留和嵌入式应用有关的主板功能,这样可以大幅度减小系统的体积和功耗。

嵌入式微处理器目前主要有 ARM,MPIS,PowerPC,386EX,SC－400,68000 系列等。

3. 嵌入式数字信号处理器

数字信号处理器(Digital Signal Processor,DSP)是专门用于信号处理方面的处理器,其在系统结构和指令算法方面进行了特殊设计,具有很高的编译效率和指令执行速度。在数字滤波、FFT、谱分析等各种仪器上 DSP 获得了大规模的应用。

另外,在智能领域的应用中,也需要嵌入式 DSP 处理器。例如各种带有智能逻辑的消费类产品、生物信息识别终端、带有加解密算法的键盘、ADSL(Asymmetric Digital Subscriber Line,非对称数字用户线路)接入、实时语音压解、虚拟现实显示等。这类智能化算法一般运算量较大,特别是向量运算、指针线性寻址等较多。

嵌入式 DSP 比较有代表性的产品是 TI 的 TMS320 系列和 Motorola 的 DSP56000 系列。TMS320 系列处理器包括用于控制的 C2000 系列、移动通信的 C5000 系列,以及性能更高的 C6000 和 C8000 系列。DSP56000 目前已经发展成为 DSP56000,DSP56100,DSP56200 和 DSP56300 等几个不同系列的处理器。

4. 嵌入式片上系统

片上系统(System On Chip,SOC)是追求产品系统最大包容的集成器件。SOC 最大的特点是成功实现了软、硬件无缝结合,直接在处理器片内嵌入操作系统的代码模块。而且 SOC 具有极高的综合性,在一个硅片内部运用 VHDL 等硬件描述语言,实现一个复杂的系统。用户不需要再像传统的系统设计一样,绘制庞大复杂的电路板,一点点地连接焊制,只需要使用精确的语言,综合时序设计直接在器件库中调用各种通用处理器的标准,然后通过仿真之后就可以直接交付芯片厂商进行生产。由于绝大部分系统构件都是在系统内部,整个系统就特别简洁,不仅减小了系统的体积和功耗,而且提高了系统的可靠性,提高了设计生产效率。

比较典型的嵌入式 SOC 产品有 Philips 公司的 Smart XA、Siemens 公司的 TriCore、Motorola 公司的 M－Core 和某些 ARM 系列的产品。

1.3.2　主流嵌入式处理器简介

嵌入式处理器由处理器核和不同的功能模块组成。不同的处理器核具有多种不同的功能,能够满足用户对速度、功耗的不同需求。有些芯片生产商将这些核和各种的功能模块,如 DMAC、中断控制器、LCD 控制器、存储器控制器、A/D 转换器、USB 接口等,集成到同一个微处理器芯片中。

1. ARM

基于 ARM 系列 32 位的处理器占据了 75% 以上的市场份额,其已成为应用最广的处理器。

ARM(Acorn RISC Machine)成立于 1990 年,前身为英国剑桥的一个 Acorn 计算机公司,后来改名为 Advanced RISC Machine。主要设计 ARM 系列 RISC 处理器内核。ARM 既表示一个公司名称,也表示这个公司设计的处理器的体系结构。有时 ARM 可以认为是对微处理器的通称,还可以认为是一种技术的名字。

ARM 公司是全球领先的 16 位/32 位 RISC 微处理器知识产权(IP)设计供应商。ARM 公司本身不生产芯片,靠转让设计许可,由合作伙伴公司来生产各具特色的芯片。目前 ARM 的合作伙伴在全世界已经超过 100 个,许多著名半导体公司都与 ARM 公司有着合作关系,例如 Intel、TI、Sony、Apple、Freescale、Motorola、三星、飞利浦、富士通等,从而保证了大量的开发工具和丰富的第三方资源,它们共同保证了基于 ARM 处理器的设计可以很快投入到市场。

ARM 处理器已成为移动通信、手持设备、多媒体数字消费嵌入式解决方案的 RISC 标准。

2. MIPS

MIPS 是 Micorprocessor Without Interlocked Pipeline Stages 的缩写,其意为内部无互锁流水线微处理器。MIPS 也是一种处理器的内核标准。MIPS 体系结构具有良好的可扩展性,并且能够满足超低功耗微处理器的要求。

由美国斯坦福大学在 2007 年发布的 MIPS32 74KB 内核产品,是当时运行速度较快的处理器内核,主频频率为 1 GHz。

3. PowerPC

PowerPC 是 Performance Optimization With Enhanced RISC - Performance Computing 的缩写,有时简称 PPC,意为增强 RISC 性能优化-性能计算。PowerPC 是 1994 年由 Apple、IBM 和 Motorola 联合组成的 AIM 联盟所发展出的微处理器。

PowerPC 体系结构的特点是可延伸性好,方便灵活。PowerPC 处理器品种很多,既有通用的处理器,又有微控制器和内核。其应用范围非常广泛,从高端的工作站、服务器到桌面计算机系统,从消费类电子产品到大型通信设备,都有着广泛的应用。

4. 其他嵌入式微处理器

其他嵌入式微处理器包括 Intel 公司基于 x68 处理器核的嵌入式微处理器 Geode SPISC10、Motorola 公司的 68xxx,Compaq 公司的 Alpha,HP 公司的 PARISC,Sun 公司的 Sparc,Renesas Technology 公司的 M32R,Atmel 公司的 AVR32 以及 Hitachi 公司的 Super H(SH)等。

1.4　主流嵌入式操作系统

嵌入式操作系统(Embedded Operating System,EOS)是指用于嵌入式系统的操作系统。嵌入式操作系统是一种用途广泛的系统软件,通常包括与硬件相关的底层驱动软件、系统内核、设备驱动接口、通信协议、图形界面、标准化浏览器等。嵌入式操作系统负责嵌入式系统的全部软、硬件资源的分配、任务调度、控制、协调并发活动。嵌入式操作系统可充分体现其所在系统的特征,并通过装卸某些模块来达到系统所要求的功能。

早期的嵌入式系统应用较为简单。例如洗衣机和微波炉的控制,要处理的任务比较简单,只需要检测哪一个键按下并执行相应的程序即可。当时的微处理器为 8 位或 16 位,程序员可以在应用程序中管理微处理器的工作流程,很少用到嵌入式操作系统。当嵌入式系统应用变得越来越复杂以后,成熟而复杂的嵌入式操作系统应运而生,使得软件开发更容易,效率更高。

1.4.1　嵌入式操作系统的主要特点

1. 实时性

当嵌入式系统对实时要求并不高时,便可选择那些非实时性的操作系统。

事实上许多嵌入式系统的应用都有实时性要求,并具有实时性的技术指标,例如:

- 系统响应时间,指从系统发出处理要求到给出应答信号所花费的时间。
- 中断响应时间,指从中断请求到进入中断服务程序所花费的时间。
- 任务切换时间,指操作系统 CPU 的控制权从一个任务切换到另一个任务所花费的时间。

实时性要求嵌入式系统对确定的事件在系统事先规定的时间内能够响应并正确处理完毕。

2. 可移植性

嵌入式操作系统的开发一般先在某一种处理器上完成,然后向其他微处理器上移植。

不同的嵌入式操作系统使用不同的板级支持包(BSP)/硬件抽象层(HAL)。板级支持包内的程序与接口及外设等硬件密切相关。操作系统应该设计成尽可能与硬件无关,这样在不同的平台上移植操作系统时只要改变板级支持包就可以了。

3. 内核小型化

操作系统内核是指操作系统中靠近硬件并且享有最高运行优先权的代码。为了适应嵌入式系统存储空间小的限制,内核应尽量小型化。例如,嵌入式操作系统 VxWorks 内核最小可裁剪到 8KB,Nucleus Plus 内核在典型的 RISC 体系结构下占 40KB 左右的空间,QNX 内核约为 12KB,国产的 Hopen 内核约 10KB。

4. 可裁剪

基于嵌入式应用的多样化,嵌入式操作系统必须有很强的适应能力,能够根据应用系统的特点和要求灵活配置,方便剪裁,伸缩自如。

除上述要求外,嵌入式操作系统还应该具有以下特点:操作系统可靠性高,能满足那些无人值守、长期连续运行环境的要求;操作系统是可配置的;操作系统的函数是可重入的等。

1.4.2　主流嵌入式操作系统简介

目前在嵌入式领域广泛使用的操作系统有嵌入式实时操作系统 μC/OS - Ⅱ、嵌入式 Linux、Windows CE、VxWorks 等，以及应用在智能手机和平板电脑的 Android、iOS 等。

1. Linux

Linux 是一套免费的、开放源代码的、性能稳定的多用户嵌入式操作系统。Linux 操作系统诞生于 1991 年 10 月 5 日（这是第一次正式向外公布的时间）。Linux 存在着许多不同的版本，但都使用了 Linux 内核。Linux 可安装在各种计算机硬件设备中，比如手机、平板电脑、路由器、视频游戏控制台、台式计算机、大型机和超级计算机。Linux 的主要特点如下：

- 开放源代码；
- 内核小，功能强大，运行稳定，效率高；
- 易于制定裁剪；
- 支持 20 多个处理器体系结构（ARM 多个系列、Inter x86）；
- 支持大量的外围硬件设备，驱动程序丰富；
- 有大量的开发工具和良好的开发环境；
- 沿用了 UNIX 的发展方式，遵循国际标准，众多第三方软硬件厂商支持；
- 对以太网、千兆以太网、无线网、令牌网、光纤网、卫星网等多种联网方式提供了全面支持；
- 在图像处理、文件管理及多任务支持等方面，Linux 也提供了较强的支持。

2. μC/OS

μC/OS 是源码公开的实时嵌入式操作系统。μC/OS 提供了嵌入式系统的基本功能，其核心代码短小精悍。μC/OS 对于大型商用嵌入式系统而言还是有些简单。

μC/OS 的主要特点包括源码公开、可移植性强（采用 ANSI C 编写）、可固化、可裁剪、占先式、多任务，稳定性和可靠性都很强。

μC/OS 已经被移植到许多微处理器上运行，如 ARM 系列，Intel 公司的 8051、80x86 系列，Motorola 公司的 PowerPC 68xxx、68HC11 等系列。

3. Windows CE

Windows CE 操作系统是 Microsoft 公司于 1996 年发布的一种嵌入式操作系统，目前使用最多的是 Windows CE.NET4.2 和 Windows CE.6.0 版。在 PDA、Pocket PC、Smart Phone（智能手机）、工业控制和医疗设备方面用得较多。

Windows CE 是一个简洁、高效的多平台操作系统，不是桌面 Windows 系统的削减版本，而是从整体上为有限资源的平台设计的多线程、完全优先级、多任务的操作系统。操作系统内核占据最少 200KB ROM 空间。

近年来 Microsoft 公司又推出了针对移动设备应用的 Windows Mobile 操作系统，是微软进军移动设备领域的重大产品调整，包括 Pocket PC、Smart Phone 及 Media Centers 三大体系平台，面向个人移动电子消费市场。

4. Android

Android（安卓）是由 Google 公司推出的以 Linux Kernel 为核心的移动操作系统，由于开放源码,能够按照需要对 Android 进行裁剪或扩展。

2011 年 10 月,Android 发布了 4.0 版本,其基于 Linux Kernel 3.0.1 版。

Android 是全球最受欢迎的智能手机操作系统,同时在平板电脑市场占有率也逐年上升。

采用 Android 系统的主要厂商包括中国台湾省的 HTC(第一代谷歌手机 Google Nexus One 由 HTC 代工)、美国的摩托罗拉,韩国的三星,中国大陆的华为、中兴、联想等。另外国内众多嵌入式教学实验平台也配置了 Android 操作系统。

5. VxWorks

VxWorks 是美国 Wind River System 公司于 1983 年设计开发成功的一个实时操作系统(RTOS),目前已发展到 VxWorks V6.0 版。

VxWorks 既是一个操作系统,又是一个可以运行的最小基本程序;VxWorks 有 BSP(可以认为是一种低层驱动),可以减小驱动程序的编写过程;VxWorks 具有强大的调试能力,可以在没有仿真器的情况下,通过串口调试,并具有丰富的函数库;VxWorks 内核最小可裁剪到 8KB。

6. QNX

QNX 是加拿大 QNX 公司的产品,是在 x86 体系上成功开发的,然后移植到 Motorola 68xxx 等微处理器上。

QNX 是一个微内核实时操作系统,其核心仅提供 4 种服务:进程调度、进程间通信、底层网络通信和中断处理。其进程在独立的地址空间运行。QNX 内核小巧,大约为 12KB,运行速度极快。

7. Palm OS

Palm OS 是 3Com 公司的 Palm Computing 部开发的。与同步软件 HotSync 结合可使掌上电脑与 PC 上的信息实现同步,把台式机的功能扩展到了手掌上。

8. 其他操作系统

国外的 Tiny OS(美国伯克里大学)、OS-9(Microwave 公司)以及国内 Hopen OS(凯思集团)和 EEOS(中科院计算所)的嵌入式操作系统也较为知名。

习 题 1

1. 简述嵌入式系统的定义。
2. 说出几个你知道的使用了嵌入式系统的产品。
3. 嵌入式系统有哪些特点?
4. 简要说明嵌入式系统的硬件组成和软件组成。
5. 从狭义上讲,嵌入式处理器有哪些典型产品?
6. 简述 Linux 支持的 3 种常用处理器结构的名称。
7. 嵌入式操作系统有哪些主要特点?
8. 简述 Linux 操作系统的主要特点。

第 2 章 ARM 体系结构

嵌入式系统和实际应用对象密切相关,而实际应用非常复杂,应用也日新月异,很难用一种架构或者模型加以描述。本章主要围绕典型嵌入式系统体系结构的发展、技术特征等进行介绍,并结合目前较先进的嵌入式 ARM Cortex - A9 四核处理器体系结构、主要功能技术进行描述,为嵌入式系统应用开发建立基本框架。

2.1 微处理器的体系结构基础

2.1.1 经典微处理器体系结构

经典微处理器体系结构主要有冯·诺依曼体系结构和哈佛体系结构。

1. 冯·诺依曼体系结构

冯·诺依曼结构也称普林斯顿结构,是一种将程序指令存储器和数据存储器合并在一起的存储器结构。程序指令存储地址和数据存储地址指向同一个存储器的不同物理位置,因此程序指令和数据的宽度相同,如 Intel 公司的 8086 中央处理器的程序指令和数据都是 16 位宽,如图 2 - 1 所示。

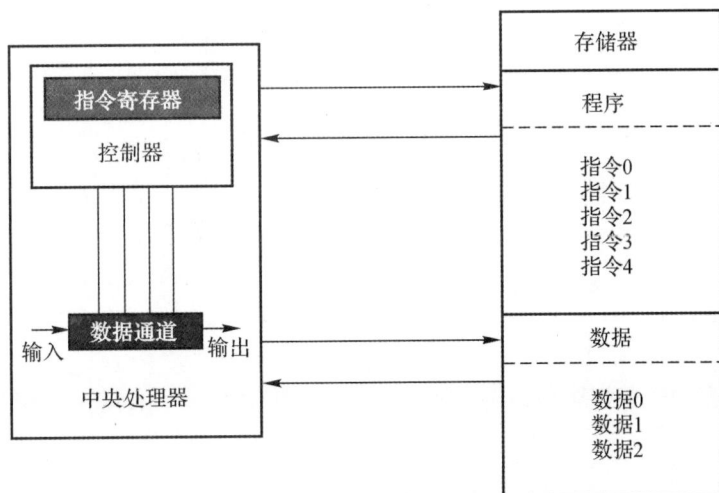

图 2 - 1 冯·诺依曼体系结构

冯·诺依曼体系结构的最大特点是数据与指令都存储在存储器中。正因为如此,该体系结构被大多数计算机广泛采用。嵌入式处理器 ARM7 采用的就是冯·诺依曼体系结构。

2. 哈佛体系结构

哈佛结构是一种将程序指令存储和数据存储分开的存储器结构,如图 2-2 所示。中央处理器首先到程序指令存储器中读取程序指令内容,解码后得到数据地址,再到相应的数据存储器中读取数据,并进行下一步的操作(通常是执行)。程序指令存储和数据存储分开,可以使指令和数据有不同的数据宽度。

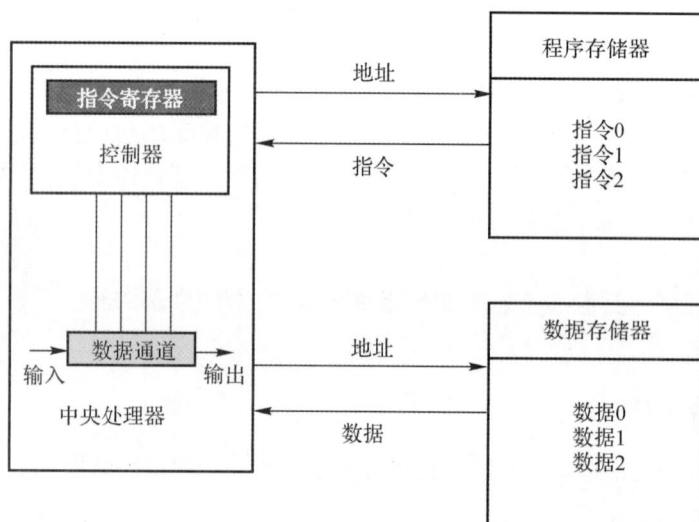

图 2-2 哈佛体系结构

哈佛体系结构的特点:

- 程序存储器与数据存储器分开;
- 提供了较大的数据存储器带宽;
- 适合于数字信号处理。

基于以上特点,大多数 DSP 都是哈佛结构,嵌入式处理器 ARM9 也采用了哈佛结构。

2.1.2 ARM 处理器的技术特征

ARM 的成功,一方面得益于它独特的公司运作模式,另一方面,当然来自于 ARM 处理器自身的优良性能。作为一种先进的 RISC 处理器,ARM 处理器有如下特点:

- 体积小、低功耗、低成本、高性能;
- 支持 Thumb(16 位)/ARM(32 位)双指令集,能很好地兼容 8 位/16 位器件;
- 大量使用寄存器,指令执行速度更快;
- 大多数数据操作都在寄存器中完成;
- 寻址方式灵活简单,执行效率高;
- 指令长度固定。

这里对比一下 ARM 处理器的一些技术特征:

1. CISC 技术

每个微处理器的核心是运行指令的电路。指令由完成任务的多个步骤所组成,把数值传送进寄存器或进行相加运算。这些指令被称为微理器的微代码(microcode),不同制造商的微处理器有不同的微代码系统,制造商可按自己的意愿,使微代码做得简单或复杂。指令系统越丰富,微处理器编程就越简单,然而,执行速度也相应越慢。因此,CISC(Complex Instruction Set Computing,复杂指令集计算机系统)有以下主要特点:

- 具有大量的指令和寻址方式;
- 指令长度不固定,执行需要多个周期;
- 寄存器的使用多数是特定的。

2. RISC 技术

RISC(Reduced Instruction Set Computing,精简指令集计算机系统)中所有指令的格式都是一致的,所有指令的指令周期也是相同的,并且采用流水线技术。在中高档服务器中采用RISC 指令的 CPU 主要有 Compaq(康柏,即新惠普)公司的 Alpha、HP 公司的 PA - RISC、IBM 公司的 PowerPC、MIPS 公司的 MIPS 和 Sun 公司的 Sparc。主要特点如下:

- 通过简单指令的组合实现较复杂的操作;
- 指令长度固定,确保数据通道快速执行每一条指令;
- 使 CPU 硬件结构设计变得更为简单。

3. 流水线技术

(1)流水线技术的含义。流水线(pipeline)技术是指在程序执行时多条指令重叠进行操作的一种准并行处理实现技术。流水线是 Intel 首次在 486 芯片中开始使用的。流水线的工作方式就像工业生产上的装配流水线。在 CPU 中由 5～6 个不同功能的电路单元组成一条指令处理流水线,然后将一条 X86 指令分成 5～6 步,再由这些电路单元分别执行,这样就能实现在一个 CPU 时钟周期完成一条指令,因此而提高 CPU 的运算速度。ARM7 系列使用三级流水线:取指令、译码和执行。多个操作同时进行,而非顺序执行。经典的奔腾每条整数流水线均分为四级流水线,即取指令、译码、执行、写回。目前新型的嵌入式处理器有更多级流水线。

(2)流水线技术的主要特点。

- 几个指令可以并行执行;
- CPU 运行高效;
- 内部信息流更加流畅。

(3)三级流水线解析。以 ARM7 系列使用三级流水线来进行解读指令的取指、译码和执行过程。ARM7 处理器可以工作在两种状态,即 ARM(32 位)和 Thumb(16 位)指令集状态,如图 2 - 3 所示。

图 2 - 3 中的 PC(程序计数器)指向正在被取指的指令,不是指向正在执行的指令。ARM(或 Thumb)状态正在执行第 1 条指令的同时对第 2 条指令进行译码,并将第 3 条指令从存储器中取出。也就是 ARM7 流水线只有在取第 4 条指令时,第 1 条指令才算完成执行。因此,无论处理器处于何种状态,PC 总是指向"正在取指"的指令,而不是指向"正在执行"的指令或者正在"译码"的指令。或者说 PC 总是指向当前正在执行的指令地址再加 2 条指令的地址。如果以正在执行的指令为基点,也可以理解为:

- 处理器处于 Thumb(16 位)状态时,每条指令为 2 字节,PC 值为正在执行的指令地址加 4 字节,PC 值=当前程序执行位置+4 字节。

· 处理器处于 ARM(32 位)状态时,每条指令为 4 字节,PC 值为正在执行的指令地址加 8 字节,PC 值=当前程序执行位置+8 字节。

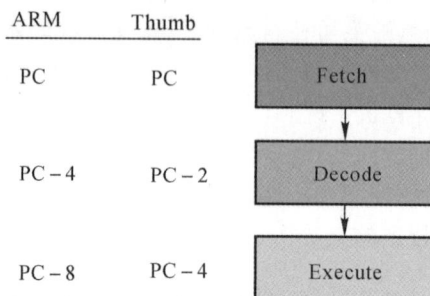

图 2-3 三级流水线

4. 超标量执行

超标量(super scalar)CPU 采用多条流水线结构。超标量 CPU 架构是指在一颗处理器内核中集成了多个 ALU 和 FPU、多个译码器和多条流水线,实行了指令级并行的一类并行运算,如图 2-4 所示。这种技术能够在相同的 CPU 主频下实现更高的 CPU 吞吐率(through-put)。

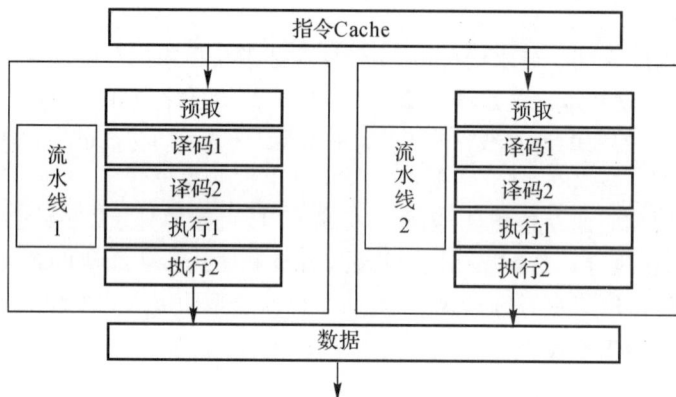

图 2-4 超标量执行示意图

5. 高速缓存(Cache)

当 CPU 处理数据时,先到 Cache 中去寻找,如数据之前操作已经读取而被暂存,就不需要再从随机存取存储器(RAM)中读取数据,如图 2-5 所示。

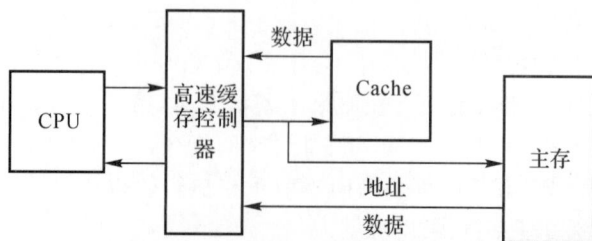

图 2-5 高速缓存在处理器中的应用

2.2　ARM 处理器体系结构

ARM 处理器为 RISC 芯片。其简单的结构使 ARM 内核非常小,这使得器件的功耗也非常低。

2.2.1　ARM 处理器体系结构发展

ARM 处理器体系结构从最早的 ARM6™ 系列微处理器(当时还只有 26 位的地址空间)发展到 ARM7TDMI 处理器内核系列、ARM9TDMI 处理器内核系列、ARM9E 处理器内核系列、ARM10E 处理器内核系列、ARM11 处理器内核系列以及目前的 Cortex - A 处理器内核系列。

1. ARM7 系列

1991 年 AMR 推出 RISC 核心—— ARM6™ 系列微处理器,两年后出现了 ARM7 系列。ARM 公司将 ARM6™ 体系结构完全扩展到 32 位,主频提升到 40MHz。ARM7 系列具有三级流水线和冯·诺依曼结构,另外还集成了一个 8KB Cache。ARM7 可以支持一种称为"Thumb"的模式,可以运行新的 16 位指令。该系列包括:

- ARM7TDMI:用于低端的、应用最广泛的 ARM 微处理器。
- 可以综合的 ARM7TDMI - S:ARM7TDMI 的综合版本。适用于可移植性和灵活性为关键的现代设计。
- ARM7EJ - S:支持 DSP 和 Jazelle。Jazell 允许直接执行 Java 字节码的扩充。
- ARM720T:具有 MMU(Memory Management Unit)、安全性能,适用于低功耗和小体积为关键的应用。基于 ARM7TDMI 核的控制器主要有 ATMEL 公司推出的 AT91 系列微控制器,Samsung 公司推出的 S3C3X 系列微控制器、S3C4X 系列微控制器。

2. ARM9 系列

1997 年 ARM 公司推出了能提供五级流水线和哈佛结构的微处理器 ARM9TDMI™ 系列,主要包括 ARM920T,ARM922T 和 ARM940T 三种类型。ARM910™ 和 ARM920™ 微处理器提供了用于 Windows CE 的解决方案。以 ARM920T 为核心的微控制器有 Motorola 公司的龙珠系列,主要用于"蓝牙"技术与 PDA。ARM 于 2000 年推出采用 ARM922T 核的微控制器,主要用于手持设备。ARM9 系列处理器均采用了 ARM9TDMI 处理器核,兼有 16 位 Thumb 指令集,使得代码密度提高了 35%。

ARM9 的主要特点:
- 采用哈佛架构增加了可用的存储器宽度。
  - ◇指令存储器接口;
  - ◇数据存储器接口;
  - ◇可以实现对指令和数据存储器的同时访问。
- 五级流水线。
- 提高了最大时钟频率。

基于 ARM9E 系列核的产品因具有 DSP 和增强的 32 位 RISC 处理器,非常适用于对 DSP 和微控制器都有要求的领域。ARM9E 系列已广泛用于硬盘驱动器和 DVD 播放器等海量存储设备。同时也广泛用于可视电话、手持通报装置、网络应用等新一代手持产品以及汽车、工业控制系统等。

3. ARM10TM 系列

ARM10TM 于 1998 年推出,带有 DSP 扩展、六级流水线,执行效率更高,在同等的时钟速度下,性能提高了 50%。该系列微处理器包括 ARM1022E,ARM1020E 和 2002 年推出的 ARM1026EJ-S™,支持针对 Java"加速的 ARM Jazelle"技术。芯片体积小、成本低、中断等待时间短、实时性强。具有存储器管理单元(MMU)和存储保护单元(MPU)。扩充 64 位单片总线可实现带宽增大。六级流水线,每周期 64 位的 LDM/STM(读取/加载)操作,有助于更好执行携带大型数据套件的复杂应用。ARM10TM 系列广泛应用于网络处理产品、数字机顶盒、嵌入式控制产品、消费娱乐产品和无线设备。

4. ARM11 系列

ARM11 系列提供了第一个 ARMv6 体系结构版本,该版本完全兼容之前的体系结构。其具有更快的音频 DSP 和 SIMD 媒体扩展功能,在媒体处理方面的速度较之前快 1.75 倍;其改进的内存管理,提升系统性能高达 30%;支持向量中断控制器,缩短了中断响应时间。

本系列适用于低功耗、高可靠性的有更高要求的下一代无线和消费类产品,包括 2.5G/3G 手机、多种多媒体无线设备、家庭消费类产品。同时也可以用于先进操作系统、构建网络的设备、嵌入式应用处理器、声频与视频的编解码等领域。

5. Secure Core 系列

Secure Core 专为安全需要而设计,提供了唯一的开发智能卡和安全 IC 卡的 32 位解决方案。允许用户进行安全的电子商务、电子银行业务、上网、系统认证和电子政务。除具有小体积、低功耗、高代码密度和高可靠性的特点,Secure Core 兼有协助抗高压冲击和定时攻击等保护的专门特性,同时也能提供 Jazelle 技术以满足 Java 卡平台加速的要求。SecureCore SC100 是最低安全级的 32 位处理器,SC200 是兼有 Jazelle 技术的先进安全级处理器。SC110 和 SC210 类似于 SC100 和 SC200。

6. Strong ARM 系列

在体系结构上 Strong ARM 将之前 ARM 中流水线的三级扩展到五级。在器件工艺上采用了大量的最新的体系结构和器件技术,大大降低了芯片工作时的功耗。其中 SA-1110 微处理器是一款具有多种通信通道、LCD 控制器、存储器、PCMCIA 控制器、通用 I/O 接口的高集成度通信控制器。同时带有指令和数据 Cache、MMU、读/写缓存。存储器可以和 SDRAM,SMROM(三星 SM-N9002 ROM)及类似 RAM 的许多器件相连。Strong ARM 微处理器是便携式通信和消费类电子产品的理想选择。

7. Xscale 系列

在 1999 年度嵌入式微处理器论坛上,Intel 宣布将在其第二代 Strong ARM 中采用七级流水线,并在 0.18 μm 工艺条件下达到 600 MHz 的频率,而功耗不到 0.5 W。将其新的微处理器命名为 Strong ARM Xscale。Xscale 处理器是一款全性能、高性价比、低功耗的处理器，支持 16 位的 Thumb 指令集和 DSP 指令集，已使用在数字移动电话、个人数字助理、网络产品等场合。

8. Cortex - A 系列

Cortex - A 处理器基于 ARMv7 - A 架构，支持 Thumb - 2 技术，Thumb - 2 技术比纯 32 位代码少使用 31％的内存。采用 NEON 技术，将 DSP 和媒体处理能力提高了近 4 倍。支持改良的浮点运算，满足下一代 3D 图形、游戏物理应用以及传统嵌入式控制应用的需求。支持 Jazelle - RCTJava 加速技术。支持安全交易和数字版权管理的 Trust Zone 技术。ARMv7 的流水线更长（13 级），但分析方式和三级流水线一样。

Cortex - A 系列 CPU 处理器内核包括 ARM Cortex - A5 处理器、ARM Cortex - A7 处理器、ARM Cortex - A8 处理器、MPCore 处理器、ARM Cortex - A9 处理器等。

综上所述，ARM 处理器是一种高性能、低功耗的 32 位 RISC 微处理器，已被广泛应用于嵌入式系统当中。为了追求高性能和对高级语言编译器的支持，ARM 指令集的编码方式与正统的 RISC 指令集机器有所不同。目前，几乎所有的嵌入式系统设计和生产厂家都使用基于 ARM 核的处理器，包括 Intel、Motorola、TI、NEC、日立、联想、恒基伟业、3Com 等都有采用 ARM 处理器的产品，可以预计，基于 ARM 的产品会越来越多。

2.2.2　ARM 体系架构技术

目前 ARM 公司定义了 7 种主要的 ARM 指令集体系结构版本，以版本号 v1～v7 表示。拥有相同指令集版本的 ARM 芯片，虽然出自不同的生产厂商，但它们使用的指令和应用软件是相互兼容的。下面把各自架构的特点进行简单描述。

1. v1

该版本的 ARM 体系结构只有 26 位的寻址空间，现在已经废弃不再使用，没有商业化，其功能为：

- 基本的数据处理指令（加，减，与，或，非，比较），该版本不包括乘法；
- 字节、字和半字加载/存储指令；
- 具有分支指令，包括在子程序调用中使用的分支和链接指令；
- 在操作系统调用中使用的软件中断指令（SWI）。

2. v2

同样为 26 位寻址空间，现在也已经废弃不再使用，它相对 v1 版本有以下改进：具有乘法和乘加指令；支持协处理器（专门用于进行辅助运算的芯片，其本身除了运算功能外没有其他功能，因此不能独立工作，必须和 CPU 一起工作）。

3. v3

v3 版本寻址范围扩展到 32 位；增加了程序状态保护寄存器 SPSR；增加了两种处理器模式（ARM 和 THUMB）；修改了 v3 以前用于异常返回指令的功能。

4. v4

目前大多使用的 ARM 核,使用 v4 版本,它相对 v3 版本作了以下的改进:增加了半字加载(LDRH)/存储(STRH)指令;增加了字节(LDRSB/STRSB)和半字的加载和符号扩展指令(LDRSH/STRSH);增加了 T 变种,具有可以转换到 Thumb 状态的指令;增加了新的特权处理器模式。

5. v5

在 v4 版本的基础上,对现在指令的定义进行了必要的修正,对 v4 版本的体系结构进行了扩展并增加了相应指令,对数字信号处理(DSP)算法提供了增强算法支持。具体如下:改进了ARM/Thumb 状态之间的切换效率;允许 T 变种(支持 Thumb 指令集)和非 T 变种一样;使用相同的代码生成技术;增加前导零计数(最高有效位前 0 的个数)指令 CLZ 和软件断点指令BKPT;对乘法指令如何设置标志作了严格的定义。

6. v6

v6 版本是 2001 年发布的。其主要特点是增加了 SIMD(Single Instruction Multiple Data,单指令多数据流)(SIMD 型的 CPU 中,指令译码后几个执行部件同时访问内存,一次性获得所有操作数进行运算)功能扩展。它适合用于电池供电的高性能、低功耗的便携式设备。

v6 版本首先在 2002 年春季发布的 ARM11 处理器中使用。

7. v7

v7A:应用程序架构通过多模式和对基于 MMU 的虚拟内存系统体系结构的支持,实现传统 ARM 体系结构。

v7R:实时架构通过多模式和对基于 MPU(根据所处模式的访问权限保护内存)的受保护内存系统体系结构的支持,为具有严格的实时响应限制的深层嵌入式系统提供高性能计算解决方案。

v7M:通过寄存器硬件堆栈以及对使用高级语言写入中断处理程序的支持,微控制器架构实现了专为快速中断处理而设计的程序员模型。

2.3　Cortex – A9 处理器体系结构

2011 年 11 月 ARM 正式宣布推出新款 ARMv8 架构的 Cortex – A50 处理器系列产品,以此来扩大 ARM 在高性能与低功耗领域的领先地位,进一步抢占移动终端市场份额。Cortex –A50 是继 Cortex – A15 之后的又一重量级产品,将会直接影响到主流 PC 市场的占有率。近几年来手机端较为主流的 ARM 处理器如图 2 – 6 所示。

以由高端到低端的方式来看,ARM 处理器大体上可以按 Cortex – A57 处理器、Cortex –A53 处理器、Cortex – A15 处理器、Cortex – A12 处理器、Cortex – A9 处理器、Cortex – A8 处理器、Cortex – A7 处理器、Cortex – A5 处理器、ARM11 处理器、ARM9 处理器、ARM7 处理器排序,再往低走,部分手机产品中基本已经不再使用,这里就不再介绍。

图 2 - 6　ARM 体系结构发展

2.3.1　Cortex - A9 处理器架构解析

ARM Cortex - A9 处理器隶属于 Cortex - A 系列,基于 ARMv7 - A 架构,目前能见到的四核处理器大多都是属于 Cortex - A9 系列,如图 2 - 7 所示。

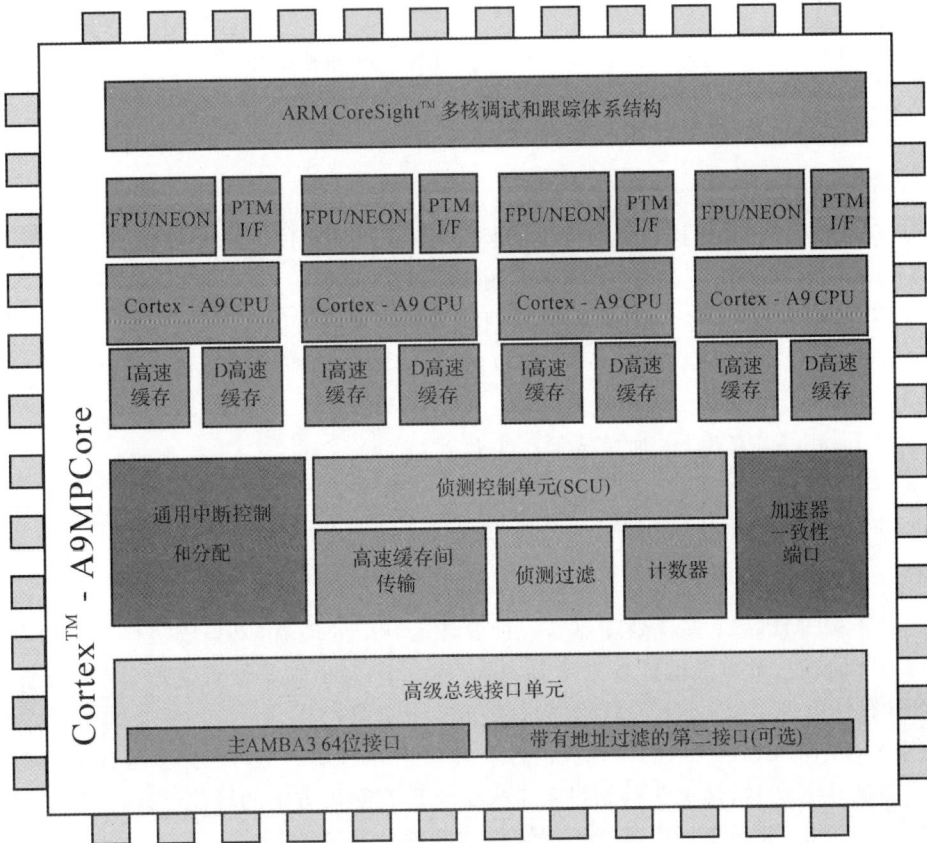

图 2 - 7　Cortex - A9 结构组成

Cortex－A9 处理器结构既可用于可伸缩的多核处理器(Cortex－A9 MPCore 多核处理器),也可用于更传统的处理器(Cortex－A9 单核处理器)。可伸缩的多核处理器和单核处理器支持 16KB,32KB 或 64KB 4 路关联的 L1 高速缓存配置,对于可选的 L2 高速缓存控制器,最多支持 8MB 的 L2 高速缓存配置,具有极高的灵活性,均适用于特定应用领域和市场。Cortex－A9 处理器性能参数见表 2－1。

表 2－1 Cortex－A9 处理器性能参数

体系结构	ARMv7－ACortex
Dhrystone 性能	每个内核 2.50DMIPS/MHz
多核	1～4 个内核 还提供单核版本
ISA 支持	ARM ThumbR－2/Thumb Jazelle R DBX 和 RCT DSP 扩展 高级 SIMD NEON™单元(可选) 浮点单元(可选)
内存管理	内存管理单元
调试和跟踪	CoreSight™ DK－A9(单独提供)

2.3.2 Cortex－A9 主要功能和技术

Cortex－A9 处理器主要功能:

· 基于 ARMv7－A 架构,是 ARMv6 架构的扩展和延伸;

· Thumb－2 技术比纯 32 位代码少使用 31% 的内存;

· 采用 NEON 技术,将 DSP 和媒体处理能力提高了近 4 倍;

· 支持改良的浮点运算,满足下一代 3D 图形、游戏物理应用以及传统嵌入式控制应用的需求;

· 支持 Jazelle－RCTJava 加速技术;

· 支持安全交易和数字版权管理的 Trust Zone 技术;

· ARMv7 流水线更长(13 级),但分析方式和三级流水线一样。

1. Cortex－A9 MPCore 技术

Cortex－A9 MPCore 多核处理器是一种设计定制型处理器,以集成缓存一致的方式支持 1～4 个 CPU 内核。可单独配置各处理器,设定其缓存大小以及是否支持 FPU(浮点运算单元)、MPE(媒体处理引擎)或 PTM(程序跟踪功能)接口等。

利用 ARM MPCore 技术的设计灵活性和先进的功耗管理技术,能够在有限的功耗下维持移动设备的正常运转,从而为移动设备带来优于现有解决方案的峰值性能,超越了现有的同等高端嵌入式设备,并在市场中维持了持续稳定的增长前景。

2. 侦测控制单元(SCU)

SCU 是 ARM 多核技术的中央情报局,为 MPCore 技术处理器提供互联、仲裁、通信,并负责缓存间及系统内存传输、缓存一致性及其他多核功能管理。

同时,Cortex - A9 MPCore 处理器还管理其他系统加速器及无缓冲的 DMA 驱动控制外设,减少了整个系统的功耗水平,也维持了每个操作系统驱动中的软件一致性,从而大大地降低了软件的复杂性。

3. 通用中断控制器(GIC)

GIC 采用了最新标准化架构的中断控制器,为处理器间通信及系统中断的路由选择及优先级的确定提供了一种丰富而灵活的解决办法。最多支持 224 个独立中断。通过软件控制,可在整个 CPU 中对每个中断进行分配,确定其硬件优先级并在操作系统与信任区软件管理层之间进行路由。这种路由灵活性加上对中断虚拟进入操作系统的支持,是进一步提升基于半虚拟化管理器解决方案功能的关键因素之一。

4. 先进的总线接口单元

Cortex - A9 MPCore 处理器增强了处理器与系统互联之间的接口性能,为各种系统集成芯片设计加强设计灵活性。

处理器支持单个或两个 64 - bit AMBA 3 AXI Master 的接口设计,可以按照系统实际负荷进行选择,最高速度可达 12 GB/s 以上。

5. 先进二级缓存控制器(MMU)

ARM 二级缓存控制器与 Cortex - A9 系列处理器同步设计,充分利用一致性加速口,实现多个 CPU 或组件之间的可控共享,以提升系统性能,如图 2 - 8 所示。图 2 - 8 中的 CP15 是协处理器,负责完成大部分的存储系统管理。

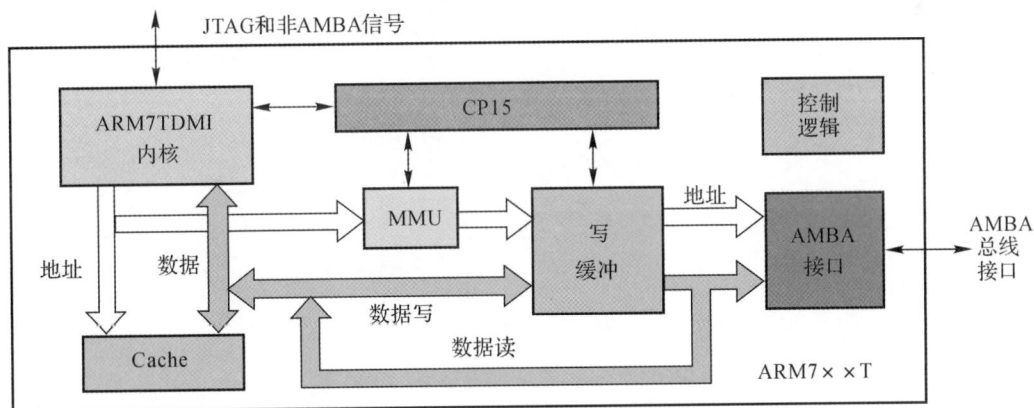

图 2 - 8　缓存控制器(MMU)功能

6. 程序跟踪宏单元(PTM)

Cortex - A9 程序跟踪宏单元(PTM)通过周期计数实施性能分析,可对所有代码分支和程序流变动进行跟踪,为 Cortex - A9 处理器提供了兼容 ARM Core Sight 技术的程序流跟踪功能,实现完全可视化的管理。

7. 流水线技术

Cortex - A9 处理器主要的流水线性能包括以下几条：

· 取指及分支预测处理技术，避免因访问指令延时影响跳转指令的执行；

· 充分利用超标量流水线性能，在每个周期内对 2～4 条连续指令送去指令解码；

· 每周期支持两个算术流水线、加载-存储或计算引擎以及分支跳转的并行执行，无须借助于开发者或编译器指令调度，可以无序分配；

· 可将有关联性的 load - store 加载-存储指令提前传送至内存系统进行快速处理，进一步减少了流水线暂停；

· 支持无序指令完成回写技术，允许释放流水线资源；

· Fast - loop 模式，执行小循环时提供低功耗运行。

8. 先进的可选技术

Cortex - A9 NEON 媒体处理引擎（MPE）技术、Cortex - A9 浮点单元（FPU）性能以及 SIMD 指令集等，都是可提供的先进技术。

习　题　2

1. 简述冯·诺依曼体系结构与哈佛体系结构的区别。

2. 简述 CISC 与 RISC 的区别。

3. 简述三级流水线技术。

4. 简述 ARM 体系处理器的特点。

5. 简述 ARM Cortex - A9 的主要功能。

第3章 ARM 程序员模型

程序员模型是指使用汇编语言编程的程序员所能看到的处理器模型。下面以 ARM Cortex - A9 处理器为例对其提供的程序员模型进行介绍。主要有 ARM 状态和 Thumb 状态、处理器工作模式、寄存器组织概要和 ARM 体系异常处理等。

3.1 数据类型和存储器格式

ARM 存储器中有 6 种数据类型,即 8 位字节、16 位半字和 32 位字的有符号和无符号数。ARM 处理器的内部操作都面向 32 位操作数,只有数据传送指令(STR,STM,LDR,LDM)支持较短的字节和半字数据。

3.1.1 ARM 的基本数据类型

1. ARM 数据类型

ARM 数据类型约定,无论是字节、半字或者字,有符号数最高位都是符号位。

- 字节(Byte):8 b;
- 半字(Half Word):16 b (2 B);
- 字(Word):32 b (4 B)。

2. 存储格式

字的数据位 32 位书写格式是[31:0],与半字和字节的地址对应关系见表 3-1。

表 3-1 数据格式

31 ⋯⋯ 24	23 ⋯⋯ 16	15 ⋯⋯ 8	7 ⋯⋯ 0
在地址 A 中的字			
在地址 A+2 中的半字		在地址 A 中的半字	
在地址 A+3 中的字节	在地址 A+2 中的字节	在地址 A+1 中的字节	在地址 A 中的字节

表中的地址空间规则要求地址 A:

- 位于地址 A 的字包含的半字位于地址 A 和 A+2;
- 位于地址 A 的半字包含的字节位于地址 A 和 A+1;
- 位于地址 A+2 的半字包含的字节位于地址 A+2 和 A+3;
- 位于地址 A 的字包含的字节位于地址 A,A+1,A+2 和 A+3。

在存储器 4 个地址对应单元中的字节数据存放如图 3-1 所示。

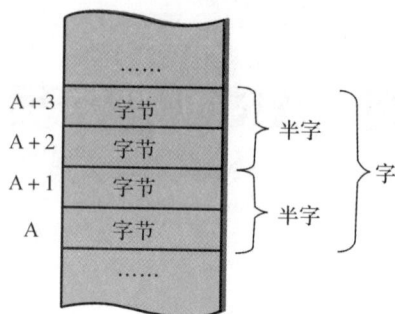

图 3-1 存储器 4 个地址对应单元数据

3.1.2 存储器大/小端

ARM 存储器支持两种存放顺序格式,即 Little/Big Endian(小端格式/大端格式)。大、小端格式的选择由硬件引脚接线决定,一般默认为小端格式。从上面的数据存储格式可以看出,存储器中每一个字节都有唯一的地址。字节可以占有任一个位置;半字占有两个字节位置,该位置开始于偶数字节边界地址;字以 4 字节的边界对准,也就是一个字数据占用地址空间中 4 个字节的地址,字地址总是 4 的倍数。在二进制计数中,字数据的地址低 2 位总为 0,称为地址 4 字节对齐。同理,半字需要 2 字节对齐,地址的最低位为 0。

1. 小端格式

(1)小端格式的意义。小端格式是指一个字的 4 个字节按照低位字节在低地址存放,高位字节在高地址存放的方法。这种存储模式将地址的高低和数据位权有效地结合起来,高地址部分权值高,低地址部分权值低,与常见的逻辑方法一致。上面表 3-1 的数据格式就是小端格式。

(2)小端格式举例。例如,在寄存器 R0 中存放的数据是十六进制数 0x12345678,最高字节数是 0x12,最低字节数据是 0x78。如果以字方式存 R0 的内容到字边界对齐的存储器地址 A 中,按照小端格式在字节地址 A 中存放的数是 0x78,地址 A+1 中存放的数是 0x56,地址 A+2 中存放的数是 0x34,地址 A+3 中存放的数是 0x12,如图 3-2(a)所示。

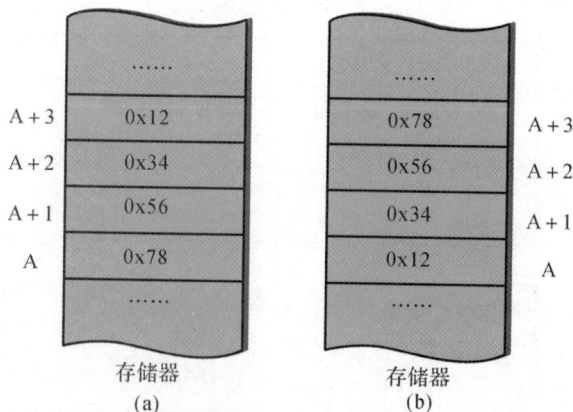

图 3-2 大/小端格式举例

(a)小端格式; (b)大端格式

2. 大端格式

(1)大端格式的意义。大端格式是指一个字的4个字节按照低位字节在高地址存放,高位字节在低地址存放的方法。这样的存储模式有点儿类似于把数据当作字符串顺序处理,地址由小向大增加,而数据从高位往低位放,见表3-2。

表3-2 大端格式字的字节和半字地址

31 ⋯⋯ 24	23 ⋯⋯ 16	15 ⋯⋯ 8	7 ⋯⋯ 0
在地址 A 中的字			
在地址 A 中的半字		在地址 A+2 中的半字	
在地址 A 中的字节	在地址 A+1 中的字节	在地址 A+2 中的字节	在地址 A+3 中的字节

(2)大端格式举例。例如,在寄存器 R0 中存放的数据是十六进制数 0x12345678,最高字节数是 0x12,最低字节数据是 0x78。如果以字方式存 R0 的内容到字边界对齐的存储器地址 A 中,按照大端格式在字节地址 A 中存放的数是 0x12,地址 A+1 中存放的数是 0x34,地址 A+2 中存放的数是 0x56,地址 A+3 中存放的数是 0x78,如图3-2(b)所示。

3. 存储器大、小端格式比较

例如一个字是 0x11223344,其地址为 0x100。那么它占据了内存中的 0x100,0x101,0x102,0x103 这四个地址,ARM 可以用大/小端格式存取数据。使用小端格式时,低字节存储 0x44,高字节存储 0x11;而使用大端格式时,低字节存储 0x11,高字节存储 0x44。大/小端格式数据结合存取指令的存放如图3-3所示。

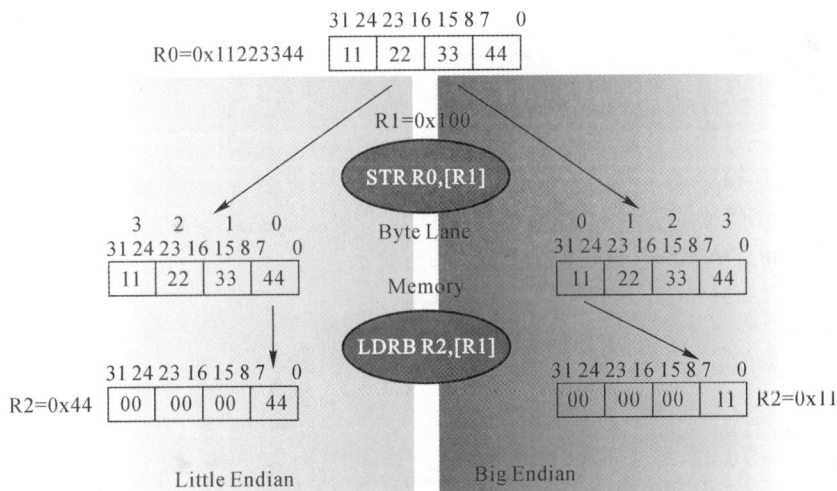

图3-3 大/小端格式数据结合存取指令的存放

图3-3中结合存取指令来看数据存放情况,指令 STR R0,[R1]是把 R0 寄存器的内容存放到 R1 寄存器内容为地址的存储器中,这里 R1=0x100。执行指令 STR R0,[R1]后分别如下:

小端格式是:地址 0x100 中存放 0x44,地址 0x101 中存放 0x33,地址 0x102 中存放 0x22,

地址 0x103 中存放 0x11(低地址存放低字节数,高地址存放高位数)。

大端格式是:地址 0x100 中存放 0x11,地址 0x101 中存放 0x22,地址 0x102 中存放 0x33,地址 0x103 中存放 0x44(低地址存放高字节数,高地址存放低位数)。

图 3-3 中指令 LDRB R2,[R1]是读出 R1(0x100)地址中的一个字节数,显然两种格式下读出的字节数据是不一样的。小端格式是 0x44,而大端格式是 0x11。

4. 非对齐格式

ARM 结构通常希望所有访问的寄存器是合理的字对齐,而半字节的访问属于非对齐的寄存器访问。常常在 Thumb 状态(16 位长度)下需要半字对齐。

· 将一个非字(半字)对齐的地址写入 ARM(Thumb)状态的 R15 寄存器,将引起非对齐的指令取指;

· 在一个非字(半字)对齐的地址写入 ARM(Thumb)状态的 R15 寄存器,将引起非对齐的数据访问。

3.1.3 Cortex-A9 的工作状态

在 ARM 处理器中,内核同时支持 32 位的 ARM 指令和 16 位的 Thumb 指令。在 Cortex-A 处理器中还支持 16 位和 32 位 Thumb-2 指令集等。常常把处理器采用 32 位 ARM 指令集称作工作在 ARM 状态,处理器采用 16 位 Thumb 指令集称作工作在 Thumb 状态。

1. ARM 状态和 Thumb 状态

对于 ARM 指令来说,所有的指令长度都是 32 位,并且执行周期大多为单周期,指令都是有条件执行的。而 Thumb 指令的特点如下:

· 采用 16 位二进制编码,继承了 ARM 指令集的许多特点;

· 也是采用 Load/Store 结构,有数据处理、数据传送及流控制指令等;

· 只有分支指令 B 条件执行,其他指令都不能条件执行;

· 源寄存器与目标寄存器经常是相同的;

· 使用的寄存器数量比较少;

· 常数的值比较小。

ARM 指令和 Thumb 指令的关系如图 3-4 所示。

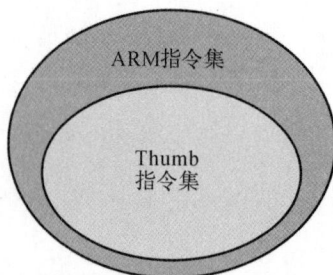

图 3-4 ARM 指令和 Thumb 指令的关系

Thumb 指令是 ARM 指令的子集,可以相互调用。

只要遵循一定的调用规则,Thumb 指令与 ARM 指令的时间效率和空间效率关系为:

· 存储空间约为 ARM 代码的 60％～70％;

· 指令数比 ARM 代码多约 30％～40％;

· 存储器为 32 位时 ARM 代码比 Thumb 代码快约 40％;

· 存储器为 16 位时 Thumb 比 ARM 代码快约 40％～50％;

· 使用 Thumb 代码,存储器的功耗会降低约 30％。

2. 状态切换

利用程序计数器 PC 的 bit[0]＝1 来选择切换到 Thumb 状态。利用程序计数器 PC 的 bit[0]＝0 来选择切换到 ARM 状态。

(1)使用转移指令实现状态切换。常常使用 ARM 指令集的 BX 指令来实现状态切换。BX 指令是带状态切换的跳转指令,当地址值的最后一位为 1 时 bit[0]＝1,从 ARM 状态进入到 Thumb 状态;使用 Thumb 指令集的 BX 指令,并且 BX 指令指定寄存器的 bit[0]＝0,从 Thumb 状态进入到 ARM 状态。

两种状态切换举例:

如下面的程序:CODE 32 是 ARM 状态,CODE 16 是 Thumb 状态。利用指令 LDR R0,＝Lable＋1 设置地址值的最后一位为 bit[0]＝1,ARM 状态进入到 Thumb 状态。

　　　　　　CODE 32
　　　　　　LDR　R0,＝Lable＋1
　　　　　　BX　R0
　　　　　　CODE 16
　　　Lable　MOV　R1,＃12

下面从 Thumb 状态进入到 ARM 状态;指令 LDR R0,＝Lable,地址末位原本就是 0,因此指令 BX R0 就进行了切换。

　　　　　　CODE 16
　　　　　　LDR　R0,＝Lable
　　　　　　BX　R0
　　　　　　CODE 32
　　　Lable　MOV　R1,＃10

(2)异常处理切换。无论工作在哪种状态,发生异常(非用户模式)进入异常处理程序时,处理器一定是在 ARM 状态。如果一个异常在 Thumb 状态下出现,处理器也要转到 ARM 状态,异常处理完毕后自动转回 Thumb 状态。就是只有在 ARM 状态下才允许异常处理程序正确终止。

下面以系统复位(异常)举例,来观察 ARM 和 Thumb 两种状态的切换关系。如图 3-5 所示,其中图(a)系统复位,自动切换到 ARM 状态;图(b)系统复位结束后通过 BX 和 BLX 指令改变当前处理器模式,使之从 ARM 状态切换到 Thumb 状态;图(c)在 Thumb 状态下,正常执行的程序产生了异常,就要转到 ARM 状态;图(d)处理器进入中断异常,自动切换到 ARM 状态;图(e)异常处理完毕,返回正常程序,此时处理器自动转换到 Thumb 状态;图(f)通过 BX 和 BLX 指令改变当前处理器模式,使之从 Thumb 状态切换到 ARM 状态。

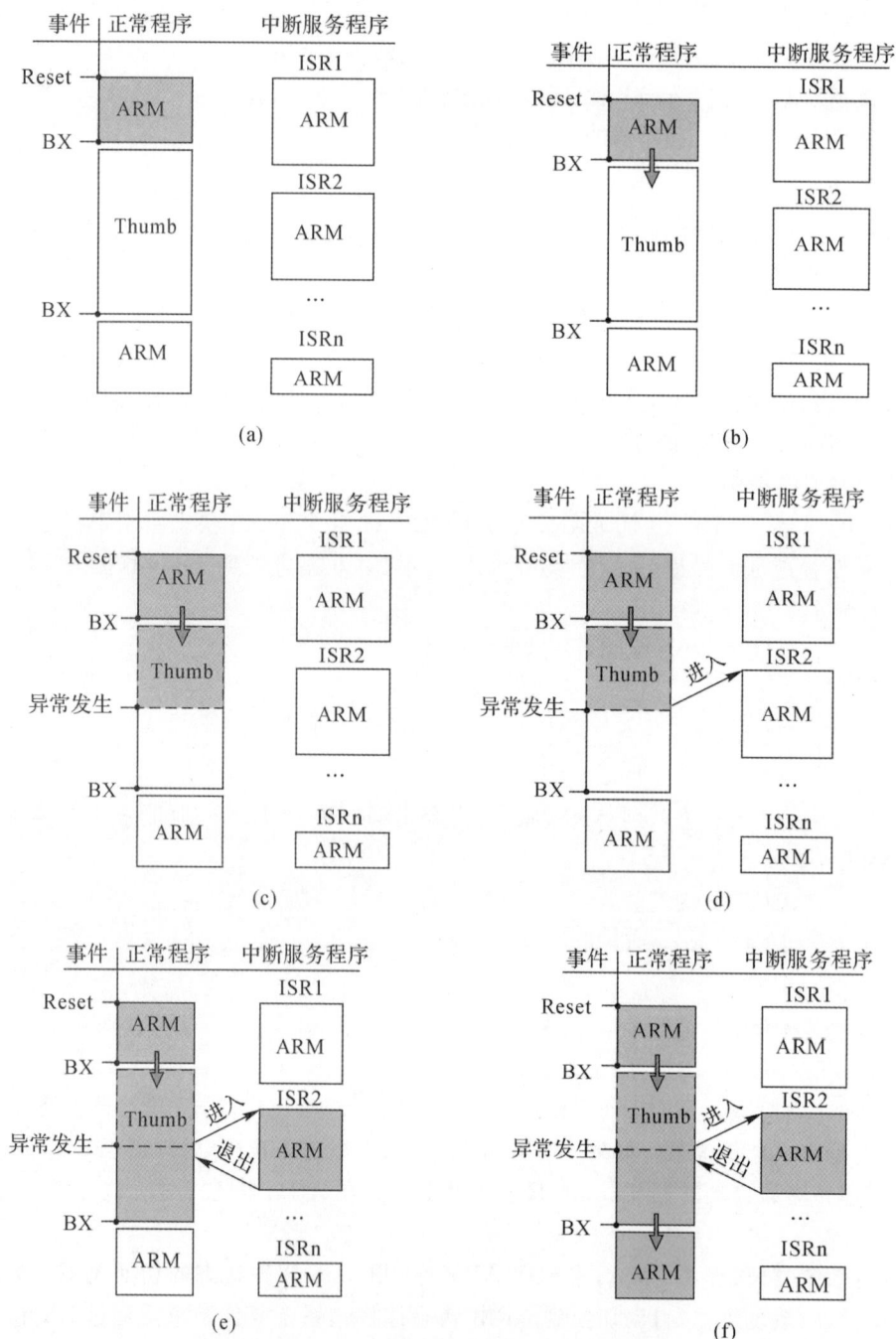

图 3-5 发生系统复位时的两种状态切换

(a)切换到 ARM 状态; (b)运行切换到 Thumb 状态;

(c)发生异常了; (d)进入异常处理切换到 ARM 状态;

(e)异常处理完毕返回 Thumb 状态; (f)从 Thumb 状态切换到 ARM 状态

3.2　ARM 处理器工作模式

3.2.1　处理器工作模式

1. 工作模式种类

ARM 微处理器支持 7 种工作模式：

- 用户模式(usr)：ARM 处理器正常的程序执行状态；
- 快速中断模式(fiq)：用于高速数据传输或通道处理；
- 外部中断模式(irq)：用于通用的中断处理；
- 管理模式(svc)：操作系统使用的保护模式；
- 数据访问终止模式(abt)：当数据或指令预取终止时进入该模式，可用于虚拟存储及存储保护；
- 系统模式(sys)：比用户模式有更高的权限；
- 未定义指令中止模式(und)：当未定义的指令执行时进入该模式，可用于支持硬件协处理器的软件仿真。

ARM 微处理器的工作模式可以通过软件改变，也可以通过外部中断或异常处理改变。大多数的应用程序运行在用户模式下，当处理器运行在用户模式下时，某些被保护的系统资源是不能被访问的。

2. Cortex - A9 的工作模式

ARM Cortex - A9 的 Exynos 4412 有 8 种工作模式，除了上述 7 种模式外，增加了安全监控模式。Exynos 4412 的 8 种工作模式见表 3 - 3。

表 3 - 3　Exynos 4412 的工作模式

方　　式	方式标识	描　　述
User(用户)	usr	非特权模式，大部分任务执行在这种模式
Fast interrupt(快速中断)	fiq	当一个高优先级中断产生时将会进入这种模式
Interrupt(中断请求)	irq	当一个低优先级中断产生时将会进入这种模式
Supervisor(管理)	svc	当复位或软中断指令执行时将会进入这种模式
Abort(中止)	abt	当存取异常时将会进入这种模式
System(系统)	sys	使用和 User 模式相同寄存器集的特权模式
Undefined(未定义)	und	当执行未定义指令时会进入这种模式
Monitor(安全监控)	mon	为了安全而扩展出的用于执行安全监控代码模式

3.2.2　ARM 的特权模式

1. 特权模式设置的意义

为了保证数据安全，一般 MMU 会对内存进行划分。只有内核(也就是特权模式)才允许访问硬件，也就是特权模式可以访问所有的内存空间。而用户模式如果需要访问硬件，必须切换到内核态（特权模式）下才可以。

2. 特权模式的种类

除了用户模式以外，其余所有 6 种模式称之为特权模式（Privileged Modes）或非用户模式，见表 3 - 4。

表 3 - 4　Exynos 4412 的特权模式

特权模式		说　明	备　注
系统模式（sys）		支持操作系统的特权任务	操作系统的一种特权级用户模式
异常模式	快速中断（fiq）	快速中断请求处理	在 FIQ 异常响应时进入此模式
	中断（irq）	中断请求处理	在 IRQ 异常响应时进入此模式
	管理（svc）	操作系统的一种保护模式	复位和软件中断时进入此模式
	中止（abt）	虚拟内存或存储器保护	主要用在 ARM7 以上处理器
	未定义（und）	支持硬件协处理器软件仿真	未定义指令响应时进入此模式

3.2.3　ARM 的异常模式

表 3 - 4 中的快速中断模式、中断模式、管理模式、中止模式和未定义模式都属于异常，可以通过程序切换进入，也可以由特定的异常进入。当特定的异常出现时，处理器进入相应模式。

3.3　ARM 的寄存器组织

3.3.1　寄存器组织概述

ARM 微处理器共有 37 个 32 位寄存器，其中 31 个为通用寄存器，6 个为状态寄存器。这些寄存器中除 R0～R14 通用寄存器、程序计数器 PC（R15）、一个或两个状态寄存器都可以访问外，其他寄存器不能被同时访问，具体哪些寄存器可访问取决于微处理器的工作状态及具体的运行模式。

Cortex 体系结构下有 40 个 32 位寄存器，增加了 3 个安全监控模式的寄存器。

各个寄存器名称分别为 R0～R15，CPSR，SPSR。由当前工作在哪一个模式进行重新定义的寄存器：

- 相应的 R8～R12 子集；
- 相应的 R13（the stack pointer，sp）；
- 相应的 R14（the link register，lr）；
- 相应的 R15（the program counter，pc）；
- 相应的 spsr（saved program status register）。

如图 3-6 所示。

System and User	FIQ	Supervisor	Abort	IRQ	Uudefined	Secure monitor
R0	R0	R0	R0	R0	R0	R0
R1	R1	R1	R1	R1	R1	R1
R2	R2	R2	R2	R2	R2	R2
R3	R3	R3	R3	R3	R3	R3
R4	R4	R4	R4	R4	R4	R4
R5	R5	R5	R5	R5	R5	R5
R6	R6	R6	R6	R6	R6	R6
R7	R7	R7	R7	R7	R7	R7
R8	R8-fip	R8	R8	R8	R8	R8
R9	R9-fip	R9	R9	R9	R9	R9
R10	R10-fip	R10	R10	R10	R10	R10
R11	R11-fip	R11	R11	R11	R11	R11
R12	R12-fip	R12	R12	R12	R12	R12
R13	R13-fip	R13-svc	R13-abt	R13-irq	R13-und	R13-mon
R14	R14-fip	R14-svc	R14-abt	R14-irq	R14-und	R14-mon
R15	R15(PC)	R15(PC)	R15(PC)	R15(PC)	R15(PC)	R15(PC)

CPSR	CPSR	CPSR	CPSR	CPSR	CPSR	CPSR
	SPSR-fip	SPSR-svc	SPSR-abt	SPSR-irq	SPSR-und	SPSR-mon

=banked register

图 3-6　寄存器组织概要

图 3-6 中带有三角标号的寄存器是各个模式对应的分组寄存器,只有在各自模式下使用。图 3-6 中上部分为通用寄存器,下部分是状态寄存器的当前状态和备用状态。这些寄存器可以分为未分组寄存器和分组寄存器。

1. 未分组寄存器

未分组寄存器包括 R0～R7,R15(PC 指令计数器)和程序状态寄存器 CPSR。未分组寄存器在所有的运行模式下都指向同一个物理寄存器,因此,在中断或异常处理进行运行模式转换时,可能会造成寄存器中数据的破坏,这一点在进行程序设计时应引起注意。

2. 分组寄存器

分组寄存器包括 R8～R14。对于分组寄存器,每一次所访问的物理寄存器与处理器当前的运行模式有关。对于 R8～R12 来说,每个寄存器对应两个不同的物理寄存器。当使用快速中断 fiq 模式时,访问寄存器 R8_fiq～R12_fiq,而不是 R8～R12;其他模式访问寄存器 R8～R12。

对于 R13,R14 寄存器在用户模式与系统模式下为共用寄存器。还有 6 个物理寄存器分别对应各模式下不同的运行模式。用以下的记号来区分不同的物理寄存器:R13_<mode>;R14_<mode>。mode 为 usr,fiq,irq,svc,abt,und 模式之一。

寄存器 R13 在 ARM 指令中常用作堆栈指针,这也只是一种习惯用法,用户也可使用其他的寄存器作为堆栈指针。由于处理器的每种运行模式均有自己独立的物理寄存器 R13,在用户应用程序的初始化时,一般都要初始化各自的 R13,使其指向该运行模式的堆栈空间。这样,当程序的运行进入异常模式时,可以将需要保护的寄存器放入 R13 所指向的堆栈,而当程序从异常模式返回时,则从对应的堆栈中恢复。采用这种方式可以保证异常发生后程序的正常执行。

R14 也称作子程序连接寄存器(Subroutine Link Register)。当执行 BL 子程序调用指令时,R14 中得到 R15(程序计数器 PC)的备份。当发生中断或异常时,对应的分组寄存器 R14_svc,R14_irq,R14_fiq,R14_abt 和 R14_und 用来保存 R15 的返回值。其他情况下,R14 用作通用寄存器。

3. 当前可见寄存器

各自独立的物理寄存器分别映射为可依赖当前各自的各自方式。

例如在正常使用的用户模式下使用 R0 - R15,CPSR,没有专用的 R13,R14。当前可见寄存器如图 3-7 所示。和其他模式比较,当前可见寄存器在用户模式下是最少的。

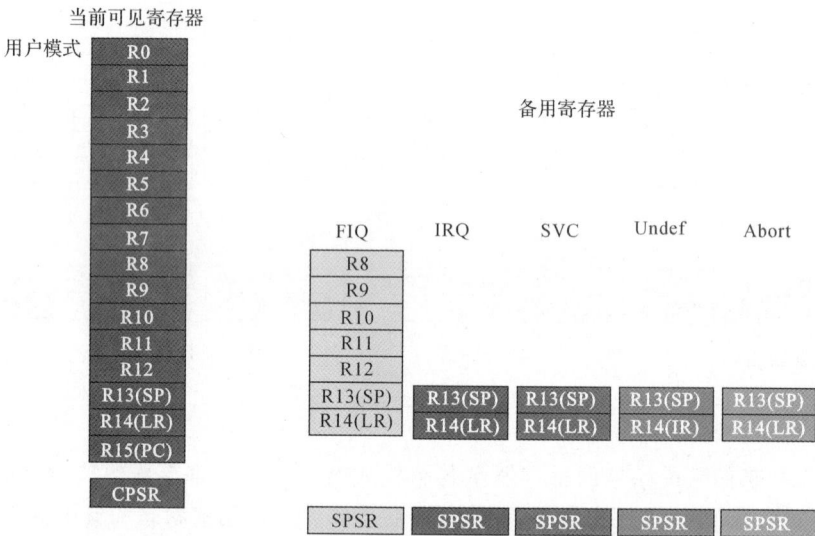

图 3-7　用户模式的当前可见寄存器

例如数据中止模式下,当前可见寄存器使用了 R0～R12,CPSR 以及自己专用的 R13,R14,如图 3-8 所示。

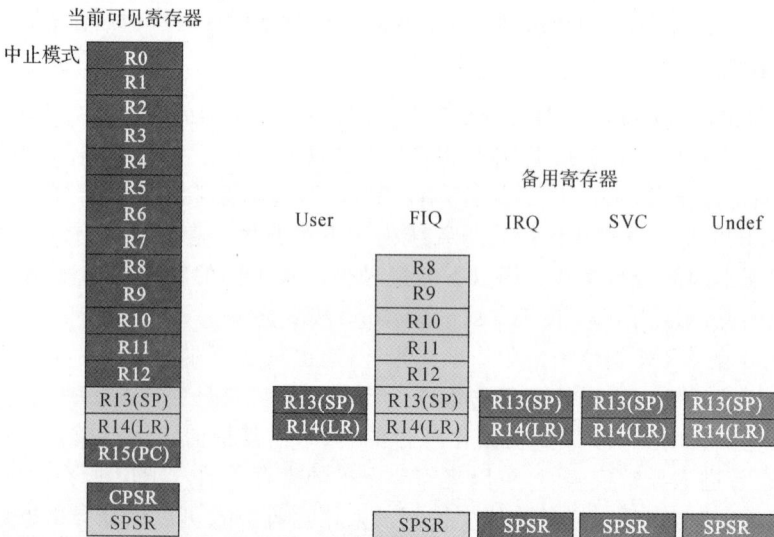

图 3-8　中止模式的当前可见寄存器

3.3.2　Thumb 寄存器组织概述

1. Thumb 寄存器组织

Thumb 状态下的寄存器集是 ARM 状态下寄存器集的一个子集,程序可以直接访问 8 个通用寄存器(R0～R7)、程序计数器(PC)、堆栈指针(SP)、连接寄存器(LR)和 CPSR。同时,在每一种特权模式下都有一组 SP,LR 和 SPSR。Thumb 状态下的寄存器组织如图 3 - 9 所示。

System and User	FIQ	Supervisor	Abort	IRQ	Undefined	Secure monitor
R0	R0	R0	R0	R0	R0	R0
R1	R1	R1	R1	R1	R1	R1
R2	R2	R2	R2	R2	R2	R2
R3	R3	R3	R3	R3	R3	R3
R4	R4	R4	R4	R4	R4	R4
R5	R5	R5	R5	R5	R5	R5
R6	R6	R6	R6	R6	R6	R6
R7	R7	R7	R7	R7	R7	R7
R13	R13_FIQ	R13_SVC	R13_ABT	R13_RQ	R13_UND	R13_MON
R14	R14_FIQ	R14_SVC	R14_ABT	R14_IRQ	R14_UND	R14_MON
R15	R15(PC)	R15(PC)	R15(PC)	R15(PC)	R15(PC)	R15(PC)

图 3 - 9　Thumb 状态下的寄存器组织

2. Thumb 与 ARM 寄存器组织比较

Thumb 状态下的寄存器组织与 ARM 状态下的寄存器组织的关系:
- Thumb 状态下和 ARM 状态下的 R0～R7 是相同的;
- Thumb 状态下和 ARM 状态下的 CPSR 和所有的 SPSR 是相同的;
- Thumb 状态下的 SP 对应于 ARM 状态下的 R13;
- Thumb 状态下的 LR 对应于 ARM 状态下的 R14;
- Thumb 状态下的程序计数器对应于 ARM 状态下的 R15。

以上的对应关系如图 3 - 10 所示。

在 Thumb 状态下,高位寄存器 R8～R15 并不是标准寄存器集的一部分。可使用汇编语言程序受限制地访问这些寄存器,用作快速暂存器。使用带特殊变量的 MOV 指令,数据可以在低位寄存器和高位寄存器之间进行传送;使用 CMP 和 ADD 指令对高位寄存器和低位寄存器中的值进行比较或相加。

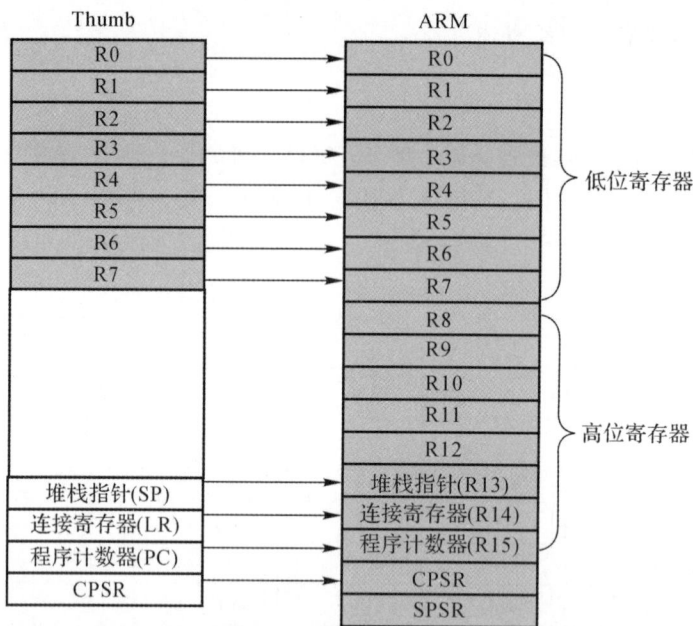

图 3 - 10   Thumb 状态程序计数器对应于 ARM 状态

3.4   程序状态寄存器与指令计数器

3.4.1   程序状态寄存器

1. CPSR(Current Program Status Register)

CPSR 是当前程序状态寄存器,在任何处理器模式下被访问。它包含了条件标志位、中断禁止位、当前处理器模式标志以及其他一些控制和状态位。

2. SPSR(Saved Program Status Register)

每一种处理器模式下都有一个专用的保留状态寄存器,称为 SPSR(备份程序状态寄存器)。当特定的异常中断发生时,这个寄存器用于存放当前程序状态寄存器 CPSR 的内容。

在异常中断退出时,可以用 SPSR 来恢复 CPSR。用户模式和系统模式没有 SPSR,当用户在用户模式或系统模式下访问 SPSR 时,将产生不可预知的后果。

3. CPSR 的格式

CPSR 的格式如图 3 - 11 所示(SPSR 和 CPSR 格式相同)。

31	30	29	28	27	26 25 24	23 20	19 16	15 10	9	8	7	6 5 4 0
N	Z	C	V	Q	J	DNM	GE[3 : 0]	IT[7 : 2]	E	A	I	F T M[4 : 0]

图 3 - 11   CPSR 格式

(1)条件标志位。

- N:当两个有符号整数运算时,N＝1 表示运算结果为负数,N＝0 表示结果为正数或零;
- Z:Z＝1 表示运算的结果为零,Z＝0 表示运算的结果不为零;
- C:C＝1 有进位,C＝0 没有进位;
- V:V＝1 有溢出,V＝0 没有溢出;
- Q:仅 ARM　v5TE－J 架构支持,指示饱和状态;
- J:仅 ARM　v5TE－J 架构支持,J＝1 处理器处于 Jazelle 状态;
- DNM:保留位,GE[3:0];
- IT[26:25,15:10]:IF… THEN 指令执行状态位,对在 Thumb 指令集中的 if…then…else 控制;

(2)控制位。

- E:大小端控制位;
- A:A＝1 禁止不精确的数据异常;
- I:I＝1,禁止 IRQ;
- F:F＝1,禁止 FIQ;
- T:T＝0,处理器处于 ARM 状态;T＝1,处理器处于 Thumb 状态。

(3)处理器模式位。

M[4:0]:M 取不同的值时对应不同的模式。

10000:User mode	10001:FIQ mode	10010:IRQ mode
10011:SVC mode	10111:Abort mode	11011:Undfined mode
11111:System mode	10110:Monitor mode	

3.4.2　程序指令计数器

ARM 处理器中使用 R15 作为程序指令计数器 PC,它总是指向取指单元,并且 ARM 处理器中只有一个 PC 寄存器,被各模式共用。由于 R15 有 32 位宽度,因此 ARM 处理器直接寻址 4GB 的地址空间(2^{32}＝4G)。

1. 处于 ARM 状态的 PC

当处理器在 ARM 状态时指令 32 位,指令必须字对齐,所以 PC 值由 bits[31:2]决定,bits[1:0]未定义(不能半字/字节对齐)。

2. 处于 Thumb 状态的 PC

当处理器在 Thumb 状态时指令 16 位,指令必须半字对齐,所以 PC 值由 bits[31:1]决定,bits[0]未定义(不能字节对齐)。

Cortex－A9 还采用了 Jazelle RCT 技术,可以支持 Java 程序的预编译与实时编译。当处理器执行在 Jazelle 状态时,所有指令 8 位。

3.5　ARM 体系异常处理

3.5.1　异常简介

只要正常的程序流程被暂时中止,处理器就进入异常模式。例如在用户模式下执行程序时,外设向处理器内核发出中断请求导致内核从用户模式切换到异常中断模式。在 ARM 处理器中,异常(Exception)和中断(Interrupt)有些差别,异常主要从处理器被动地改变角度出发,而中断带有向处理器主动申请的色彩。在本书中,对"异常"和"中断"不作严格的区分,两者都是指请求处理器打断正常的程序执行流程,进入特定程序循环的一种机制。

如果同时发生两个或更多异常,将按照固定顺序来处理异常。

3.5.2 异常类型和优先级

1. ARM 的 7 种异常类型

(1)复位异常。当内核的 nRESET 信号被拉低时,ARM 处理器放弃正在执行的指令,当 nRESET 信号再次变高时,ARM 处理器进行复位操作。

系统复位后,进入管理模式对系统进行初始化,复位后,只有 PC(0x00000000)和 CPSR(管理模式的各标志)值是固定的,另外寄存器的值是随机的。

(2)数据访问中止异常。当发生数据中止异常时,会在"导致异常的指令"执行后的下一条指令进入该异常。因此要保存 PC 的值为"导致异常的指令"执行后的下一条指令的地址+8(即正确的中断返回地址+8),那么就在 R14 保存中断返回地址+8 的值,所以当修复了产生中止的原因后,处理器都会执行指令 SUBS PC,R14_abt,♯8 即 PC=R14−8 返回。

(3)快速中断请求异常。当 CPSR 中的相应 F 位被清零时,内核的 nFIR 信号被拉低产生了 FIR 异常。FIQ 异常是优先级最高的中断,在中断入口地址的安排上,FIQ 处于所有异常入口的最后,为了让用户可以从 FIQ 异常入口处(0x1c)就开始安排中断服务程序,不需要再次跳转。见后续异常向量地址表。

(4)用户中断请求异常。当 CPSR 中相应的中断屏蔽被清除时,内核的 nIRQ 信号被拉低时可产生 IRQ 异常。由于 ARM 处理器的三级流水线结构,当异常发生时,PC 的值等于当前执行指令的地址+8(即正确的中断返回地址+4),R14 保存的值是中断返回地址+4。将用户模式下的 CPSR 保存到 SPSR_irq 中;设置 PC 为 IRQ 异常处理程序的中断入口向量地址,在 IRQ 模式下该向量地址为 0x00000018。用户中断异常返回时须执行指令 SUBS PC,R14_irq,♯4 即 PC=R14−4 返回。

(5)预取指令异常。当程序发生预取指中止时,ARM 内核将预取的指令标记为无效。在指令到达流水线的执行阶段时才进入异常,因此当前 PC 的值为当前执行指令的地址+8(即正确的中断返回地址+4),R14 保存的值是中断返回地址+4,所以当修复了产生中止的原因后,处理器都会执行指令 SUBS PC,R14_abt,♯4 即 PC=R14−4 返回。

(6)软件中断异常。所有任务都是运行在用户模式下,任务只能读 CPSR 而不能写 SPSR。任务切换到特权模式唯一的途径是软件中断 SWI 指令调用,SWI 指令强迫处理器从用户模式切换到 SVC 管理模式,并且自动关闭用户中断 IRQ。软件中断方式常被用于系统调用。SWI 处理程序执行指令 MOVS PC,R14_svc 返回。

(7)未定义异常。当 ARM 对一条未定义指令进行译码时,发现这是一条和系统内任何协处理器都无法执行的语句,就会发生未定义指令异常;由于是在对未定义指令译码时发生异常,所以 PC 的值等于未定义指令的地址+4(即刚好为中断返回地址),因此 R14 保存的值是中断返回地址,所以当异常要返回时可执行指令 MOVS PC,R14_und。

2. 处理器异常类型及其对应模式

软件控制、外部中断、异常处理都可以改变操作模式。异常类型和处理器模式有一定的关联，表 3 - 5 列出了 ARM 处理器 7 种异常及其对应的 5 种模式。

表 3 - 5　异常类型和处理器模式

异　　常	模　　式	用　　途
快速中断	FIQ	进行快速中断请求处理
外部中断请求	IRQ	进行外部中断请求处理
软件中断异常	SVC	进行操作系统高级处理
复位异常	SVC	进行操作系统高级处理
取指令中止异常	Abort	虚存和存储器保护
数据中止异常	Abort	虚存和存储器保护
未定义异常	Undefined	软件模拟硬件协处理器

3. 异常向量地址表

表 3 - 6 给出了异常向量地址表。当发生异常时处理器按照各自的向量地址进入异常处理程序。

表 3 - 6　异常向量地址表

异　　常	模　　式	执行低地址	执行高地址
复位异常	SVC	0x00000000	0xFFFF0000
未定义异常	Undefined	0x00000004	0xFFFF0004
软件中断异常	SVC	0x00000008	0xFFFF0008
取指令中止异常	Abort	0x0000000C	0xFFFF000C
数据中止异常	Abort	0x00000010	0xFFFF0010
外部中断请求	IRQ	0x00000018	0xFFFF0018
快速中断	FIQ	0x0000001C	0xFFFF001C

4. 异常处理的优先级

表 3 - 7 给出了异常处理的优先级。

表 3 - 7　异常处理优先级

异　　常	优先级别	优先级
复位异常	1	高
数据中止异常	2	
快速中断	3	
外部中断请求	4	↓
取指令中止异常	5	
软件中断异常	6	
未定义异常	7	低

3.5.3 异常处理的入口/出口

当异常产生时如何进行异常处理,处理结束又如何返回,这是编程设计要考虑的主要问题。

1. 异常产生

当一个异常导致模式切换时,内核自动作如下处理:

(1)程序状态寄存器保存。拷贝 CPSR 到 SPSR_＜mode＞,SPSR_＜mode＞的后缀 _＜mode＞是各个模式的含义。

(2)设置程序状态寄存器的相应位。设置适当的 CPSR 位:

· 改变处理器状态进入 ARM 态;
· 改变处理器模式进入相应的异常模式;
· 设置中断禁止位禁止相应中断(如果需要)。

(3)保存返回地址。保存返回地址到(R14)LR_＜mode＞。将异常的返回地址(加固定偏移量)保存到相应异常模式下的 LR。

(4)异常中断处理。设置 PC 为相应的异常处理程序的中断入口向量地址,跳转到相应的异常中断处理程序执行。

2. 退出异常处理

当异常处理程序结束时,异常处理程序必须完成以下操作:

· 从 SPSR_＜mode＞恢复 CPSR;
· 从 LR_＜mode＞恢复 PC;
· 清除在入口处置位的中断禁止标志。

将从 SPSR_＜mode＞恢复到 CPSR 的同时,自动地将 T(ARM/Thumb 切换)位的值恢复成进入异常前的值。这些操作只能在 ARM 态执行。

3. 异常返回地址与退出异常的指令

异常返回地址与退出异常的指令(推荐)见表 3－8。

表 3－8　异常返回地址与退出异常的指令

异常或入口	返回指令	返回地址
软件中断	MOVS PC,R14_svc	R14
未定义	MOVS PC,R14_und	R14
取指令中止	SUBS PC,R14_abt,＃4	R14－4
快速中断	SUBS PC,R14_fiq,＃4	R14－4
外部中断	SUBS PC,R14_irq,＃4	R14－4
数据中止	SUBS PC,R14_abt,＃8	R14－8
复位	—	—

3.5.4　异常处理

以复位异常和中断异常来说明异常处理。

1. 复位异常处理

复位异常发生后,ARM 处理器进行以下操作:

- 强制 M[4:0]变为 10011,进入系统管理模式;
- 将 CPSR 中的标志位 I 和 F 置位,IRQ 与 FRQ 中断被禁止;
- 将 CPSR 中的标志位 T 清零,使处理器处于 ARM 状态;
- 强制 PC 从复位异常向量地址 0x00000000 开始对下一条指令进行取指;
- 返回到 ARM 状态并恢复执行。

2. 中断异常处理

程序正常运行在用户模式下,当一个 IRQ 异常中断发生时,内核切换到"中断模式",并自动作如下处理:

(1)保存异常处理程序的返回地址。异常处理程序的返回地址保存到异常模式下的 R14_irq 中,如图 3 - 12 所示((a)是当前用户模式,(b)是保护 PC)。

(2)保存 CPSR。将用户模式下的 CPSR 保存到 IRQ 中断模式 SPSR_irq 中,如图 3 - 12(c)所示。

(3)修改 CPSR。禁止新的 IRQ 中断产生,进入 ARM 状态设置 IRQ 模式,如图 3 - 12(d)所示。

(4)设置 IRQ 异常处理程序的中断入口向量地址。设置 PC 为 IRQ 异常处理程序的中断入口向量地址 0x00000018,如图 3 - 12(e)所示。

(5)设置堆栈指针。中断服务时常常要利用堆栈来保护现场数据,因此,将 IRQ 中断异常模式的栈顶指针保存到 R13_irq 中,之后软件处理程序调用中断服务程序为中断源服务,如图 3 - 12(f)所示。

3. 中断异常退出

IRQ 中断服务程序执行处理完毕后,系统将通过以下操作返回用户模式,如图 3 - 13 所示((a)是处理完毕的模式)。

- 从 R13_irq 中获取 IRQ 中断异常模式的栈顶指针,如图 3 - 13(b)所示。
- 将 SPSR_irq 中的内容复制到 CPSR 中,如图 3 - 13(c)所示。
- 由于流水线的特性,将 R14_irq 指向的地址减去一个偏移量后存入 R15(PC),如图 3 - 13(d)所示。

4. 中断延迟

中断延迟是指从外部中断请求的发出到执行相应服务程序的第一条指令所需要的时间。

通过软件程序设计缩短中断延迟的方法:中断优先级和中断嵌套。

其他模式的异常处理基本类似,这里就不再叙述。

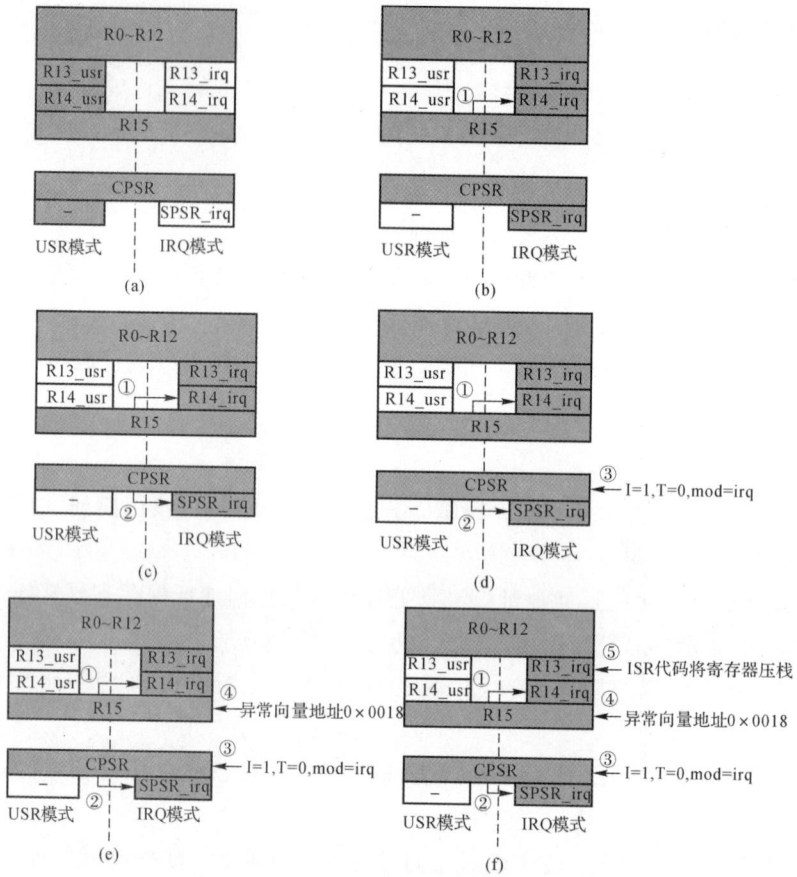

图 3-12 IRQ 中断异常处理

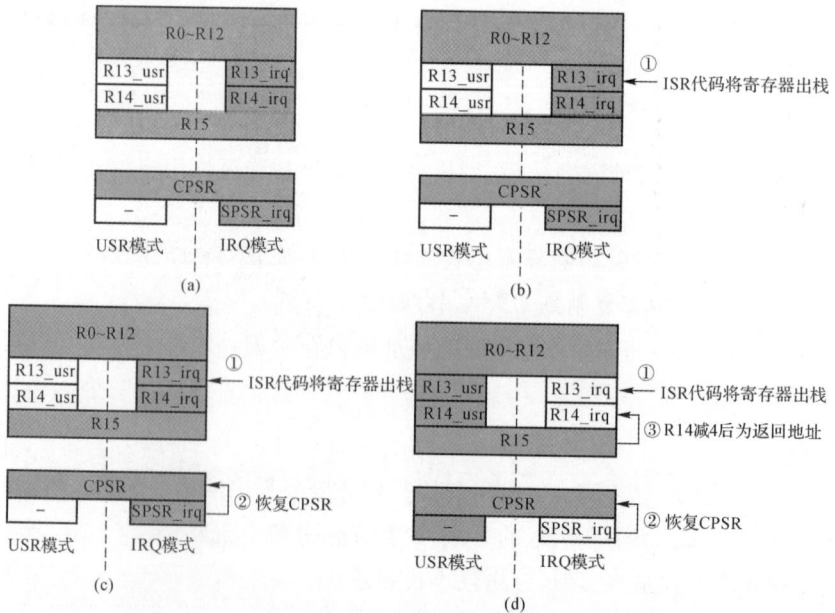

图 3-13 中断异常退出

习　题　3

1. 说出 ARM 可以工作的模式名字。

2. ARM 核有多少个寄存器？

3. PC 和 LR 寄存器的别名是什么？

4. R13 别名是什么？

5. 哪种模式使用的寄存器最少？

6. 在 Thumb 指令集中，哪些寄存器处于 Low group？

7. CPSR 的哪两位反映了处理器的状态？

8. 所有的 Thumb 指令采取什么对齐方式？

9. ARM 有哪几个异常源？

10. ARM 有哪几种异常模式？

11. 在复位后，ARM 处理器处于何种模式、何种状态？

第4章 ARM 指令系统

ARM 可以用两套指令集：ARM 指令集和 Thumb 指令集。ARM 指令集支持 ARM 核所有的特性，具有 32 位高效、快速的特点；Thumb 指令集是 16 位，具有灵活、小巧的特点。

本章在介绍 ARM 指令集之前，首先介绍指令的几种寻址方式，对较难理解的变址寻址方式的前变址、自动变址和后变址以及堆栈寻址的生长方向等进行详细论述，通过举例对各个指令的功能、指令格式中的第 2 个操作数 ♯immed_8r 表达式对应 8 位位图原理等进行介绍，奠定嵌入式系统启动程序编程和分析基础。

4.1 ARM 处理器的寻址方式

寻址方式是根据指令中给出的地址码字段来寻找真实操作数地址的方式。ARM 处理器具有 8 种基本寻址方式：

- 立即寻址；
- 寄存器寻址；
- 寄存器位移寻址；
- 寄存器间接寻址；
- 变址寻址；
- 相对寻址；
- 多寄存器寻址；
- 堆栈寻址。

寻址方式常分为数据处理和内存访问两大类。

4.1.1 数据处理指令寻址

1. 立即寻址

在立即寻址指令中数据就包含在指令当中，立即寻址指令的操作码字段后面的地址码部分就是操作数本身，取出指令也就取出了可以立即使用的操作数（也称为立即数）。例如指令：

ADD R0,R0,♯1   ;R0←R0 + 1
MOV R0,♯0xFF00   ;R0←0xFF00

立即寻址示意图如图 4-1 所示。

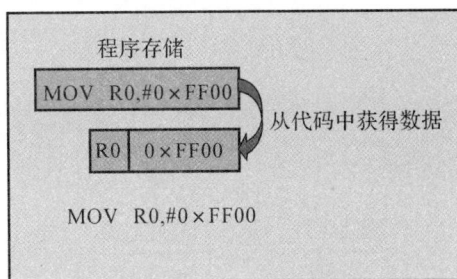

图 4-1　立即寻址示意图

立即数要以"♯"为前缀,表示十六进制数值时以"0x"表示。

十六进制立即数"♯"后要加"0x",如 0x12;

二进制立即数"♯"后要加"0b",如 0b10101010;

十进制立即数"♯"后默认不加,如♯10;

八进制立即数"♯"后要加"o",如♯o7。

2. 寄存器寻址

操作数的值在寄存器中,指令中的地址码字段给出的是寄存器编号,寄存器的内容是操作数,指令执行时直接取出寄存器值操作。

例如指令:

MOV R1,R2　　　　　　　　;R1←R2

ADD R0,R1,R2　　　　　　;R0＝R1＋R2

SUB R0,R1,R2　　　　　　;R0←R1－R2

3. 寄存器移位寻址

寄存器移位寻址是 ARM 指令集特有的寻址方式。第 2 个寄存器操作数在与第 1 个操作数结合之前,先进行移位操作。

例如:

MOV R0,R2,LSL ♯3;

R2 的值左移 3 位,结果放入 R0,即 R0＝R2 * 8,如图 4-2 所示。

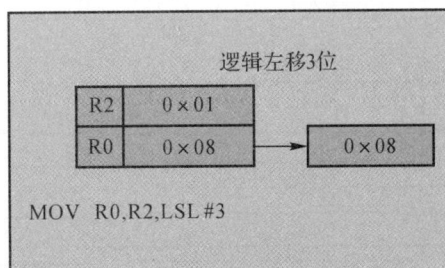

图 4-2　寄存器移位寻址示意图

ANDS R1,R1,R2,LSL R3;

R2 的值左移 R3(内容)位,然后和 R1 相与,结果放入 R1。

例如：

MOV R1,♯7

MOV R2,♯1

ADD R0,R1,R2,LSL ♯2

程序运算流程图如图 4 - 3 所示。

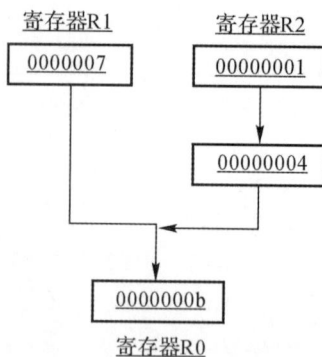

图 4 - 3　程序运算流程图

可采用的移位操作如下：

LSL：逻辑左移（Logical Shift Left），寄存器中字的最低位补 0。

LSR：逻辑右移（Logical Shift Right），寄存器中字的最高位补 0。

ASR：算术右移（Arithmetic Shift Right），移位过程中保持符号位不变，即源操作数为正数，则字的高位补 0，否则补 1。

ROR：循环右移（Rotate Right），字的各位依次右移，最低位移到最高位。

RRX：带扩展的循环右移（Rotate Right extended by 1 place），操作数和进位一起右移一位，C 标志值移到最高位。

各移位操作过程如图 4 - 4 所示。

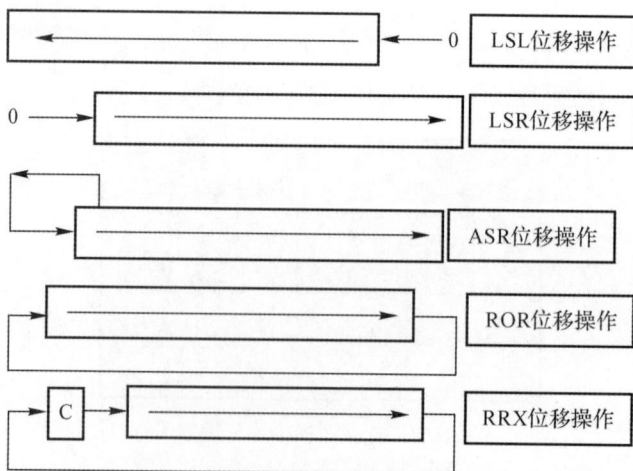

图 4 - 4　各移位操作过程

4.1.2 内存访问指令寻址

1. 寄存器间接寻址

寄存器间接寻址就是以寄存器中的值作为操作数的地址,而操作数本身放在存储器中。

例如指令:

LDR R0,[R1] ;R0←[R1]

将 R1 中的数值作为地址,取出此地址中的数据保存在 R0 中。

STR R0,[R1] ;[R1]←R0

将 R1 中的数值作为地址,把 R0 中的数据保存到此地址位置。

2. 变址寻址

变址寻址是将基址寄存器的内容与指令中给出的偏移量相加,形成操作数的有效地址。变址寻址用于访问基址附近的存储单元,常用于查表、数组操作、功能部件寄存器访问等。

例如指令:

LDR R2,[R3,♯4] ;R2←[R3+4]

将 R3 中的数值加 4 作为地址,取出此地址的数值保存在 R2 中。

STR R1,[R0,♯-2] ;[R0-2]←R1

将 R0 中的数值减 2 作为地址,把 R1 中的内容保存到此地址位置。

LDR R2,[R3,♯0x0C] ;R2←[R3+0C]

将 R3 中的数值加 12 作为地址,取出此地址的数值保存在 R2 中,如图 4-5 所示。

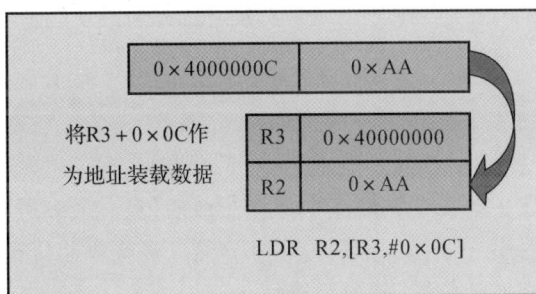

图 4-5 变址寻址示意图

变址寻址方式可分为前变址、自动变址和后变址寻址方式,或者称为索引。读写数据有三种寻址方式:

· 前寻址 LDR R0,[R1,♯4];先改变地址再读取数据。

· 自动寻址 LDR R0,[R1,♯4]!;先改变地址再读取数据后自动改变地址,适应于访问连续地址空间。"!"表示自动改变地址。

· 后寻址 LDR R0,[R1],♯4;先读数再改变地址,指令格式上和前寻址比较♯4 在中括号外放置。

三种变址寻址方式如图 4-6 所示。

3. 相对寻址

相对寻址是指以 PC 的当前值为基地址,指令中的地址标号为偏移量,两者之和得到操作数的地址。如下程序中,转移指令 B Label 的当前 PC 值和指令中的 Label 值相加后,转移到指令标号 Label 处。

    B Label;

    MOV R0,#0;

    MOV R1,#1;

  Label:ADD R0,R0,R1;

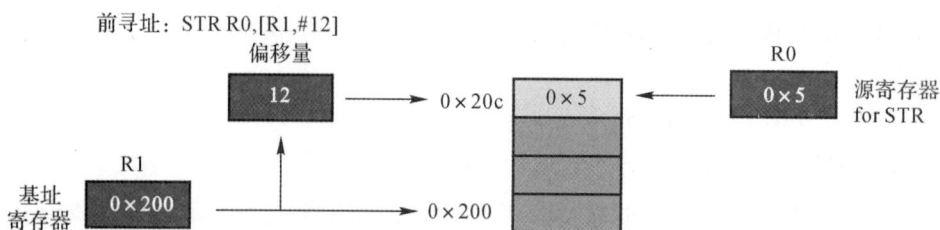

  ■ 通过STR R0,[R1,#12]! 自动更新基址寄存器

  ■ 后寻址:STR R0,[R1],#12

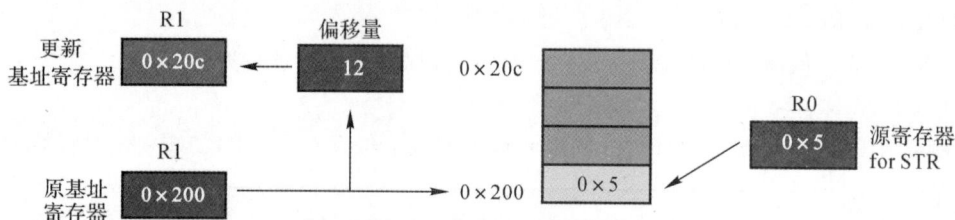

图 4-6 三种变址寻址方式

4. 多寄存器寻址

多寄存器寻址可实现一条指令完成多个寄存器值的传送,最多可以一次传送 16 个通用寄存器的值。连续的寄存器用"-"连接,否则用逗号分隔。多寄存器传送指令常常用于把一块从存储器的某一位置复制到另一位置,相当于块传送。

例如指令:

LDMxx R0!,{R1-R5}

STMxx R0!,{R1-R5}

xx 可以是 IA,IB,DA,DB(I 增加;D 减少;A 是之后,B 是之前)。

例如指令:

LDMIA R0!,{R1-R7};

该指令的后缀 IA 表示在每次执行完加载/存储操作后地址是增长方向,R0 按字长度增加。因此,指令可将连续存储单元的值传送到 R1~R7。

STMDA R0!,{R1-R7};

该指令的后缀 DA 表示在每次执行完加载/存储操作后地址是减少方向,R0 按字长度减少将 R1~R7 的数据保存到存储器中。这里要强调的是存储器指针在 R0 中值高位地址存放

R7 的值,之后地址方向为向下增长,最低地址存 R1 的值。

多寄存器寻址的 4 种情况如图 4-7 所示(图中 R1′是当前位置)。

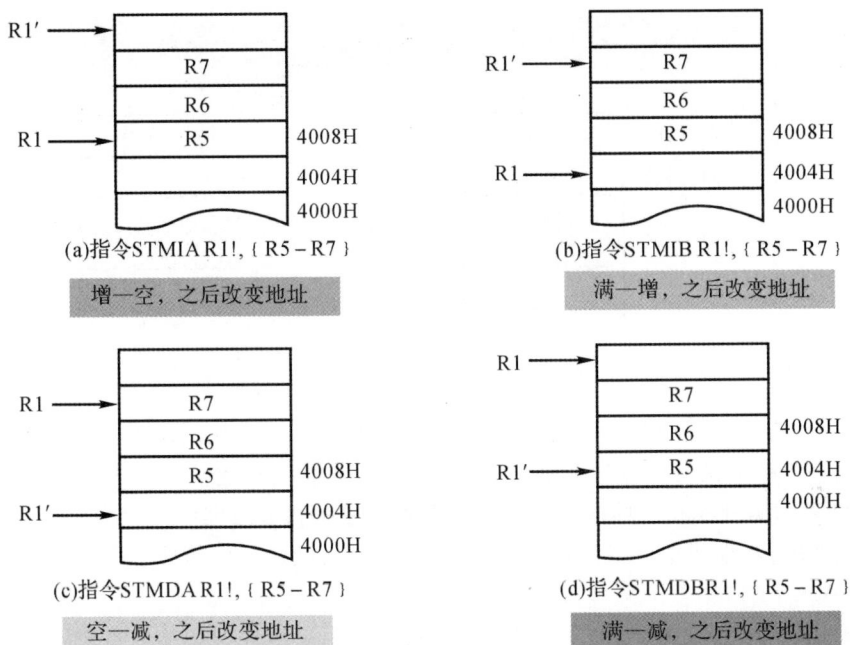

(a)指令 STMIA R1!,{R5-R7}

增一空,之后改变地址

(b)指令 STMIB R1!,{R5-R7}

满一增,之后改变地址

(c)指令 STMDA R1!,{R5-R7}

空一减,之后改变地址

(d)指令 STMDB R1!,{R5-R7}

满一减,之后改变地址

图 4-7　多寄存器 4 种寻址方式示例

5. 堆栈寻址

堆栈是一种数据结构,是按特定顺序进行存取的存储区,操作顺序分为"后进先出"和"先进先出"。堆栈寻址是隐含的,使用一个专门的寄存器(堆栈指针 R13)指向一块存储区域(堆栈),指针所指向的存储单元就是堆栈的栈顶。存储器生长堆栈可分为两种,如图 4-8 所示。

向上生长:向高地址方向生长,称为递增堆栈(Ascending Stack)。

向下生长:向低地址方向生长,称为递减堆栈(Decending Stack)。

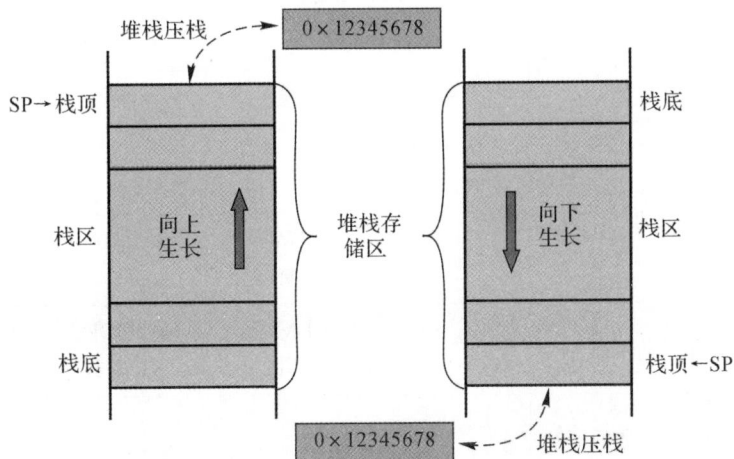

图 4-8　堆栈的递增与递减

堆栈指针指向最后压入的堆栈的有效数据项,称为满堆栈(Full Stack);堆栈指针指向下一个要放入的空位置,称为空堆栈(Empty Stack)。如图4-9所示。

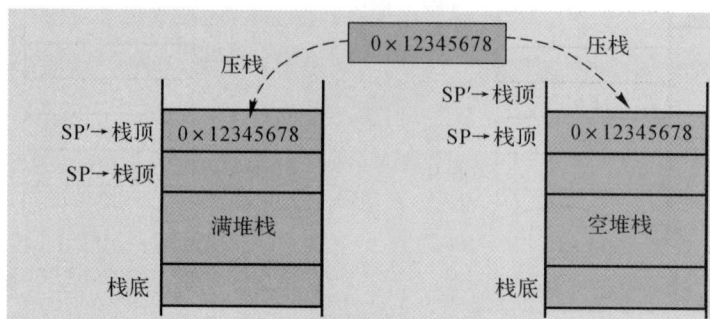

图4-9 堆栈的满与空

图4-9中的SP是没有压入数据的堆栈指针,SP′是压入数据后的堆栈指针。

这样就有4种类型的堆栈工作方式,ARM微处理器支持这4种类型的堆栈工作方式。用F,E分别表示满堆栈和空堆栈;用A,D分别表示递增和递减堆栈。

·满递增堆栈:堆栈指针指向最后压入的数据,且由低地址向高地址生成。如指令LDM-FA,STMFA。

·满递减堆栈:堆栈指针指向最后压入的数据,且由高地址向低地址生成。如指令LDM-FD,STMFD。

·空递增堆栈:堆栈指针指向下一个将要放入数据的空位置,且由低地址向高地址生成。如指令LDMEA,STMEA。

·空递减堆栈:堆栈指针指向下一个将要放入数据的空位置,且由高地址向低地址生成。如指令LDMED,STMED。

入栈:STMFD SP!,{R0-R12}

出栈:LDMFD SP!,{R0-R12}

内存访问指令寻址中的多寄存器传送指令和堆栈寻址中的指令映射关系见表4-1。

表4-1 多寄存器传送指令映射关系

增长先后 增长方向		向上生长		向下生长	
		满	空	满	空
增加	之前	STMIB STMFA			LDMIB LDMED
	之后		STMIA STMEA	LDMIA LDMFD	
减少	之前		LDMDB LDMEA	STMDB STMFD	
	之后	LDMDA LDMFA			STMDA STMED

4.2　ARM 指令集介绍

4.2.1　指令格式介绍

1. 指令格式

ARM 指令的基本格式如下：

<opcode>{<cond>}{S}<Rd>,<Rn>{,<operand2>}

其中，< >内是必需项，{}内是可选项。<opcode>是必须有的指令助记符；{<cond>}是可选指令执行条件，一般不特别指出默认为无条件执行条件(AL)。

(1)格式说明。

- opcode：指令助记符，如 LDR,STR 等；
- cond：执行条件，如 EQ,NE 等；
- S：是否影响 CPSR 寄存器的值，书写时影响 CPSR，否则不影响；
- Rd：目标寄存器；
- Rn：第 1 个操作数的寄存器；
- operand2：第 2 个操作数。

(2)指令格式举例。

LDR　R0,[R1]；读取 R1 地址上的存储器单元内容，执行条件 AL

BEQ　DATAEVEN；跳转指令，执行条件 EQ，即相等跳转到 DATAEVEN

ADDS　R1,R1,♯1；加法指令带有 S,R1＋1＝R1 影响 CPSR 寄存器

SUBNES　R1,R1,♯0xD；条件执行减法运算(NE),R1－0xD＝>R1,影响 CPSR 寄存器

2. 条件码

使用条件码"cond"可以实现高效的逻辑操作，提高代码效率。条件码见表 4－2。

表 4－2　条件码表

条件码	条件助记符	标　志	含　义
0000	EQ	Z＝1	相等
0001	NE	Z＝0	不相等
0010	CS/HS	C＝1	无符号数大于或等于
0011	CC/LO	C＝0	无符号数小于
0100	MI	N＝1	负数
0101	PL	N＝0	正数或零
0110	VS	V＝1	溢出
0111	VC	V＝0	没有溢出
1000	HI	C＝1,Z＝0	无符号数大于

续表

条件码	条件助记符	标　　志	含　　义
1001	LS	C=0,Z=1	无符号数小于或等于
1010	GE	N=V	有符号数大于或等于
1011	LT	N!=V	有符号数小于
1100	GT	Z=0,N=V	有符号数大于
1101	LE	Z=1,N!=V	有符号数小于或等于
1110	AL	任何	无条件执行(指令默认条件)
1111	NV	任何	从不执行(不要使用)

3. 第 2 操作数 operand2

第 2 操作数 operand2 有如下的形式：

- ♯immed_8r:常数表达式；
- Rm:寄存器方式；
- Rm,shift:寄存器移位方式。

(1)立即数型。立即数型♯<32 位立即数>,其表达形式为♯immed_8r:常数表达式。

这里♯<32 位立即数>为数字常量的表达式,但并不是所有 32 位立即数都是有效的,有效的立即数必须由一个 8 位立即数循环右移偶数位得到。因为 ARM 在 32 位模式下,一条指令长度为 32 位,在数据处理指令中,第 2 操作数 operand2 为 12 位。指令编码格式见表 4-3。

表 4-3　指令编码格式

31-28	27-25	24-21	20	19-16	15-12	11-0(12 位)
cond	001	opcode	S	Rn	Rd	shifter_operand

shifter_operand 所占的位数为 12 位。要用一个 12 位的编码来表示任意的 32 位数是绝对不可能的(12 位数有 2^{12} 种可能,而 32 位数有 2^{32} 种可能),但是又必须要用 12 位的编码来表示 32 位数,如何解决这个问题呢？只有在表示数的数量上作限制。如果在 12 位的 shifter_operand 中,8 位存常数 X,4 位存移位的次数 Y,4 位只有 16 种可能值,那就只好限制。只能移偶数位(两位两位地移,好像一个 16 位数在移位,16 种移位可能)。这样就解决了能表示的情况是实际情况一半的矛盾。如图 4-10 所示。

```
31                          11  8 7        0
┌──────────────────────────┬────┬──────────┐
│                          │ Y  │    X     │
└──────────────────────────┴────┴──────────┘
```

图 4-10　立即数表示方法

1)8 位位图原理。X 是 8 位存放的常数,要求"该常数必须对应 8 位位图"。也就是立即数是由一个 8 位的常数移动 4 位偶数位(0,2,4,…,26,28,30)得到。假定 8 位的常数 X 和移位值 Y 得到,这个立即数=X 循环右移(2 * Y)。8 位位图举例:0x12=0x04800000 右移(2 *

10 位),如图 4-11 所示。

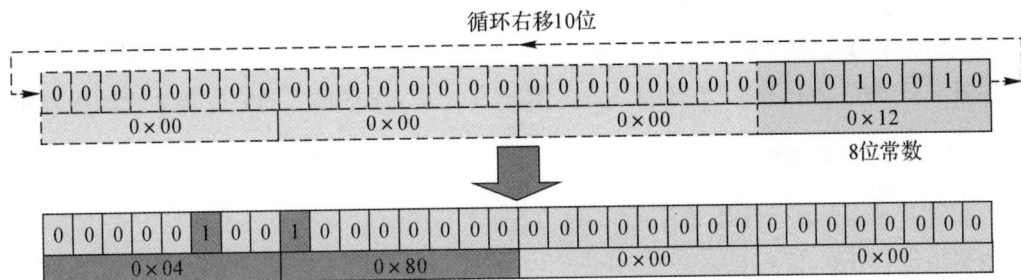

循环右移10位

图 4-11　常数 0x12 的 8 位位图

有了上述解释,接下来再举例说明。

2)常数必须符合 8 位位图。

指令 1:　AND　R1,R2,♯0xff

当处理器处理这条指令的第 2 操作数 0xff 时,因为 0xff 为 8 位二进制数,所以处理器就将其直接放进 8 位"基本"数中,而 4 位"移位"数则为 0。

指令 2:　AND　R1,R2,♯0x104

当处理器处理这条指令的第 2 操作数 0x104 时,因为此时 0x104 已经超过了 8 位二进制数,所以处理器就要将其"改造"一下,首先把 0x104 转换成二进制 0000 0000 0000 0000 0000 0001 0000 0100,可以看到,这个数是 0000 0000 0000 0000 0000 0000 0100 0001 通过循环右移 30 位得到的,因此改造后的结果是 8 位"基本"数中存放 0100 0001,而"移位"数为 15。

指令 3:　AND　R1,R2,♯0xff000000

当处理器处理这条指令的第 2 操作数 0xff000000 时,处理器同样要对其"改造",首先把 0xff000000 转换成二进制 1111 1111 0000 0000 0000 0000 0000 0000,可以看到,这个数是 0000 0000 0000 0000 0000 0000 1111 1111 通过循环右移 8 位得到的,因此改造后的结果是 8 位"基本"数中存放 1111 1111,而"移位"数为 4。

3)常数不符合 8 位位图。有些数并不符合 8 位位图的原理,这样的数在进行程序编译时,系统将会提示出错。比如 0x101,转换成二进制后为 0000 0000 0000 0000 0000 0001 0000 0001,无论向右循环几位,都无法将两个 1 同时放到低 8 位中,因此不符合 8 位位图;又比如 0x102,转换成二进制后为 0000 0000 0000 0000 0000 0001 0000 0010,如果将两个 1 同时放到低 8 位中,即转换成二进制后为 0000 0000 0000 0000 0000 0000 1000 0001,需要将此二进制数向右移 31 位,这也不符合循环右移偶数位的条件,因此 0x0102 也不符合 8 位位图;再如 0xff1,转换成二进制后将会有 9 个 1,不可能将其同时放入 8 位中,因此当然也不符合。

4)可以重新编译的数。0x7f02 这样的数,要两条指令才能完成。

MOV R3,♯0x7F00;机器代码是 E3 A0 3C 7F,指令只完成 0x7f 移位

ORR R1,R3,♯2;再加上 02,两条指令实现共同完成立即数 0x7f02

这个例子中的 0x7F00 被编译成 C 7F,就是 7F 右移 C 位(2 * 12 位=24 次),即 0x7f00 是 0x7f 通过循环右移 24 次才得到。

(2)寄存器型。operand2 是寄存器时的指令如下:

ADD　R0,R0,R1

(3)寄存器移位型。Rm,shift 寄存器移位方式,<shift>用来指定移位类型和移位位数。移位位数可以是立即数或寄存器。

operand2 是寄存器移位方式的指令:

ADD R1,R1,R1,LSL ♯3;R1=R1+R1<<3 是 R1 的内容和它左移 3 次的内容相加

4.2.2 数据处理指令

数据处理指令包括以下类型:

数据传送:MOV MVN

算数逻辑运算指令:

算术指令:ADD ADC SUB SBC RSB RSC

逻辑指令:AND ORR EOR BIC

比较指令:CMP CMN TST TEQ

数据处理指令语法:

<操作>{<cond>}{S} Rd,Rn,Operand2(Rm)

数据处理指令只能对寄存器的内容进行操作,而不能对内存中的数据进行操作。所有 ARM 数据处理指令均可选择使用 S 后缀影响状态标志。比较指令 CMP,CMN,TST 和 TEQ 不需要后缀 S,指令本身会直接影响状态标志。

数据处理指令中只有比较指令影响标志位,不用指定 Rd(目的);数据传送(MOV 指令)不指定 Rn;第 2 操作数通过桶形移位器送到 ALU 中。而且 Rm(第 2 操作数)值保持不变。如图 4-12 所示。

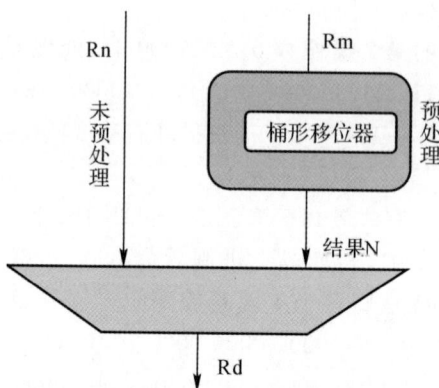

图 4-12 运算器的桶形移位器

数据处理指令功能见表 4-4。

表 4-4 数据处理指令功能列表

助记符	说 明	操 作
MOV	数据传送	Rd←operand2
MVN	数据取反传送	Rd←(~operand2)
ADD	加法	Rd←Rn+operand2

续表

助记符	说 明	操 作
ADC	带进位加	Rd←Rn＋operand2＋C
SUB	减法	Rd←Rn－operand2
SBC	带借位减	Rd←Rn－operand2＋C－1
RSB	逆向减法	Rd←operand2－Rn
RSC	带借位逆向减法	Rd←operand2－Rn＋C－1
AND	逻辑与	Rd←Rn & operand2
ORR	逻辑或	Rd←Rn ｜ operand2
EOR	异或	Rd←Rn ˆ operand2
TST	测试	Rn AND operand2 并更新标志
TEQ	测试相等	Rn EOR operand2 并更新标志
CMP	比较	Rn － operand2 并更新标志
CMN	负数比较	Rn ＋ operand2 并更新标志
BIC	位清 0	RnAND NOT（operand2）

下面对数据处理指令功能进行分别介绍。

1. 数据传送指令

数据传送指令见表 4－5。

表 4－5 数据传送指令

助记符	说 明	操 作
MOV Rd,operand2	数据传送	Rd←operand2
MVN Rd,operand2	数据取反传送	Rd←（～operand2）

（1）MOV 指令。指令功能：

· 将数据从一个寄存器传送到另一个寄存器。

· 将一个常数传送到寄存器中。

· 实现无算术运算和逻辑运算的单纯移位操作，操作数乘以 2^n 可以用左移来实现。

· 当 PC(R15)作为目的寄存器时，可以实现跳转。如"MOV PC,LR"指令可以实现子程序调用及从子程序返回。

· 当 PC(R15)作为目标寄存器且指令中 S 被设置时，指令执行跳转程序的同时会将当前处理器模式的 SPSR 寄存器内容复制到 CPSR 中。如"MOVS PC,LR"指令可以实现从某些异常中断返回。

例如：

MOV	R1,R2	;R1＝R2

MOV　R1,R2　　　　　　　　;R1＝R2

MOV　R0,R0　　　　　　　　;R0＝R0,没有任何功能,只是消耗时间

MOV　R0,R0,LSL＃3　　　　;R0＝R0x8

MOV　PC,R14　　　　　　　;退出调用,用于函数返回

MOVS　PC,R14　　　　　　;退出调用并恢复标志位,用于异常函数返回

（2）MVN指令。MVN指令将操作数的反码传送到目的寄存器,并根据操作结果更新CPSR的相应条件。指令功能：

· 向寄存器中传送一个负数。

· 求一个数的反码。

· 生产位掩码（Bit Mask）。

例如：

MVN R0,＃4;R0＝－5

4(00000100b)取反为11111011,而11111011高位为1,为负数（负数以补码形式表示）,故取反加1,结果为5,加上符号就为－5。

MVN　R0,＃0　　　　　　　;R0＝－1,求0的反码

MVN　R7,10000001b　　　;设置中断开启

掩码是一串二进制代码对目标字段的位与运算,屏蔽当前的输入位。例如R7寄存器的8个位,每个位代表开启不同的中断。在Bit的76543210设置10000001只想开Bit0和Bit7所代表的中断。Bit0代表定时器1中断,Bit7代表UART写入中断。这两个就可以称为掩码。一个是定时器1中断掩码,另外一个是UART写入中断掩码。

2. 算术/逻辑运算指令

（1）算术运算指令。算数运算指令见表4－6。

表4－6　算数运算指令

助记符	说　明	操　作
ADD　Rd,Rn,operand2	加法指令	Rd←Rn＋operand2
ADC　Rd,Rn,operand2	带进位加法指令	Rd←Rn＋operand2＋C
SUB　Rd,Rn,operand2	减法指令	Rd←Rn－operand2
SBC　Rd,Rn,operand2	带借位减法指令	Rd←Rn－operand2＋C－1
RSB　Rd,Rn,operand2	逆向减法指令	Rd←operand2－Rn
RSC　Rd,Rn,operand2	带借位逆向减法指令	Rd←operand2－Rn＋C－1

1)加法指令：

ADD　R0,R1,R2　　　　　　;R0＝R1＋R2

ADD　R0,R1,＃256　　　　;R0＝R1＋256

ADD　R0,R2,R3,LSL　＃1　;R0＝R2＋(R3<<1)

2)带进位加法指令：

ADC　R1,R2,R3　　　　　　　　　　　;R1=R2+R3+C

带进位加法常常用于多字节数据的运算。

如求两个 128 位数的加法和,第一个 128 位数放到寄存器 R4,R5,R6,R7 中,第二个 128 位数放到 R8,R9,R10 和 R11 中,把和放在 R0,R1,R2,R3 中。编程:

ADDS　R0,R4,R8　　　　　　　　　　;加低端的字

ADCS　R1,R5,R9　　　　　　　　　　;加下一个字,带进位

ADCS　R2,R6,R10　　　　　　　　　 ;加第三个字,带进位

ADCS　R3,R7,R11　　　　　　　　　 ;加高端的字,带进位

3)减法指令:

SUB　R1,R2,R3　　　　　　　　　　 ;R1=R2-R3

SUB　R0,R1,♯256　　　　　　　　　 ;R0=R1-256

SUB　R0,R2,R3,LSL♯1　　　　　　　;R0=R2-(R3<<1)

4)带借位减法指令:

SBC　R1,R2,R3　　　　　　　　　　 ;R1=R2-R3-!C(减去 C 的反码)

使用 SBC 实现 64 位减法,(R1,R0)-(R3,R2),结果存放到(R1,R0)。

SUBS　R0,R0,R2　　　　　　　　　　;R0=R0-R2,64 位减法,低 32 位相减,有借位,C=0,

　　　　　　　　　　　　　　　　　 ;表示有借位

SBCS　R1,R1,R3　　　　　　　　　　;高 32 位带借位减 R1=R1-R3-!C(减去 C 的反码)

5)逆向减法指令:

RSB　R1,R2,R3　　　　　　　　　　 ;R1=R3-R2

6)带借位逆向减法指令:

RSC　R1,R2,R3　　　　　　　　　　 ;R1=R3-R2-!C

例如下面的指令序列可以求一个 64 位数值的负数。64 位数放在寄存器 R0 与 R1 中,其负数放在 R2 和 R3 中。其中 R0 与 R2 放低 32 位值。

RSBS　R2,R0,♯0　　　　　　　　　　;R2=0-R0

RSC　R3,R1,♯0　　　　　　　　　　 ;R3=0-R1+C-1;实现了 R3,R2 放负数的作用

(2)逻辑运算指令。逻辑运算指令都是按位操作的,见表 4-7。

表 4-7　逻辑运算指令

助记符	说　明	操　作
AND　Rd,Rn,operand2	逻辑与操作指令	Rd←Rn & operand2
ORR　Rd,Rn,operand2	逻辑或操作指令	Rd←Rn | operand2
EOR　Rd,Rn,operand2	逻辑异或操作指令	Rd←Rn ^ operand2
BIC　Rd,Rn,operand2	位清除指令	Rd←Rn &（~operand2）

指令举例:

逻辑与指令按位操作:

AND　R0,R0,♯0x0F;R0＝R0 & 00001111b,实现高 4 位为 0,低 4 位不变

逻辑或指令按位操作:

ORR　R0,R0,♯0x0F;R0＝R0｜00001111b,实现高 4 位不变,低 4 位为 1

逻辑异或指令按位操作:

EOR　R0,R0,♯0x0F;R0＝R0 ^0001111b,实现高 4 位不变,低 4 位求反

BIC(Bit Clear)位清除指令,将寄存器 Rn 的值与第 2 个操作数值的反码按位逻辑与操作,结果放到 Rd 中。例如:

BIC　R0,R0,♯9;R0＝R0 ^ 00001001b,R0 中 0,3 位清零,其余位不变

3. 比较指令

比较指令实际上是做了运算,但是不保留结果,只影响标志位。

(1)比较类指令的类型。比较类指令的类型见表 4-8。

表 4-8　比较指令

助记符	说　明	操　作
CMPRn,operand2	比较指令	标志 N,Z,C,V←Rn－operand2
CMNRn,operand2	负数比较指令	标志 N,Z,C,V←Rn＋operand2
TSTRn,operand2	位测试指令	标志 N,Z,C,V←Rn & operand2
TEQRn,operand2	相等测试指令	标志 N,Z,C,V←Rn ^ operand2

(2)比较类指令的功能举例。

CMP　R1,♯10;R1 减 10 不保留结果,只保留影响的标志位,改变了程序状态字(cpsr)

负值比较指令以用寄存器 Rn 的值减去 operand2 的负数值(加上 operand2),根据操作的结果更新 CPSR 中相应的条件使后面的指令根据相应的条件标志来判断是否执行:

CMN　R1,R2;R1 减 R2 负数之后不保留结果,只影响标志位,改变了程序状态字(cpsr)

CMN R n,♯0;使标志位 C 值为 0

CMN R0,♯1;使 R0 值加 1,判断 R0 是否为补码,若是,则 Z 置位

位测试指令相应位做了与运算:

TST　R1,♯3;就是 R1 AND ♯0x00000011 对第 0,1 位是否为 1 的一种测试,改变了程
　　　　　;序状态字(cpsr)的相应标志位

相等测试就是把两个数异或:

TEQ　R1,R2　;R1　EOR　R2 改变了程序状态字(cpsr)的相应标志位

4.2.3　乘法指令与乘加指令

ARM 微处理器支持的乘法指令与乘加指令可分为运算结果为 32 位和运算结果为 64 位两类。与前面的数据处理指令不同,指令中的所有操作数、目的寄存器必须为通用寄存器,不能对操作数使用立即数或被移位的寄存器。同时,目的寄存器和操作数 1 必须是不同的寄存器。乘法指令与乘加指令共有 6 条,见表 4-9。

表 4 - 9　乘法与乘加指令

助记符	说　明	操　作
MUL　Rd, Rm, Rs	32 位乘法指令	Rd←Rm * Rs　[31:0]
MLA　Rd, Rm, Rs, Rn	32 位乘加指令	Rd←Rm * Rs+Rn [31:0]
SMULL　RdLo, RdHi, Rm, Rs	64 位有符号乘法指令	(RdLo, RdHi)←Rm * Rs
SMLAL　RdLo, RdHi, Rm, Rs	64 位有符号乘加指令	(RdLo, RdHi)←Rm * Rs+ (RdLo, RdHi)
UMULL　RdLo, RdHi, Rm, Rs	64 位无符号乘法指令	(RdLo, RdHi)←Rm * Rs
UMLAL　RdLo, RdHi, Rm, Rs	64 位无符号乘加指令	(RdLo, RdHi)←Rm * Rs+ (RdLo, RdHi)

1. MUL 指令

(1)MUL 指令的格式。

MUL{条件}{S} 目的寄存器,操作数 1,操作数 2

MUL 指令完成操作数 1 与操作数 2 的乘法运算,并把结果放置到目的寄存器中,同时可以根据运算结果设置 CPSR 中相应的条件标志位。其中,操作数 1 和操作数 2 均为 32 位的有符号数或无符号数。

(2)指令示例。

MUL　R0,R1,R2;R0＝R1×R2

MULS　R0,R1,R2;R0＝R1×R2,同时设置 CPSR 条件标志位,N,Z 位

2. MLA 指令

(1)MLA 指令的格式。

MLA{条件}{S} 目的寄存器,操作数 1,操作数 2,操作数 3

MLA 指令完成操作数 1 与操作数 2 的乘法运算,乘积再加上操作数 3,并把结果放置到目的寄存器中,同时可以根据运算结果设置 CPSR 中相应的条件标志位。其中,操作数 1 和操作数 2 均为 32 位的有符号数或无符号数。

(2)指令示例。

MLA　R0,R1,R2,R3;R0＝R1×R2＋R3

MLAS　R0,R1,R2,R3;R0＝R1×R2＋R3,同时设置 CPSR 中的相关条件标志位

3. SMULL 指令

(1)SMULL 指令的格式。

SMULL{条件}{S} 目的寄存器 Low,目的寄存器 High,操作数 1,操作数 2

SMULL 指令完成操作数 1 与操作数 2 的乘法运算,并把结果的低 32 位放置到目的寄存器 Low 中,结果的高 32 位放置到目的寄存器 High 中,同时可以根据运算结果设置 CPSR 中相应的条件标志位。其中,操作数 1 和操作数 2 均为 32 位的有符号数。

(2)指令示例。

SMULL R0,R1,R2,R3;R0＝(R2×R3)低 32 位,R1＝(R2×R3)高 32 位

4. SMLAL 指令

(1)SMLAL 指令的格式。

SMLAL{条件}{S} 目的寄存器 Low,目的寄存器 High,操作数 1,操作数 2

SMLAL 指令完成操作数 1 与操作数 2 的乘法运算,并把结果的低 32 位同目的寄存器 Low 中的值相加后又放置到目的寄存器 Low 中,结果的高 32 位同目的寄存器 High 中的值相加后又放置到目的寄存器 High 中,同时可以根据运算结果设置 CPSR 中相应的条件标志位。其中,操作数 1 和操作数 2 均为 32 位的有符号数。

(2)指令示例。

SMLAL　R0,R1,R2,R3;R0＝(R2×R3)的低 32 位＋R0,R1＝(R2×R3)的高 32 位＋R1

5. UMULL 指令

(1)UMULL 指令的格式。

UMULL{条件}{S} 目的寄存器 Low,目的寄存器 High,操作数 1,操作数 2

UMULL 指令完成操作数 1 与操作数 2 的乘法运算,并把结果的低 32 位放置到目的寄存器 Low 中,结果的高 32 位放置到目的寄存器 High 中,同时可以根据运算结果设置 CPSR 中相应的条件标志位。其中,操作数 1 和操作数 2 均为 32 位的无符号数。

(2)指令示例。

UMULL　R0,R1,R2,R3;R0＝(R2×R3)低 32 位;R1＝(R2×R3)高 32 位

6. UMLAL 指令

(1)UMLAL 指令的格式。

UMLAL{条件}{S} 目的寄存器 Low,目的寄存器 High,操作数 1,操作数 2

UMLAL 指令完成操作数 1 与操作数 2 的乘法运算,并把结果的低 32 位同目的寄存器 Low 中的值相加后又放置到目的寄存器 Low 中,结果的高 32 位同目的寄存器 High 中的值相加后又放置到目的寄存器 High 中,同时可以根据运算结果设置 CPSR 中相应的条件标志位。其中,操作数 1 和操作数 2 均为 32 位的无符号数。

(2)指令示例。

UMLAL　R0,R1,R2,R3;R0＝(R2×R3)的低 32 位＋R0;R1＝(R2×R3)的高 32 位＋R1

以上,对于目的寄存器 Low,在指令执行前存放 64 位加数的低 32 位,指令执行后存放结果的低 32 位。对于目的寄存器 High,在指令执行前存放 64 位加数的高 32 位,指令执行后存放结果的高 32 位。

4.2.4　程序状态寄存器处理指令

程序状态寄存器处理指令(见表 4－10)主要完成程序状态寄存器与通用寄存器之间的数据传送,但是不保留结果,只影响标志位。

表 4－10　程序状态寄存器处理指令

助记符	说　明	操　作
MRS	把程序状态寄存器的值送到一个通用寄存器	Rn＝SPR
MSR	把通用寄存器的值送到程序状态寄存器或把一个立即数送到程序状态字	PSR(field)＝Rm 或 PSR(field)＝immediate

这两条指令结合,可用于对 CPSR 或 SPSR 进行读/写操作。当需保存或修改当前模式下 CPSR 或 SPSR 的内容时,首先必须将这些内容传递到通用寄存器中。

1. MRS 指令

作用:将程序状态寄存器内容传输到通用寄存器。

(1)语法格式。

MRS{<condition>} <Rd>,CPSR

MRS{<condition>} <Rd>,SPSR

(2)参数说明。

<Rd>:确定指令的目标寄存器。不能使用 R15,如果 R15 被用作目标寄存器,指令的执行结果不可预知,因为每执行一条指令,R15(PC)都会改变。

(3)使用场合。

·当需要保存或修改当前模式下 CPSR 或 SPSR 的内容时,必须将这些内容传送到通用寄存器中,对选择的位进行修改,然后将数据回写到状态寄存器。

·当异常中断允许嵌套时,需要在进入异常处理程序之后,嵌套中断发生之前保存当前处理器各模式对应的 SPSR。这时需要先通过 MRS 指令读出 SPSR 的值,再用压栈指令将 SPSR 值保存起来。

·在进程切换时也需要保存当前程序状态寄存器的值。

(4)使用举例。

MRS R1,CPSR;将 CPSR 状态寄存器读取,保存到 R1 中

MRS R2,SPSR;将 SPSR 状态寄存器读取,保存到 R2 中

2. MSR 指令

作用:将通用寄存器内容传输到程序状态寄存器。

(1)语法格式。

MSR{<condition>} CPSR_<fields>, ♯<immediate>

MSR{<condition>} CPSR_<fields>,<Rm>

MSR{<condition>} SPSR_<fields>, ♯<immediate>

MSR{<condition>} SPSR_<fields>,<Rm>

(2)参数说明。

<fields>:域标志位,是下面选项中的一种或几种的组合。

c:控制域屏蔽 psr[7..0]

x:扩展域屏蔽 psr[15..8]

s:状态域屏蔽 psr[23..16]

f:标志域屏蔽 psr[31..24]

注意:区域名必须为小写字母。

域标志位设置的目的是改变程序状态字的部分设置,例如向模式位 M[4:0]里写入相应的数据来切换到不同的模式,只对部分操作即可。

<immediate>:被传送到 CPSR 和 SPSR 寄存器的立即数,此立即数可以为 8 位立即数(范围在 0x00~0xff 之间)。

<Rm>:指定的通用寄存器。

对 CPSR,SPSR 寄存器进行操作不能使用 MOV,LDR 等通用指令,只能使用特权指令 MSR 和 MRS。

4.2.5 跳转指令

跳转指令用于实现程序流程的跳转,在 ARM 程序中有两种方法可以实现程序流程的跳转:

· 使用专门的跳转指令;

· 直接向程序计数器 PC 写入跳转地址值。

通过向程序计数器 PC 写入跳转地址值,可以实现在 4GB 地址空间中的任意跳转,在跳转之前结合使用 MOV LR,PC 等类似指令,可以保存将来的返回地址值,从而实现在 4GB 连续的线性地址空间的子程序调用。

ARM 指令集中的跳转指令可以完成从当前指令向前或向后的 32MB 的地址空间的跳转,包括以下 4 条指令:

◇ B:跳转指令;

◇ BL:带返回的跳转指令;

◇ BX:带状态切换的跳转指令;

◇ BLX:带返回和状态切换的跳转指令。

跳转指令主要操作和说明见表 4-11。

表 4-11 跳转指令

助记符	说　明	操　作
B	跳转指令	PC←label
BL	带返回的跳转指令	PC←label (lr←BL 后面的第 1 条指令)
BX	带状态切换的跳转指令	PC←Rm & 0xfffffffe,T←Rm &1
BLX	带返回和状态切换的跳转指令	PC←label,T←1 PC←Rm & 0xfffffffe,T←Rm &1 lr←BL 后面的第 1 条指令

1. B 指令

B 指令的格式:

B{条件}　目标地址

　　B 指令是最简单的跳转指令。一旦遇到一个 B 指令,ARM 处理器将立即跳转到给定的目标地址,从那里继续执行。存储在跳转指令中的实际值是相对当前 PC 值的一个偏移量,它的值由汇编器来计算(参考寻址方式中的相对寻址)。前后有 32MB 的地址空间,即 B <label>转移的范围是 PC±32 MB。

　　(1)程序转到标号处。

```
        B    LABLE            ;转到 LABLE 处
        ADD  R1,R2,♯4         ;R1＝R2＋4
        ADD  R3,R2,♯8         ;R3＝R2＋8
        SUB  R3,R3,R1         ;R3＝R3－R1
LABLE:SUB  R1,R2,♯8           ;R1＝R2－♯8
```

　　(2)程序跳转到绝对地址处。

```
B  0x1234;跳转到绝对地址 0x1234 处
```

　　(3)条件跳转。当 CPSR 寄存器中的 C 条件标志为 1 时,程序跳转到标号 LABLE 处执行。

```
BCC  0x1234   (CC 是无符号数小于条件)
```

　　(4)通过跳转指令建立一个无限循环。

```
LOOP:  ADD  R1,R2,♯4         ;R1＝R2＋4
        ADD  R3,R2,♯8         ;R3＝R2＋8
        SUB  R3,R3,R1         ;R3＝R3－R1
        B  LOOP               ;无条件转到 LOOP 处(一直转不停)
```

　　(5)通过使用跳转指令使程序循环 n 次。通过使用跳转指令使程序循环 10 次。

```
        MOV  R0,♯10
LOOP:SUBS  R0,♯1
        BNB  LOOP   ;不等于 0 转,等于 0 结束
```

2. BL 指令(带返回的跳转指令)

　　(1)BL 指令的格式。

　　BL{条件} 目标地址

　　BL 是另一个跳转指令,但跳转之前,会在寄存器 R14(LR)中保存 PC 的当前内容,因此,可以通过将 R14 的内容重新加载到 PC 中,返回到跳转指令之后的那个指令处执行。该指令是实现子程序调用的一个基本常用的手段。当遇到子程序嵌套时需要堆栈来保存当前的内容。如图 4-13 所示。

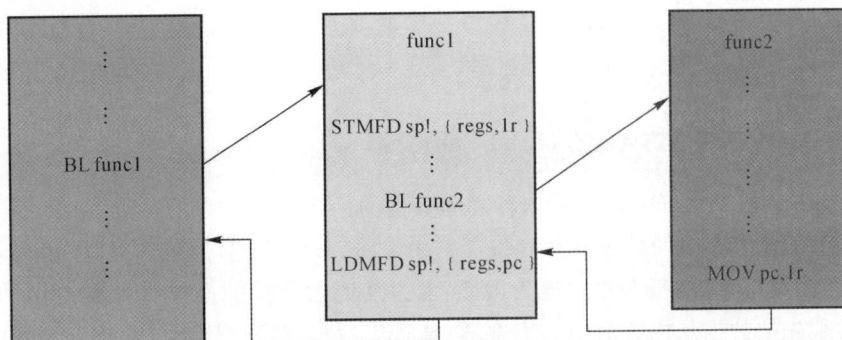

图 4-13　子程序嵌套

图 4-13 中,BL func1 跳转到子程序 func1 处执行是子程序嵌套,需要堆栈来保存当前的内容。BL func2 跳转到子程序 func2 处执行,同时将当前 PC 的值保存到 LR 中。

(2)BL 将下一条指令的地址保存到 R14(LR)中的意义;

· 保存返回地址到 LR;

· 返回时从 LR 恢复 PC;

· 对于 non-leaf 函数,LR 必须压栈保存。

3. BX 指令(带状态切换的跳转指令)

(1)BX 指令的格式。

BX{条件}　目标地址

(2)BX 指令的使用。BX 指令跳转到指令中所指定的目标地址,目标地址处的指令可以是 ARM 指令,也可以是 Thumb 指令。

4. BLX 指令(带返回和状态切换的跳转指令)

(1)BLX 指令的格式。

BLX　　目标地址

BLX 指令从 ARM 指令集跳转到指令中所指定的目标地址,并将处理器的工作状态由 ARM 状态切换到 Thumb 状态,该指令同时将 PC 的当前内容保存到寄存器 R14 中。因此,当子程序使用 Thumb 指令集,而调用者使用 ARM 指令集时,可以通过 BLX 指令实现子程序的调用和处理器工作状态的切换。同时,子程序的返回可以通过将寄存器 R14 值复制到 PC 中来完成。

(2)使用举例。

BX,BLX 指令跳转指令举例:

1)转移到 R0 的地址,如果 R0 的[0]=1,则进入 Thumb 状态。

BX　R0

2)跳转到 R0 指定的地址,并根据 R0 的最低位来切换处理器状态。

ADRL　R0,ThumbFun+1

BX　R0

(ADRL 伪指令是将基于 PC 的地址值或基于寄存器的地址值读取到寄存器中)

3)从 Thumb 状态返回到 ARM 状态,使用 BX 指令。

BX　R14

4)利用堆栈来跳转。

PUSH　{<registers>,R14}

POP　{<registers>,PC}

4.2.6　ARM 存储器访问指令(Load/Store)

Load/Store 指令用于寄存器和内存之间数据的传送。

Load 用于把内存中的数据装载到寄存器中。Store 用于把寄存器中的数据存入内存。该集合的指令使用频繁,在指令集中最为重要,因为其他指令只能操作寄存器,当数据存放在内存中时,必须先把数据从内存装载到寄存器,执行完后再把寄存器中的数据存储到内存中。

Load/Store 指令分为 3 类：

- 单一数据传送指令(LDR 和 STR 等)；
- 多数据传送指令(LDM 和 STM)；
- 数据交换指令(SWP 和 SWPB)。

1. 单一数据传送指令

单一数据传送指令(LDR 和 STR 等)见表 4－12。

表 4－12　单一数据传送指令

助记符	说　明	操　作
LDR　Rd,addressing	读存储器字数据到寄存器	Rd←mem32[address]
STR　Rd,addressing	寄存器字数据存到存储器	mem32[address]←Rd
LDRB　Rd,addressing	加载无符号字节数据	Rd←mem8[address]
STRB　Rd,addressing	存储字节数据	mem8[address]←Rd
LDRH　Rd,addressing	加载无符号半字数据	Rd←mem16[address]
STRH　Rd,addressing	存储半字数据	mem16[address]←Rd
LDRT　Rd,addressing	以用户模式加载字数据	Rd←mem32[address]
STRT　Rd,addressing	以用户模式存储字数据	Mem32 [address]←Rd
LDRBT Rd,addressing	以用户模式加载字节数据	Rd←mem8[address]
STRBT　Rd,addressing	以用户模式存储字节数据	mem8[address]←Rd
LDRSB Rd,addressing	加载有符号字节数据	Rd←mem8[address]
LDRSH　Rd,addressing	加载有符号半字数据	Rd←mem16[address]

(1)字数据加载指令 LDR。

格式：

LDR{<cond>} <Rd>,<addr>

功能：把 addr 所表示的内存地址中的字数据装载到目标寄存器 Rd 中,同时还可以把合成的有效地址写回到基址寄存器。

地址 addr 可以是一个简单的值、一个偏移量,或者是一个被移位的偏移量。

寻址方式：

- Rn:基址寄存器；
- Rm:变址寄存器；
- Index:偏移量,12 位的无符号数。

指令意义：

1)Rn 值不变。

LDR Rd,[Rn];把内存中地址为 Rn 的字数据装入寄存器 Rd 中

LDR Rd,[Rn,Rm];将内存中地址为 Rn＋Rm 的字数据装入寄存器 Rd 中

LDR Rd,[Rn,♯index];将内存中地址为 Rn+index 的字数据装入 Rd 中

LDR Rd,[Rn,Rm,LSL♯5];将内存中地址为 Rn+Rm×32 的字数据装入 Rd 中

2)Rn 值改变(先改变)。

LDR Rd,[Rn,Rm]！;将内存中地址为 Rn+Rm 的字数据装入 Rd,并将新地址 Rn+Rm
　　　　　　　　　;写入 Rn

LDR Rd,[Rn,♯index]！;将内存中地址为 Rn+index 的字数据装入 Rd,并将新地址 Rn
　　　　　　　　　;+index 写入 Rn

LDR Rd,[Rn,Rm,LSL♯5]！;将内存中地址为 Rn+Rm×32 的字数据装入 Rd,并将新
　　　　　　　　　;地址 Rn+Rm×32 写入 Rn

3)Rn 值改变(后改变)。

LDR Rd,[Rn],Rm;将内存中地址为 Rn 的字数据装入寄存器 Rd,并将新地址 Rn+Rm
　　　　　　　　　;写入 Rn

LDR Rd,[Rn],♯index;将内存中地址为 Rn 的字数据装入寄存器 Rd,并将新地址 Rn+
　　　　　　　　　;index 写入 Rn

LDR Rd,[Rn],Rm,LSL♯5;将内存中地址为 Rn 的字数据装入寄存器 Rd,并将新地址
　　　　　　　　　;Rn+Rm×32 写入 Rn

例如:

LDR R0,[R1,R2,LSL♯5]！;将内存中地址为 R1+R2×32 的字数据装入寄存器 R0,
　　　　　　　　　;并将新地址 R1+R2×32 写入 R1

(2)字数据存储指令 STR。

格式:

STR{<cond>} <Rd>,<addr>

功能:把寄存器 Rd 中的字数据(32 位)保存到 addr 所表示的内存地址中,同时还可以把合成的有效地址写回到基址寄存器。

地址 addr 可以是一个简单的值、一个偏移量,或者是一个被移位的偏移量。寻址方式同 LDR 指令。

例如:

STR R0,[R1,♯5]！;把 R0 中的字数据保存到以 R1+5 为地址的内存中,然后 R1=R1
　　　　　　　　　;+5

指令应用举例:

1)变量访问。

NumCount　.equ　0x400030000　　;定义变量 NumCount

LDR　　R0,=NumCount　　　　　;使用 LDR 伪指令装载 NumCount 的地址到 R0

LDR　　R1,[R0]　　　　　　　;取出变量值

ADD　　R1,R1,♯1　　　　　　;NumCount=NumCount+1

STR　　R1,[R0]　　　　　　　;保存变量值

2)GPIO 设置。

GPIO-BASE .equ 0xe0028000;定义 GPIO 寄存器的基地址

……

```
LDR   R0,=GPIO–BASE        ;将设置值放入寄存器
LDR   R1,=0x00ffff00        ;IODIR=0x00ffff00
STR   R1,[R0,♯0x0C]         ;IOSET 的地址为 0xE002800C
```

3)程序散转。

```
…
MOV   R2,R2,LSL   ♯2        ;功能号乘以 4,以便查表
LDR   PC,[PC,R2]            ;查表取得对应功能子程序地址并跳转
NOP                        ;空操作
FUN—TAB   .word   FUN–SUB0
          .word   FUN–SUB1
          .word   FUN–SUB2
```

(3)字节数据加载指令 LDRB。

格式:

LDR{<cond>}B <Rd>,<addr>

功能:同 LDR 指令,但该指令只是从内存读取一个 8 位的字节数据而不是一个 32 位的字数据,并将 Rd 的高 24 位清 0。

例如:

LDRB   R0,[R1];将内存中起始地址为 R1 的一个字节数据装入 R0 中

(4)字节数据存储指令 STRB。

格式:

STR{<cond>}B <Rd>,<addr>

功能:把寄存器 Rd 中的低 8 位字节数据保存到 addr 所表示的内存地址中。其他使用方法同 STR 指令。

例如:

STRB   R0,[R1];将寄存器 R0 中的低 8 位数据存入 R1 表示的内存地址中

(5)半字数据加载指令 LDRH。

格式:

LDR{<cond>}H <Rd>,<addr>

功能:同 LDR 指令,但该指令只是从内存读取一个 16 位的半字数据而不是一个 32 位的字数据,并将 Rd 的高 16 位清 0。

例如:

LDRH   R0,[R1];将内存中起始地址为 R1 的一个半字数据装入 R0 中

(6)半字数据存储指令 STRH。

格式:

STR{<cond>}H <Rd>,<addr>

功能:把寄存器 Rd 中的低 16 位半字数据保存到 addr 所表示的内存地址中,而且 addr 所表示的地址必须是半字对齐的。其他使用方法同 STR 指令。

例如:

STRH   R0,[R1];将寄存器 R0 中的低 16 位数据存入 R1 表示的内存地址中

(7)用户模式的字数据加载指令 LDRT。

格式：

LDR{<cond>}T <Rd>,<addr>

功能：同 LDR 指令，但无论处理器处于何种模式，都将该指令当作一般用户模式下的内存操作。addr 所表示的有效地址必须是字对齐的，否则从内存中读出的数值进行了循环右移而出错。

(8)用户模式的字数据存储指令 STRT。

格式：

STR{<cond>}T <Rd>,<addr>

功能：同 STR 指令，但无论处理器处于何种模式，该指令都将被当作一般用户模式下的内存操作。

(9)用户模式的字节数据加载指令 LDRBT。

格式：

LDR{<cond>}BT <Rd>,<addr>

功能：同 LDRB 指令，但无论处理器处于何种模式，都将该指令当作一般用户模式下的内存字节数操作。

(10)用户模式的字节数据存储指令 STRBT。

格式：

STR{<cond>}BT <Rd>,<addr>

功能：同 STRB 指令，但无论处理器处于何种模式，该指令都将被当作一般用户模式下的内存字节数操作。

(11)有符号的字节数据加载指令 LDRSB。

格式：

LDR{<cond>}SB <Rd>,<addr>

功能：同 LDRB 指令，但该指令将寄存器 Rd 的高 24 位设置成所装载的字节数据符号位的值。

例如：

LDRSB　R0,[R1];将内存中起始地址为 R1 的一个字节数据装入 R0 中,R0 的高 24 位
　　　　　　　　;设置成该字节数据的符号位

(12)有符号的半字数据加载指令 LDRSH。

格式：

LDR{<cond>}SH <Rd>,<addr>

功能：同 LDRH 指令，但该指令将寄存器 Rd 的高 16 位设置成所装载的半字数据符号位的值。

例如：

LDRSHR0,[R1];将内存中起始地址为 R1 的一个 16 位半字数据装入 R0 中,R0 的高 16
　　　　　　　;位设置为半字数据的符号位

2. 多数据传送指令

多数据传送指令(LDM 和 STM)也叫批量加载/存储指令,可以实现在一组寄存器和一块

连续的内存单元之间的数据传送。LDM 用于加载多个寄存器,STM 用于存储多个寄存器。多寄存器的 Load/Store 内存访问指令允许一条指令传送 16 个寄存器的任何子集或所有寄存器。多数据传送指令见表 4 - 13。

表 4 - 13　多数据传送指令

助记符	说　明	操　作
LDM	装载多个寄存器	{Rd} * mem32[start address+4 * N]
STM	存储多个寄存器	{Rd} * mem32[start address+4 * N]

(1)批量数据加载指令 LDM。

功能:从一片连续的内存单元读取数据到各个寄存器中,内存单元的起始地址为基址寄存器 Rn 的值,各个寄存器由寄存器列表 reglist 表示。

(2)批量数据存储指令 STM。

功能:将各个寄存器的值存入一片连续的内存单元中,内存单元的起始地址为基址寄存器 Rn 的值,各个寄存器由寄存器列表 reglist 表示。

(3)指令的使用。首先看如下例子:

LDMIA　R0!,{R3~R9};R0 指向地址上的多字数据,保存在 R3~R9 中,R0 值更新

STMIA　R1!,{R3~R9};将 R3~R9 的数据存储到 R1 指向的地址上,R1 值更新

STMFD　SP!,{R0~R7,LR};现场保存,将 R0~R7,LR 入栈

LDMFD　SP!,{R0~R7,PC}ˆ;恢复现场,异常处理返回

STMEA　R13!,{R0~R12,PC};将寄存器 R0~R12 以及程序计数器 PC 的值保存到

　　　　　　　　　　　　;R13 指示的堆栈中

其中,后缀"!"表示最后的地址写回到 Rn 中。寄存器列表 reglist 可包含多于一个寄存器或寄存器范围,使用","分开,如{R1,R2,R6~R9},寄存器由小到大排列。"ˆ"后缀不允许在用户模式下使用,只能在系统模式下使用。

(4)多寄存器加载/存储指令的模式。多寄存器加载/存储指令的 8 种模式见表 4 - 14。

表 4 - 14　多寄存器加载/存储指令的 8 种模式

模式	说　明	模式	说　明
IA	每次传送后地址加 4	FD	满递减堆栈
IB	每次传送前地址加 4	ED	空递减堆栈
DA	每次传送后地址减 4	FA	满递增堆栈
DB	每次传送前地址减 4	EA	空递增堆栈
数据块传送操作		堆栈操作	

使用这些指令的注意事项:

1)进行数据复制时,先设置源数据和目标数据的指针,然后使用块拷贝寻址指令 LDMIA/STMIA,LDMIB/STMIB,LDMDA/STMDA,LDMDB/STMDB 进行读取和存储。

2)进行堆栈操作时,要先设置堆栈指针(SP),然后使用堆栈寻址指令 STMFD/LDMFD,STMED/LDMED,STMFA/LDMFA 和 STMEA/LDMEA 实现堆栈操作。

(5)LDM / STM 操作 4 种寻址操作。

LDMIA / STMIA	Increment After(先操作,后增加)
LDMIB / STMIB	Increment Before(先增加,后操作)
LDMDA / STMDA	Decrement After(先操作,后递减)
LDMDB / STMDB	Decrement Before(先递减,后操作)

假定有指令 LDMxx R10,{R0,R1,R4} 和 STMxx R10,{R0,R1,R4},在存储器中的位置如图 4-14 所示。

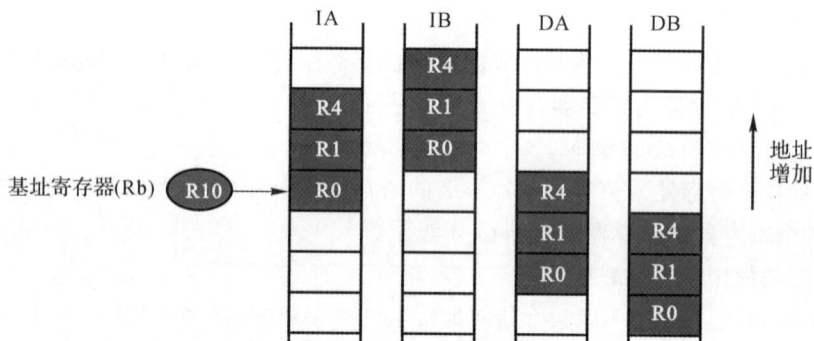

图 4-14 多寄存器加载/存储指令与存储位置

注意:有一个约定,编号低的寄存器在存储数据或者加载数据时对应于存储器的低地址。

使用 LDM/STM 指令进行数据复制:

LDR　R0,＝SrcData	;设置源数据地址指针
LDR　R1,＝DrcData	;设置目标数据地址指针
LDMIA　R0!,{R2～R9}	;加载 8 字数据到寄存器 R2～R9
STMIA　R1!,{R2～R9}	;存储寄存器 R2～R9 到目标地址

3. 堆栈操作和数据块传送指令

前面已经介绍了关于堆栈的寻址,一个满栈的栈指针指向上次写的最后一个数据单元。空栈的栈指针指向第一个空闲单元。递增堆栈:向高地址方向生长。递减堆栈:向低地址方向生长。FD,ED,FA 和 EA 指定是满栈还是空栈以及升序栈还是降序栈,用于堆栈寻址。

一个降序栈是在内存中反向增长,而升序栈在内存中正向增长。堆栈操作和数据块传送指令类似,也有如下 4 种模式。

LDMFA/STMFA	满递增:堆栈向上增长,SP 指向内含有效数据项的最高栈单元。
LDMEA/STMEA	空递增:堆栈向上增长,SP 指向堆栈上的第一个空位置。
LDMFD/STMFD	满递减:堆栈向下增长,SP 指向内含有效数据项的最低栈单元。
LDMED/STMED	空递减:堆栈向下增长,SP 指向堆栈下的第一个空位置。

堆栈指令 LDM/STM 多用于进行现场寄存器保护,也在子程序或异常处理时使用:

SENDBYTE:

　　STMFD　SP!,{R0～R7,RL};寄存器压栈保护

　　　　……

```
BL       DELAY                ;调用子程序 DELAY
         …
LTMFD   SP!，{R0~R7,PC}   ;恢复寄存器,并返回
```

4.2.7　寄存器和存储器交换指令

交换指令将一个内存单元(该单元地址放在寄存器 Rn 中)的内容读取到一个寄存器 Rd 中,同时将另一个寄存器 Rm(op2)的内容写入到该内存单元中。

1. 数据交换指令 SWP

格式:

SWP{<cond>} <Rd>,<op1>,[<op2>];　　　　Rd=[op2],[op2]=op1

功能:从 op2 所表示的内存装载一个字并把这个字放置到目的寄存器 Rd 中,然后把寄存器 op1 的内容存储到同一内存地址中。op1,op2 均为寄存器。

例如:

SWP　R0,　R1,[R2]

将 R2 所表示的内存单元中的字数据装载到 R0,然后将 R1 中的字数据保存到 R2 所表示的内存单元中。如图 4-15 所示。

SWP　R0,R1,[R2]

图 4-15　数据交换示意

2. 字节数据交换指令 SWPB

格式:

SWP{<cond>}B <Rd>,<op1>,[<op2>]

功能:从 op2 所表示的内存装载一个字节并把这个字节放置到目的寄存器 Rd 的低 8 位中,Rd 的高 24 位设置为 0;然后将寄存器 op1 的低 8 位数据存储到同一内存地址中。

例如:

SWPB　R0,R1,[R2]

将 R2 所表示的内存单元中的一个字节数据装载到 R0 的低 8 位(高 24 位清零),然后将 R1 中的低 8 位数据保存到 R2 所表示的内存单元中(最低字节)。

4.2.8　异常产生指令

ARM 的异常产生指令见表 4-15。

表 4-15　异常产生指令

助记符	说　明	操　作
SWI	软中断指令	产生软中断,处理器进入管理模式
BKPT	断点中断指令	处理器产生软件断点

1. 软中断指令 SWI

格式：

SWI {<cond>} immed_24 ;24 位的立即数

功能：用于产生软件中断。

immed_24 域：范围从 $0 \sim 2^{24}-1$ 的表达式。用户程序可以使用该常数来进入不同的处理流程。

（1）异常产生指令举例。

下面指令产生软中断，中断立即数为 0。

SWI 0

下面指令产生软中断，中断立即数为 0x123456。

SWI 0x123456

（2）参数传递方法。SWI 指令通常使用以下两种方法进行参数传递。

一是指令 24 位的立即数指定了用户的类型，中断服务程序的参数通过寄存器传递。下面的程序产生一个中断号为 12 的软中断。

MOV R0,♯34 ;设置功能号为 34

SWI 12 ;产生软中断,中断号为 12

另一种情况，指令中的 24 位立即数被忽略，用户请求的服务类型由寄存器 R0 的值决定，参数通过其他(R1)寄存器传递。

MOV R0,♯12 ;设置 12 号软中断

MOV R1,♯34 ;设置功能号为 34

SWI 0

2. 断点中断指令 BKPT

格式：

BKPT 16 位的立即数

功能：用于产生软件断点中断，以便软件调试时使用。16 位立即数用来保存软件调试中额外的断点信息。

指令操作的伪代码：

if (not overdiden by debug hardware) then

    R14_abt = adderss of BKPT instruction+4

    SPSR_abt = CPSR

    CPSR[4:0] = 0b10111

    CPSR[5] = 0

    CPSR[7] = 1

if high vectors configured then

    PC = 0xFFFF000C

else

    PC = 0x0000000C

4.2.9　协处理器指令

ARM 可支持多达 16 个协处理器,主要的作用为:ARM 处理器初始化,ARM 与协处理器的数据处理操作,ARM 的寄存器与协处理器的寄存器之间传送数据,以及 ARM 协处理器的寄存器和存储器之间传送数据。共有 5 条指令:

* CDP:协处理器数据操作指令;
* LDC:协处理器数据加载指令;
* STC:协处理器数据存储指令;
* MCR:ARM 的寄存器到协处理器的寄存器的数据传送;
* MRC:协处理器的寄存器到 ARM 的寄存器的数据传送。

1. CDP 指令

CDP 指令的格式:

CDP{条件} 协处理器编码,协处理器操作码 1,目的寄存器,源寄存器 1,源寄存器 2,协处理器操作码 2

CDP 指令用于 ARM 处理器通知 ARM 协处理器执行特定的操作,若协处理器不能成功完成特定的操作,则产生未定义指令异常。其中,协处理器操作码 1 和操作码 2 是协处理器要执行的操作,目的寄存器和源寄存器均为协处理器的寄存器,指令不涉及 ARM 处理器的寄存器和存储器。

指令示例:

CDP　P3,2,C12,C10,C3,4;该指令完成协处理器 P3 的初始化

2. LDC 指令

LDC 指令的格式:

LDC{条件}{L} 协处理器编码,目的寄存器,[源寄存器]

LDC 指令用于将源寄存器所指向的存储器中的字数据传送到目的寄存器中,若协处理器不能成功完成传送操作,则产生未定义指令异常。其中,{L}选项表示指令为长读取操作,如用于双精度数据的传输。

指令示例:

LDC　P3,C4,[R0]

将 ARM 处理器的寄存器 R0 所指向的存储器中的字数据传送到协处理器 P3 的寄存器 C4 中。

3. STC 指令

STC 指令的格式:

STC{条件}{L} 协处理器编码,源寄存器,[目的寄存器]

STC 指令用于将源寄存器中的字数据传送到目的寄存器所指向的存储器中,若协处理器不能成功完成传送操作,则产生未定义指令异常。其中,{L}选项表示指令为长读取操作,如用于双精度数据的传输。

指令示例:

STC　P3,C4,[R0]

将协处理器 P3 的寄存器 C4 中的字数据传送到 ARM 处理器的寄存器 R0 所指向的存储器中。

4. MCR 指令

MCR 指令的格式：

MCR{条件} 协处理器编码,协处理器操作码 1,源寄存器,目的寄存器 1,目的寄存器 2, 协处理器操作码 2

MCR 指令用于将 ARM 处理器寄存器中的数据传送到协处理器寄存器中,若协处理器不能成功完成操作,则产生未定义指令异常。其中协处理器操作码 1 和操作码 2 为协处理器将要执行的操作,源寄存器为 ARM 处理器的寄存器,目的寄存器 1 和 2 均为协处理器的寄存器。

指令示例：

MCR　P3,3,R0,C4,C5,6

该指令将 ARM 处理器寄存器 R0 中的数据传送到协处理器 P3 的寄存器 C4 和 C5 中。

5. MRC 指令

MRC 指令的格式：

MRC{条件} 协处理器编码,协处理器操作码 1,目的寄存器,源寄存器 1,源寄存器 2,协处理器操作码 2

MRC 指令用于将协处理器寄存器中的数据传送到 ARM 处理器寄存器中,若协处理器不能成功完成操作,则产生未定义指令异常。其中协处理器操作码 1 和协处理器操作码 2 为协处理器将要执行的操作,目的寄存器为 ARM 处理器的寄存器,源寄存器 1 和源寄存器 2 均为协处理器的寄存器。

指令示例：

MRC　P3,3,R0,C4,C5,6

将协处理器 P3 的寄存器中的数据传送到 ARM 处理器寄存器中。

4.3　Thumb 指令集介绍

Thumb 指令集可以看作是 ARM 指令压缩形式的子集,是针对代码密度问题而提出的,具有 16 位的代码密度。如图 4-16 所示。

Thumb 不是一个完整的体系结构,不能期望处理器只执行 Thumb 指令集而不支持 ARM 指令集。因此,Thumb 指令集只需要支持通用功能,必要时可以借助于完善的 ARM 指令集,比如,所有异常自动进入 ARM 状态。

所有的 Thumb 指令都有对应的 ARM 指令,而且 Thumb 的编程模型也对应于 ARM 的编程模型,在应用程序的编写过程中,只要遵循一定的调用规则,Thumb 子程序和 ARM 子程序就可以互相调用。

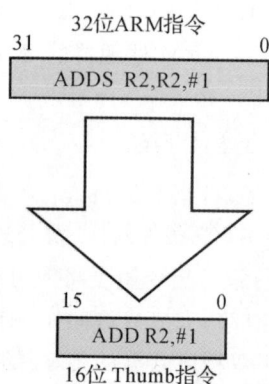

32位ARM指令

31　　　　　　　　　　0

ADDS R2,R2,#1

15　　　　　　　　0

ADD R2,#1

16位 Thumb指令

图 4-16　ARM 与 Thumb

4.3.1　Thumb 指令集特征及限制

1. Thumb 指令集特征

(1)Thumb 是一个 16 位指令集。

· 优化代码密度;

· 提高窄内存操作性能;

· 是 ARM 指令集的一个功能子集。

(2)ARM / Thumb 转换使用 BX 指令。

(3)Thumb 指令继承了 ARM 指令集的许多特点。

Thumb 指令也是采用 Load/Store 结构,有数据处理、数据传送及流控制指令等。Thumb 指令集丢弃了 ARM 指令集的一些特性,大多数 Thumb 指令是无条件执行的(除了转移指令 B),而所有 ARM 指令都是条件执行的。许多 Thumb 数据处理指令采用 2 地址格式,即目的寄存器与源寄存器相同,而大多数 ARM 数据处理指令采用的是 3 地址格式(除了 64 位乘法指令外)。

Thumb 异常时都会使微处理器返回到 ARM 状态,并在 ARM 的编程模式中处理。由于 ARM 微处理器字传送地址必须可被 4 整除(字对齐),半字传送地址必须可被 2 整除(半字对齐),Thumb 指令是 2 个字节长,而不是 4 个字节长,所以,由 Thumb 执行状态进入异常时其自然偏移与 ARM 不同。

Thumb 数据处理指令包括一组高度优化且相对复杂的指令,范围涵盖编译器的大多数操作。ARM 指令支持在单条指令中完成一个操作数的移位及一个 ALU 操作,但 Thumb 指令集将移位操作和 ALU 操作分离为不同的指令。

2. Thumb 指令集限制

以下是一些指令的限制:

· 条件执行不可用;

· 源和目的寄存器相同;

· 只有低端寄存器可用;

· 常量大小受限制;

· 内嵌的桶形移位不可用。

4.3.2　Thumb 指令集

1. Thumb 数据处理指令

按照数据处理指令的功能,可以将其分为以下几类:

· 算术运算指令,其分为以下几类:

◇ ADD 与 SUB 的低寄存器加法和减法;

◇ ADD 高或低寄存器的和;

◇ ADD,SUB 与堆栈 SP 的加法和减法;

◇ ADD 与 PC 或 SP 相对偏移;

◇ ADC,SBC 和 MUL。

- 移位和循环移位操作指令（ASR,LSL,LSR 和 ROR）。
- 比较指令（CMP 和 CMN）。
- 传送和取负指令（MOV,MVN 和 NEG）。
- 测试指令（TST）。

ARM 指令与 Thumb 指令低寄存器比较见表 4 - 16。

ARM 指令与 Thumb 指令高寄存器比较见表 4 - 17。

表 4 - 16 ARM 指令与 Thumb 指令低寄存器比较

ARM 指令				Thumb 指令			
MOVS	Rd	#＜#mm8＞		MOV	Rd	#＜#mm/＞	
MVNS	Rd	Rm		MVN	Rd	Rm	
CMP	Rn	#＜#mm/＞		CMP	Rn	#＜#mm8＞	
CMN	Rn	Rm		CMN	Rn	Rm	
TST	Rn	Rm		TST	Rn	Rm	
ADDS	Rd	Rn	#＜#mm3＞	ADD	Rd	Rn	#＜#mm3＞
ADDS	Rd	Rn	#＜#mm8＞	ADD	Rd	#＜#mm8＞	
ADDS	Rd	Rn	Rm	ADD	Rd	Rn	Rm
SUBS	Rd	Rn	#＜#mm3＞	SUB	Rd	Rn	#＜#mm3＞
SUBS	Rd	Rn	#＜#mm8＞	SUB	Rd	#＜#mm8＞	
SUBS	Rd	Rn	Rm	SUB	Rd	Rn	Rm
SUBS	Rd	Rn	Rm	SBC	Rd	Rm	
RSBS	Rd	Rn	#0	NEG	Rd	Rn	
MOVS	Rd	Rm	LSL#＜#sh＞	LSL	Rd	Rm	#＜#sh＞
MOVS	Rd	Rd	LSL Rs	LSL	Rd	Rs	
MOVS	Rd	Rm	LSR#＜#sh＞	LSR	Rd	Rm	#＜#sh＞
MOVS	Rd	Rd	LSL Rs	LSR	Rd	Rs	
MOVS	Rd	Rm	ASR#＜#sh＞	ASR	Rd	Rm	#＜#sh＞
MOVS	Rd	Rd	ROR Rs	ASR	Rd	Rs	
MOVS	Rd	Rd	ROR Rs	ROR	Rd	Rs	
ANDS	Rd	Rd	Rm	AND	Rd	Rm	
FORS	Rd	Rd	Rm	FOR	Rd	Rm	
ORRS	Rd	Rd	Rm	ORR	Rd	Rm	
BICS	Rd	Rd	Rm	BIC	Rd	Rm	
MULS	Rd	Rm	Rd	MUL	Rd	Rm	

表 4-17　ARM 指令与 Thumb 指令高寄存器比较

ARM 指令				Thumb 指令			
ADD	Rd	Rd	Rm	ADD	Rd	Rm(1/2Hiregs)	
CMP	Rn	Rm		CMP	Rn	Rm(1/2Hiregs)	
ADD	Rd	PC	#<#mm8>	ADD	Rd	PC	#<#mm8>
ADD	Rd	SP	#<#mm8>	ADD	Rd	SP	#<#mm8>
ADD	Rd	SP	#<#mm7>	ADD	SP	SP	#<#mm7>
SUB	SP	PS	#<#mm7>	SUB	SP	SP	#<#mm7>

2. Thumb 转移指令

ARM 指令转移范围为 24 位偏移域(offset field),在 16 位 Thumb 指令格式中是不可表示的。为此 Thumb 指令集有多种方法实现其功能。

(1)转移指令的汇编格式。转移指令的汇编格式如下:

B<cond> <label>　　　　;格式 1 目标为 Thumb 代码,是短距离转移

B<label>　　　　　　　 ;格式 2 目标为 Thumb 代码,是中距离转移

BL<label>　　　　　　　;格式 3 目标为 Thumb 代码

BLX<label>　　　　　　 ;格式 3a 目标为 ARM 代码

B{L}XRm　　　　　　　 ;格式 4 目标为 ARM 或 Thumb 代码

转移链接产生两条格式 3 指令。格式 3 指令必须成对出现而不能单独使用。同样 BLX 产生一条格式 3 指令和一条格式 3a 指令。汇编器根据当前指令地址、目标指令标识符的地址以及对流水线行为的微调计算出应插入指令中相应的偏移量。如果转移目标不在寻址范围内则给出错误信息。

(2)转移指令的分类。

· B:分支指令,Thumb 指令集唯一可条件执行的指令。

· BL:带链接的长分支指令。

· BX:分支指令,并可选择地切换指令集。

· BLX:链接分支指令,并可选地交换指令集。

3. 数据存取指令

(1)单寄存器数据存取指令(LDR 和 STR)。

<op> Rd,[Rn,#<#off5>] ;<op> = LDR|LDRB|STR|STRB

<op> Rd,[Rn,#<#off5>];<op> = LDRH| STRH

<op> Rd,[Rn,Rm];<op> =LDR|LDRH|LDRSH|LDRB|LDRSB|STR|STRH|STRB

<op> Rd,[PC,#<#off8>]

<op> Rd,[SP,#<#off8>];<op> = LDR| STR//该两条指令偏移量为 8 位

(2)多寄存器数据存取指令。

LDMIA   Rn!,{＜reg list＞}

STMIA   Rn!,{＜reg list＞}

POP   {＜reg list＞}{,pc}

PUSH   {＜reg list＞}{,lr}

4. 异常中断指令

Thumb 软件中断指令:

SWI   ＜8 位立即数＞;＜8 位立即数＞为数字表达式,其取值为 0~255 范围内的整数

Thumb 断点指令:

BKPT   immed_8

4.3.3   ARM / Thumb 指令交互工作

在任何时刻,cpsr 的第 5 位(位 t)决定了 ARM 微处理器执行的是 ARM 指令流还是 Thumb 指令流。当 t 置 1,则认为是 16 位的 Thumb 指令流;当 t 置 0,则认为是 32 位的 ARM 指令流。

进入 Thumb 指令模式有两种方法:一种是执行一条交换转移指令 BX,另一种方法是利用异常返回,也可以把微处理器从 ARM 模式转换为 Thumb 模式。

退出 Thumb 指令模式也有两种方法:一种是执行 Thumb 指令中的交换转移 BX 指令显式地返回到 ARM 指令流;另一种是利用异常进入 ARM 指令流 。常常主要使用 Branch Exchange 指令来完成 Interworking。

BX   Rn ;Thumb 状态下的 BX 指令

BX＜condition＞ Rn ;ARM 状态下的 BX 指令

1. ARM 状态进入 Thumb 状态的方法

执行带状态切换的转移指令 BX。若 BX 指令指定的寄存器的最低位为 1,则将 T 置位,并将程序计数器切换为寄存器其他位给出的地址。

BX   R0   ;若 R0 最低位为 1,则转入 Thumb 状态,如图 4 - 17 所示

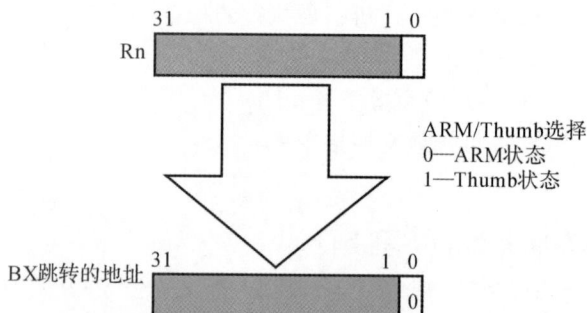

图 4 - 17   ARM / Thumb 转换

2. Thumb 状态进入 ARM 状态的方法

从 Thumb 状态进入 ARM 状态的方法有两种,一是执行 Thumb 指令中的转移 BX 指令显式地返回到 ARM 指令流,二是利用异常进入 ARM 指令流。

3. 执行一个绝对跳转

也可以只是执行一个绝对跳转,无须状态更换。

4.3.4　ARM 指令集与 Thumb 指令集的比较

ARM 指令集和 Thumb 指令集各有其优点,若对系统的性能有较高要求,应使用 32 位的存储系统和 ARM 指令集;若对系统的成本及功耗有较高要求,则应使用 16 位的存储系统和 Thumb 指令集。

一般情况下,Thumb 指令与 ARM 指令的时间效率和空间效率关系为:

- Thumb 代码所需的存储空间约为 ARM 代码的 $60\% \sim 70\%$;
- Thumb 代码使用的指令数比 ARM 代码多约 $30\% \sim 40\%$;
- 若使用 32 位的存储器,ARM 代码比 Thumb 代码快约 40%;
- 若使用 16 位的存储器,Thumb 代码比 ARM 代码快约 $40\% \sim 50\%$;
- 与 ARM 代码相比较,使用 Thumb 代码,存储器的功耗会降低约 30%。

习　题　4

1. 解释以下指令的意义。

(1)数据处理指令:

SUB　　R0,R1,♯5

ADD　　 R2,R3,R3,LSL ♯2

ANDS　R4,R4,♯0x20

ADDEQ　R5,R5,R6

(2)存储器存取指令:

LDR　　R0,[R1],♯4

STRNEB　R2,[R3,R4]

LDRSH　R5,[R6,♯8]!

STMFD　SP!,{R0,R2 - R7,R10}

2. 写一条 ARM 指令,分别完成下列操作:

(1)R0 = 16

(2)R0 = R1 / 16(带符号的数字)

(3)R1 = R2 ＊ 3

(4)R0 = －R0

3. BIC 指令的功能是什么?

4. 为什么 ARM 处理器增加了一条 RSB 指令(带进位翻转减)?

5. 哪些 ARM 指令可以有条件地执行?

6. 下面的指令完成什么工作?

　　MOVNES R2,R3,ASR ♯2

7. Thumb 代码与 ARM 代码比较的两大优势是什么?

第5章 ARM 汇编语言程序设计基础

本章通过一个完整的 ARM 汇编例子入手，给出 ARM 汇编程序的基本框架，并详细介绍编写汇编程序常用的伪指令、汇编语言程序设计基本结构以及汇编与 C 语言混合编程技术。

5.1 ARM 汇编语言的程序结构

5.1.1 一个简单的 ARM 汇编程序例子

一段完整的 ARM 汇编语言程序由若干个代码段和数据段组成。代码段的内容为执行代码，数据段存放代码运行时需要用的变量。

例 5-1 求 5 个数据和的汇编编程。

```
AREA    MAIN,CODE,READONLY      ;声明代码段 MAIN
        ENTRY                   ;标识程序入口
        CODE32                  ;声明 32 位 ARM 指令
START
        MOV   R0,＝buf          ;设置 R0 指向数据段 buf 的首地址;＝是宏参数
                                ;的写法
        MOV   R1,＃5            ;设置 R1 存放数据个数
        MOV   R2,＃0            ;设置 R2 存放和,其初始化值为 0
LOOP
        LDR   R3,[R0],＃4       ;从 buf 中取一个数到 R3,R0＝R0＋4 改变地址
        ADD   R2,R2,R3          ;取出的值累加到 R2 中
        SUBS  R1,R1,＃1         ;R1 担任计数功能,每次自减 1,影响标志
        BNE   LOOP              ;R1 不为 0 跳转到 LOOP
        LDR   R0,＝dst          ;R0 指向数据段中 dst 的首地址
        STR   R2,[R0]           ;将 R2 中的和保存到 dst 中
AREA    NUM,DATA,REAWRITE       ;定义数据段,名字是 NUM
    buf DCD   2,65,30,19,100    ;定义 buf 的数据,共计 5 个
    dst DCD   0                 ;定义 dst,用于存放加法的和
        END                    ;程序结束
```

从这一段完整的 ARM 汇编语言程序可以抽象程序框架如下：

AREA 代码段名字,CODE,READONLY
ENTRY
*CODE*32

　　　　;添加用户代码

AREA　　数据段名字,*DATA*,　*READWRITE*

　　　　;添加用户数据

END

利用这样的框架能够比较快捷地进行编程。在这段程序中,斜体字部分是伪指令。

下面是指令和伪指令的比较:

指令语句:在汇编后能产生目标代码的语句,CPU 可以执行并能完成一定的功能,例如 MOV,ADD 等。

伪指令:在汇编后不产生目标代码的语句,仅在汇编过程中告诉汇编器如何汇编。伪指令的作用包括定义数据、分配存储区、定义段、定义宏、定义子程序等。一旦汇编结束其使命就完成了。

从上面的例子可以看出 ARM 汇编程序结构为 4 个部分:注释部分、声明部分、实际代码部分和结束部分。

- 注释部分一般书写本程序段的名称、实现的功能以及使用的仿真环境;
- 声明部分是程序必要格式,主要用伪指令来表达;
- 实际代码部分主要完成具体的功能实现;
- 结束部分一般都是用伪指令 END 来结束。

5.1.2　伪指令

汇编伪指令既不控制机器的操作也不被汇编成机器代码,只能为汇编程序所识别并指导如何进行汇编。在 ARM 的汇编程序中,伪指令有段定义伪指令、数据定义伪指令、宏处理伪指令、地址读取伪指令、汇编控制伪指令、杂项伪指令等。

1. 段定义伪指令

(1)AREA。

语法格式:

AREA 段名　属性 1,属性 2,……

例 5-1 中使用如下语句定义代码段和数据段:

AREA MAIN,CODE,READONLY;定义代码段,名字为 MAIN

AREA NUM,DATA,READWRITE;定义数据段,名字为 NUM

AREA 伪指令用于定义一个代码段或数据段。其中,段名若以数字开头,则该段名需用"｜"括起来,如｜1_data｜。属性字段表示该代码段(或数据段)的相关属性,例如:CODE(定义代码段),DATA(定义数据段),READONLY(只读),READWRITE(读写),多个属性用逗号分隔。

一个汇编程序至少有一个代码段,根据实际设计需求,也可由多个代码段和数据段组成。多个段在程序汇编链接时最终形成一个可执行的映像文件。可执行映像文件通常由以下几部分构成:

- 一个或多个代码段,代码段的属性为只读;
- 零个或多个包含初始化数据的数据段,数据段的属性为可读写;
- 零个或多个不包含初始化数据的数据段,数据段的属性为可读写。

(2)ENTRY。ENTRY 用于指示程序的入口,其后紧跟着第一条可执行语句。

(3)CODE16 / CODE32。CODE16 用于通知汇编器在本语句后面的指令序列为 16 位的 Thumb 指令。CODE32 用于通知汇编器本语句后面的指令序列为 32 位的 ARM 指令。

(4)END。每一个汇编源程序都必须以 END 语句结尾,以通知汇编器结束汇编。

2. 数据定义伪指令

(1)DCB(Define Byte)。

语法格式(方括号内的内容为可选项):

标号 DCB 表达式 [,表达式]……

DCB 用于在内存中分配一片连续的字节单元,并用表达式进行初始化。每个表达式可以是数字或字符串。数字的范围在 0~255 内。

例如:

Str　　DCB　　"Hello World!"　(字符串只能用 DCB 定义)

num_b　DCB　　2+3,　3*5

这段数据定义后,在内存放置见表 5-1。

表 5-1　字节数据存放

str	0x48 ('H')
	0x56 ('e')
	0x6c ('1')
	0x6c ('1')
	0x6f ('o')
	0x20 (' ')
	0x57 ('W')
	0x6f ('o')
	0x72 ('r')
	0x6c ('1')
	0x64 ('d')
	0x21 ('!')
num-b	0x05
	0x0f

（2）DCW（Define Word）。

语法格式：

标号 DCW 表达式　［，表达式］……

DCW 用于在内存中分配一片连续的半字单元，并用指定的表达式进行初始化。这些分配的内容是半字对齐的。其中表达式可以为程序标号或者数字表达式。

例如：

num_w　DCW　0x1234,0x5678

这段数据定义后，在内存放置见表 5-2。

表 5-2　半字数据存放

num-w	0x34
	0x12
	0x78
	0x56

（3）DCD（Define Double Word）。

语法格式：

标号　DCD　表达式　［，表达式］……

DCD 用于在内存中分配一片连续的字单元，并用指定的表达式进行初始化。这些分配的内容是字对齐的。其中表达式可以为程序标号或者数字表达式。

例如：

num_d　DCD　-5,0x90abcdef

这段数据在内存放置见表 5-3。

表 5-3　字数据存放

num-d	0xFB
	0xFF
	0xFF
	0xFF
	0xEF
	0xCD
	0xAB
	0x90

（4）SPACE。

语法格式：

标号 SPACE 表达式

SPACE 用于分配一片连续的存储区域并初始化为 0。其中，表达式为要分配的字节数。

例如：

data   SPACE   1024；分配 1024 个字节空间并初始化为 0

(5)LTORG。LTORG 用于声明一个文字池的开始，用来存放常量。

在使用 LDR 伪指令的时候，要在适当的地址加入 LTORG 声明文字池，这样就会把要加载的数据保存在文字池内，再用指令(LDR)读出数据(若没有使用 LTORG 声明文字池，则汇编器会在程序末尾自动声明)。

伪指令格式：

LTORG

伪指令应用举例如下：

```
    ;……………
LDR R0,=0x12345678
ADD    R1,R1,R0
MOV    PC,LR
LTORG    ;声明文字池,此地址存储 0x12345678
```

(6)常见的数据定义伪操作。数据定义伪操作一般用于为特定的数据分配存储单元，同时可完成已分配存储单元的初始化。常见的数据定义伪操作有如下几种：

.byte 单字节定义	;.byte 0x12,'a',23
.short 定义双字节数据	;.short 0x1234,65535
.long /.word 定义 4 字节数据	;.word 0x12345678
.quad 定义 8 字节	;.quad 0x1234567812345678
.float 定义浮点数	;.float 0f3.2
.string/.asciz/.ascii 定义字符串	;.ascii "abcd\0"

注意：.ascii 伪操作定义的字符串需要每行添加结尾字符‘\0’，而.asciz 不需要，因为.asciz 会在字符串后自动添加结束符\0。

例如：

.ascii "string" …

在对象文件中按照指定的方法插入数字字符串，该字符串末尾没有 NUL 字符。该命令一次可以插入多个字符串，字符串之间用“,”分隔。下面的例子在对象文件中插入 3 个字节长的字符串。

.ascii "JNZ"   ;插入 3 个字节：0x4A 0x4E 0x5A(为 JNZ 的 ASCII 码)

.asciz "string" …

.asciz 与.ascii 相似，只是生成的字符串以 NUL(0x00)结尾。下面的例子在对象文件中插入 4 个字节长的字符串。

.asciz "JNZ"   ;插入 4 个字节：0x4A 0x4E 0x5A 0x00

.asciz 和.ascii 声明使用 ASCII 字符声明一个文本字符串。字符串元素被预定义并且存放在内存中，其起始内存位置有标签 output 指示。

.section.data

    output：

        .ascii "The value is %d\n"

```
.section .data
Output：
.asciz "The value is %d\n"
```

3. 宏处理伪指令

MACRO 和 ENDM 是成对出现的伪指令,可以将一段代码定义为一个整体,称为宏指令,然后就可以在程序中通过宏指令多次调用该段代码。其中,在调试时,会有相应的 $ 标号在宏指令中展开,标号会被替换为用户定义的符号。宏操作可以使用一个或多个参数,当宏操作展开时,这些参数被相应的值替换。宏操作的使用方式和功能与子程序有些相似,子程序可以提供模块化的程序设计、节省存储空间并提高运行速度。但在使用子程序结构时需要保护现场,从而增加了系统的开销,因此,在代码较短且需要传递的参数较多时,可以使用宏操作代替子程序。

语法格式：

```
宏名　 MACRO　 ［参数 1］［,参数 2］……
　　　 宏体
　　　 ENDM
```

MACRO 用于定义一个宏,引用宏时需使用宏名,并传递实参。ENDM 用于结束宏定义。

例如:定义一个宏,实现参数 x 与参数 y 相加再减去参数 z,结果放在参数 x 中,三个参数均为存储器操作数。

```
addm　 MACRO x,y,z;addm 为宏名,x,y,z 是参数
　　　 LDR R2,＝x
　　　 LDR R1,［R2］
　　　 LDR R3,＝y
　　　 LDR R4,＝z
　　　 ADD R1,R1,［R3］
　　　 SUB R1,R1,［R4］
　　　 STR R1,［R2］
　　　 ENDM
```

4. 地址读取伪指令

(1)ADR 伪指令。ADR 指令只能将地址值读取到寄存器中,而不能是其他的立即数。ADR 伪指令为小范围地址读取伪指令,将基于 PC 相对偏移地址或基于寄存器相对偏移地址值读取到寄存器中,当地址值是字节对齐时,取值范围为 $-255\sim255$,当地址值是字对齐时,取值范围为 $-1020\sim1020$B。

语法格式：

ADR{cond}　 register, label

其中 register 是目标寄存器,label 是地址表达式。例如:

ADR　 R0, lable; label 地址给 R0

(2)ADRL 伪指令。ADRL 伪指令为中等范围地址读取伪指令。ADRL 伪指令将基于

PC 相对偏移的地址或基于寄存器相对偏移的地址值读取到寄存器中,当地址值是字节对齐时,取值范围为$-64KB\sim64KB$;当地址值是字对齐时,取值范围为$-256KB\sim256KB$。

语法格式:

ADRL{cond}　register,label

和 ADR{cond}　register,label 格式相同,只是取值范围大些。例如:

ADRL　R0,lable

(3)LDR 伪指令。ARM 指令集中,LDR 通常都是作加载指令,但也可以作伪指令。LDR 伪指令装载一个 32 位的常数和一个地址到寄存器。

语法格式:

LDR{cond}　register, =[expr/label_expr]

register 是被加载的目标寄存器,expr 是 32 位立即数,label_expr 是基于 PC 的地址表达式或外部表达式。

下面举一些例子来说明用法。

COUNT　EQU　0x40003100 ;COUNT 是定义的一个变量,地址为 0x40003100

……

LDR　R1,=COUNT

MOV　R0,♯0

STR　R0,[R1]

LDR R0,=0x123456　　　　　;加载 32 位立即数 0x12345678

LDR R0,=DATA_BUF+60 ;加载 DATA_BUF 地址+60

…

LTORG　　　　　　　　　;声明文字池

伪指令 LDR 常用于加载芯片外围功能部件的寄存器地址(32 位立即数),例如:

…

LDR R0,=IOPIN　　　;加载 GPIO 寄存器 IOPIN 的地址

LDR R1,[R0]　　　　;读取 IOPIN 寄存器的值

…

LDRR0,=IOSET

LDR R1,=0x00500500

STR R1,[R0] ;IOSET=0x00500500

…

与 ARM 的 LDR 指令相比,伪指令 LDR 的参数有"="号。

5. 汇编控制伪操作

汇编控制伪操作用于控制汇编程序的执行流程,常用的汇编控制伪操作包括:.if .else .endif。这些伪操作能根据条件的成立与否决定是否执行某个指令序列。当.if 后面的逻辑表达式为真,则执行.if 后的指令序列,否则执行.else 后的指令序列;.if .else .endif 伪指令还可以嵌套使用。

语法格式:

.if　logical – expressing

…

.else

…

.endif

6. 杂项伪操作

.arm　　　;.arm 定义以下代码使用 ARM 指令集编译

.thumb　　;.thumb 定义以下代码使用 Thumb 指令集编译

.section ;.section expr 定义一个段,expr 可以使用 .text　.data.　.bss

.text　　;.text {subsection} 将定义符开始的代码编译到代码段

.data　　;.data {subsection} 将定义符开始的代码编译到数据段,初始化数据段

.bss　　;.bss{subsection} 将变量存放到.bss 段,未初始化数据段

.align　;.align{alignment}{,fill}{,max} 通过用零或指定的数据进行填充来使当前位置与指定边界对齐

.org　;.org offset{,expr} 指定从当前地址加上 offset 开始存放代码,并且从当前地址到加上 offset 之间的内存单元用零或指定的数据进行填充

_start　;汇编程序的缺省入口是_start 标号,用户也可以在连接脚本文件中用 ENTRY 标志指明其他入口点

.global/ .globl ;用来声明一个全局的符号

.include 格式:.include "filename";包含指定的头文件,可以把一个汇编常量定义放在头
　　　　　　　　　　　　　　　　　　;文件中

.equ　格式:.equ　symbol,　expression ;把某一个符号(symbol)定义成某一个值
　　　　　　　　　　　　　　　　　;(expression),该指令并不分配空间,等同于
　　　　　　　　　　　　　　　　　;C 语言的♯define。

5.1.3　GNU 编译指令

GNU ARM 汇编程序如下所示,当程序编写完毕后,进行编译时需要有编译的命令(这些命令在 linux 编程中详细介绍)。

arm – linux – as　filename.s – o　filename.o

arm – linux – ld　filename.o – o　filename

5.1.4　汇编语言的规范

1. 源程序基本结构

ARM(Thumb)汇编语言的语句格式:

[标号] [指令或伪指令][;注释]

源程序基本结构:

AREA EXAMPLE1,CODE,READONLY

　ENTRY

```
start
    MOV   r0,♯10
    MOV   r1,♯3
    ADD   r0,r0,r1
    END
```

语句书写时需遵循以下规则：

• 所有标号必须在一行的顶格书写，其后不要添加"："号；

• 所有的指令均不能顶格写；

• 如果同一行有两条汇编语句，需要在它们之间以"；"隔开；如果一条语句要分多行显示，需要使用"\"放在分隔处；

• 每一条指令的助记符可以全部用大写，或全部用小写，但不能在一条指令中大、小写混用；

• 注释使用分号"；"，不要在语句中间添加注释。

在汇编语言程序设计中，可以使用各种标号表示指令或数据的地址，以增加程序的可读性。例如例 5-1 中的：

LOOP 1

    LDRR3,[R0],♯4

… …

    BNE   LOOP 1；如果 R1 不为零，则转向 LOOP 1 处。

2. 标号

标号只能由字母、数字、点、下画线等组成，除局部标号外，不能以数字开头。标号代表地址，标号分为段内标号和段外标号。

• 段内标号的地址值在汇编时确定。

• 段外标号的地址值在与段外连接时确定。

• 局部标号：局部标号主要在局部范围内使用且可以重复出现。局部标号是一个 0~99 之间的十进制数字，局部标号后面加"："。

• 标号不应与指令或伪指令同名。

• 标号在其作用范围内必须唯一。

• 标号区分大小写，同名的大、小写标号被视为两个不同的标号。

• 自定义的标号不能与系统保留字相同。

3. 常量和变量

程序中的常量是指其值在程序的运行过程中不能被改变的量，变量是指其值在程序的运行过程中可以改变的量。

ARM 汇编程序支持逻辑量、数字和字符串。

• 数字一般为 32 位的整数，无符号数取值范围为 $0 \sim 2^{32}-1$，带符号数取值范围为 $-2^{31} \sim 2^{31}-1$。

• 逻辑量只有两种取值：真和假。

• 字符串用于在程序的运行中保存一个字符串，其长度不应超出字符串变量所能表示的范围。

4. 在 GNU 环境下的格式

下面是一个在 GNU 下的汇编程序结构：

```
.text
        .global  _start
        .global   myfunc
_start:                    @ GNU 链接器需要_start
        Bl   myfunc @  函数调用
myfunc:               @  函数体
        mov   pc,lr    @函数返回
        .end
```

其中,@为代码行中的注释符号。

还有一些格式要求,如:整行注释符号'♯',语句分离符号';',直接操作数前缀'♯'或'$'等,在后续的编程调试及实验中可以看到。

5.2　ARM 汇编语言程序设计

程序设计的 3 种基本结构是顺序结构、分支结构和循环结构,用来面向不同的问题。在进行程序设计时,首先进行对象分析,搭建思路框架,绘制流程图,再根据流程图编写代码。

5.2.1　顺序程序

顺序程序是一种最简单的程序结构,按照语句编写的顺序从上往下执行,直到最后退出程序。对于要解决的问题一步一步地进行分析,一般最好先设计程序的流程图,梳理编程的意图。

例 5 - 2　计算 100 - 50,结果存放到 R1 寄存器中,如图 5 - 1 所示。

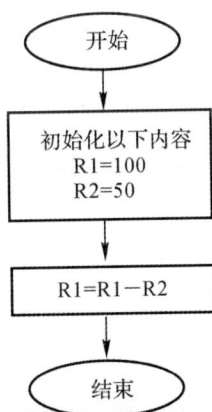

图 5 - 1　顺序程序执行流程图

顺序程序编制如下：
AREA MAIN,CODE,READONLY

```
    ENTRY
    CODE32
start
    MOV  R1，♯100   ;采用立即数寻址方式将 100 存入 R1
    MOV  R2， ♯50   ;采用立即数寻址方式将 50 存入 R2
    SUB  R1,R1,R2;计算 R1＝R1－R2
    END
```

5.2.2 分支程序

ARM 汇编分支程序采用转移指令 B 或条件转移指令 BX 来实现。

例 5－3 给定符号函数：

$$y=\begin{cases} x+5 & x>0 \\ 0 & x=0 \\ x^2 & x<0 \end{cases}$$

用假定 x 是－5 来设计。

同理,首先是设计出流程图,函数 y 和 x 之间的关系有三种可能,利用判断与转移指令很容易看出程序的转向。程序流程图如图 5－2 所示。

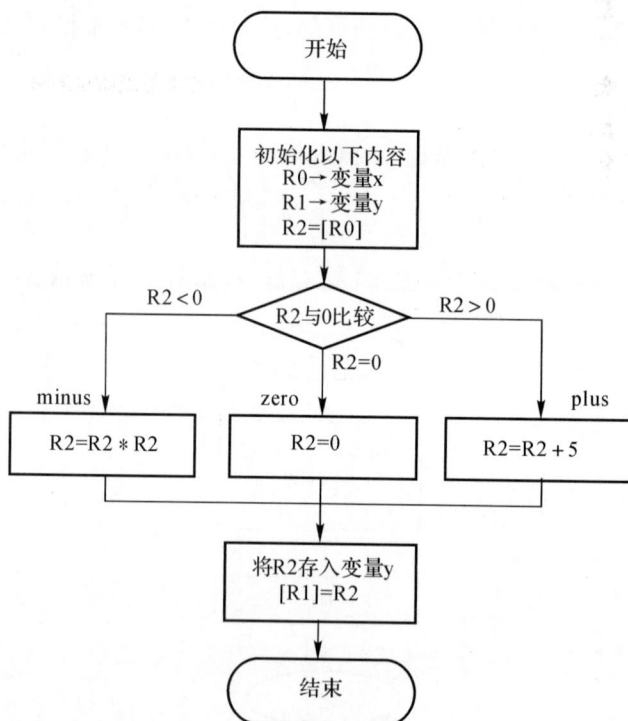

图 5－2 分支程序流程图

分支程序编制如下：

AREA MAIN,CODE,READONLY

```
    ENTRY
    CODE32
start
    LDR   R0, ＝x      ;加载变量 x 的地址到 R0
    LDR   R1, ＝y      ;加载变量 y 的地址到 R1
    LDR   R2, ［R0 ］;加载 x 的值到 R2
    CMP   R2,♯0       ;x 的值与 0 比较
    BEQ   zero        ;如果 R2＝0,转向 zero
    BLT   minus       ;如果 R2＜0,转向 minus
plus
    ADD   R2,R2＋5     ;R2＞0,则 R2＋5
    B   stop
zero
    MOV   R2,♯0       ;R2＝0
    B   stop
minus
    MUL R3,R2,R2   R2 * R2
    MOV   R2, R3
stop
    STR   R2,［R1]            ;将 R2 的值存入 R1 地址所指的单元 y
    MOV   R0,0x18
    LDR   R1,＝0x20026
    SWI   0x123456

    AREA    NUM，DATA，REAWRITE    ;定义数据段,名字是 NUM
    DCD   －5        ;定义 x＝ －5
    DCD   0         ;定义 dst,用于存放 y 值
    END
```

5.2.3　循环程序

循环程序设计常常还分为计数控制循环和条件控制循环两种。

1.计数控制循环

已知循环次数,可以用计数器控制循环的次数来进行程序的设计。

例 5－4　计算 $1＋2＋3＋\cdots＋100$ 的结果,并存放到 sum 单元。程序流程图如图 5－3 所示。

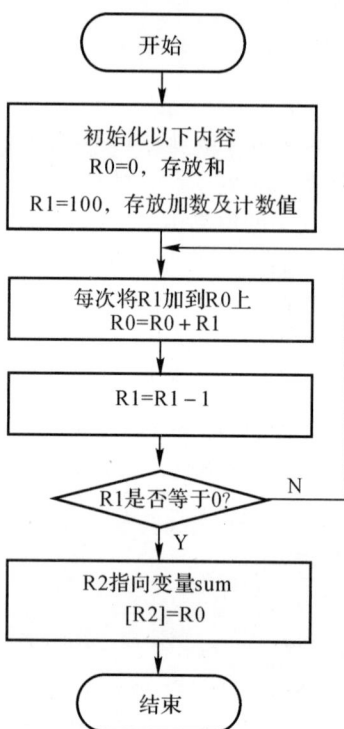

图 5-3　计数控制循环程序流程图

计数控制循环程序编制如下：

```
    AREAMAIN,CODE,READONLY
    ENTRY
    CODE32
start
    MOV   R0, ♯0      ;R0 初始化为 0,用于存放累加和
    MOV   R1, ♯100    ;R1 初始化为 100,用于计数和加数
addnum
    ADD   R0,R0＋R1    ;计算 R0＝100＋99＋98＋…＋2＋1
    SUBS  R1,R1,♯1
    BNE   addnum      ;当 R1 不为 0 时,跳转到 addnum 继续累加
stop
    LDR   R2,＝sum
    STR   R0,［R2］     ;将 R0 的计算结果存入 R2 地址所指的单元 sum 中
    MOV   R0,0x18     ;程序结束返回编辑器调试环境
    LDR   R1,＝0x20026
    SWI   0x123456
    AREA    NUM, DATA, REAWRITE      ;定义数据段,名字是 NUM
sum DCD   0
```

END

2. 条件控制循环

有些情况无法确定循环的次数,这时只能通过循环结束的条件来判断是否结束循环。

例 5 - 5　计算 $1+2+3+\cdots+n$,当计算结果大于 10 000 时停止循环,在数据段中定义 sum 和 n 两个变量,并将加法和存放到 sum 单元,将最后一个加数存放到 n 单元。流程图如图 5 - 4 所示。

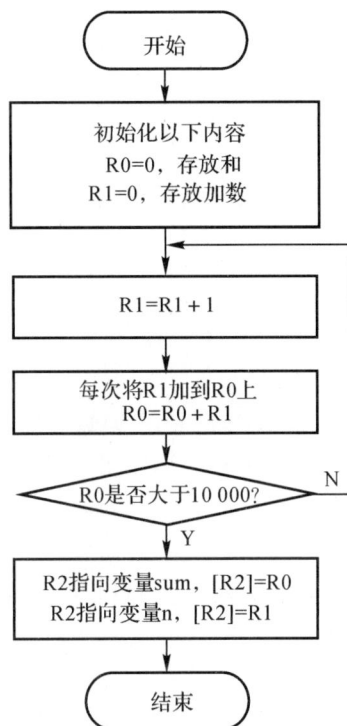

图 5 - 4　条件控制循环程序流程图

条件控制循环程序编制如下:

```
        AREAMAIN,CODE,READONLY
        ENTRY
        CODE32
start
        MOV  R0,#0   ;R0 初始化为 0,用于存放累加和
        MOV  R1,#0   ;R1 初始化为 0,用于存放加数
addnum
        ADD  R1,R1,#1   ;R1 自加 1
        ADD  R0,R0,R1   ;计算 R0=1+2=3+…+n
        LDR R2,=10000    ;10000 不是 8 位位图数,必须使用数据池定义
(见缺省文字池使用注释)
        CMP  R0,R2
```

```
        BLT    addnum      ;当 R1 小于 10 000 时,跳转到 addnum 继续累加
stop
        LDR   R2,=sum
        STR   R0,[R2]     ;将 R0 计算结果存入 R2 地址所指的单元 sum 中
        LDR   R2. =n
        STR   R1,[R2]     ;将累加次数存入

        MOV   R0, 0x18
        LDR   R1=0x20026
        SWI    0x123456

        AREA   NUM, DATA, REAWRITE   ;定义数据段,名字是 NUM
sum   DCD   0
  n    DCD   0
        END
```

3. 编程时文字池的应用

(1)缺省文字池使用。在 ARM 寻址方式中,立即数寻址的立即数是用一个 8 位常数右移偶数位(0,2,4,…,30)得到的数据,称为 8 位位图数据。只有 8 位位图数据可以直接采用立即数寻址方式来获得。其余的数只能采用文字池方式,通过存储器访问指令来加载。下面通过举例来说明。

例 5 - 6   计算 0x123456−0x123,结果存放到 R0 寄存器中。

```
    AREAMAIN,CODE, READONLY
    ENTRY
    CODE32
start
    MOV   R1, ♯0x123456 ;采用立即数寻址方式将 0x123456 存入 R1 会出错
    MOV   R2, ♯0x123     ;采用立即数寻址方式将 0x123 存入 R2 出错
    SUB   R1,R1,R2
    MOV   R0, 0x18       ;程序结束返回编辑器调试环境
    LDR   R1,=0x20026
    SWI   0x123456
    END
```

数据出现读取错误,显然计算结果不会正确,因此采用文字池来存放这些数据。LDR 指令寻址文字池,可以访问任意的 32 位数。在汇编过程中,编译器会默认在每个段的末尾开辟一个文字池,下面采用文字池的方法重写例 5 - 6。

```
    AREA MAIN,CODE, READONLY
    ENTRY
    CODE32
start
```

```
LDR   R1, = ♯0x123456    ;采用 LDR 加载文字池的数据到 R1
LDR   R2, = ♯0x123       ;采用 LDR 加载文字池的数据到 R2
SUB   R1,R1,R2           ;计算 R1=R1-R2
MOV   R0,0x18            ;程序结束返回编译器调试环境
LDR   R1,=0x20026        ;采用 LDR 加载文字池的数据到 R1
SWI   0x123456
END
```

从如图 5-5 所示的调试信息可以看出:地址 0x8000 存放代码段的第一个可执行语句 LDR R1,=0x123456,地址 0x8018 存放代码段的最后一条可执行语句 SWI 0x123456,代码段的地址范围在 0x8000~0x8018 之间。实线框住的部分表示汇编自动生成的文字池。该文字池就在紧跟着代码段的位置,存放着 3 个 LDR 访问的数据:0x123456,0x123,0x20026。这种方式为缺省文字池方式。

start	[0×e5gf1010]	ldr	r1,0×00008018	; =#0×00123456
00008004	[0×e5gf2010]	ldr	r2,0×0000801c	; =#0×00000123
00008008	[0×e0411002]	sub	r1,r1,r2	
stop	[0×e3a00018]	nov	r0,#0×18	
00008010	[0×e5gf1008]	ldr	r1,0×00008020	; =#0×00020026
00008014	[0×ef123456]	svi	0×123456	
00008018	[0×00123456]	dcd	0×00123456	¥4…
0000801c	[0×00000123]	dcd	0×00000123	#…
00008020	[0×00020026]	dcd	0×00020026	&…

图 5-5   编译器自动生成文字池

(2)使用伪指令 LTORG 创建自定义文字池。使用伪指令 LTORG 来创建自定义文字池。例 5-6 的程序变化:

```
AREA MAIN,CODE, READONLY
ENTRY
CODE32
start
   LDR   R1,= ♯0x123456    ;采用 LDR 加载文字池的数据到 R1
   LDR   R2,= ♯0x123       ;采用 LDR 加载文字池的数据到 R2
   SUB   R1,R1,R2          ;计算 R1=R1-R2
   B     stop
   LTORG                   ;开辟自定义文字池
   SPACE   4096            ;在后面加上 4096 个单元的 0
stop
   MOV   R0, 0x18
```

```
LDR   R,1＝0x20026      ;采用 LDR 加载文字池的数据到 R1
SWI    0x123456
END
```

采用伪指令 LTORG 自定义文字池,编译成功。

上面程序中 LTORG 指令一般放在转移指令 B 之后,使得在数据段开辟的文字池中存放的数据不被当做指令执行。如图 5-6 所示,虚线框住的部分为自定义的文字池,实线框住的部分为缺省文字池。

```
start       [0×e5gf1008]    1dr    r1,0×00008010    ; =#0×00123456

00008004    [0×e5gf2008]    1dr    r2,0×00008014    ; =#0×00000123

00008008    [0×e0411002]    sub    r1,r1,r2

0000800c    [0×ea000401]    b      stop

00008010    0×00123456]     dcd    0×00123456       ¥4·····

00008014    [0×00000123]    dcd    0×00000123       #···

00008018    [0×00000000]    dcd    0×00000000       ···

······                                              ; SPACE开辟的空间

00009014    [0×00000000]    dcd    0×00000000······

stop        [0×e3a00018]    nov    r0,#0×18

0000901c    [0×e5gf10000]   1dr    r1,#0×00009024   ; =#0×00020026

00009020    [0×ef123456]    svi    0×123456
```

图 5-6   自定义文字池

5.2.4   子程序

在 ARM 汇编中,主程序通过 BL 指令来调用子程序,在转向子程序时 LR 寄存器自动保存 BL 指令的下一条指令地址。在子程序结束的末尾通过 MOV PC,LR 返回主程序。如图 5-7所示。

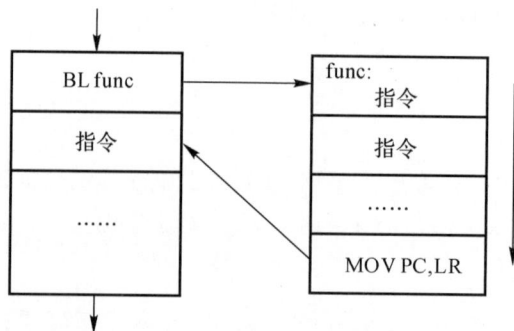

图 5-7   主程序与子程序

子程序一般放在主程序中的返回编译器调试环境语句和 END 之间。这样使得子程序所定义代码能参与编译而不被执行,只有调用该子程序才会被执行。

主程序在调用子程序时,往往需要向子程序传递一些参数。同样,子程序在运行完毕也可能要把结果传回给调用程序。参数传递方法有以下三种:寄存器传递参数、存储区域传递参数和堆栈传递参数。

1. 寄存器传递参数

下面通过具体例子来观察寄存器在主程序与子程序之间的数据传送。

例 5-7　用子程序实现内存块拷贝,将字符串"I am an ARM program!"从源位置拷到目的位置。如图 5-8 所示。

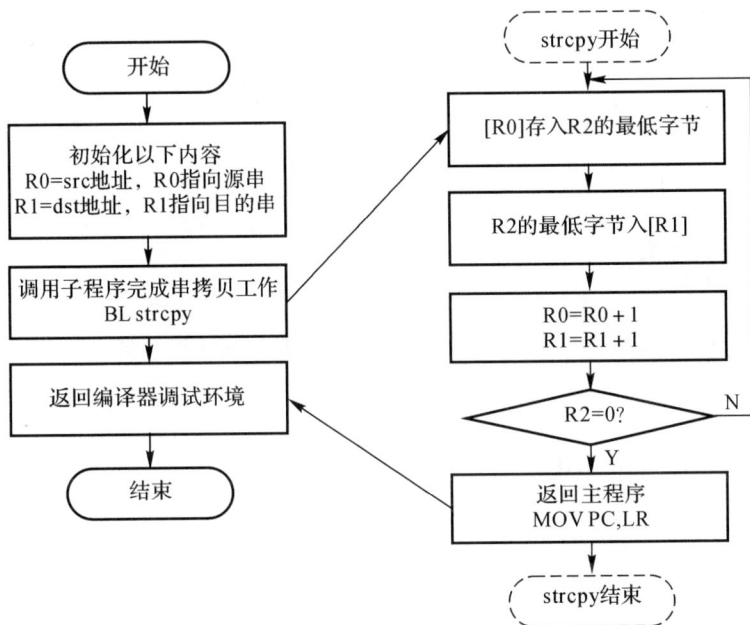

图 5-8　寄存器传递参数

源串为"I am an ARM program!"。把目的串区域先初始化为"0",再将源串内容依次取出,这些参数通过相应的寄存器写入目的串的对应位置。

串数据传送时需用判断串的结束点,在 C 语言中会自动在串尾添加一个"\0",其 ASCII 码即为 00H。但汇编语言不能默认添加一个结束字符,这里也仿照 C 语言,在串尾添加 00H。

程序设计如下:

```
    AREA  MAIN,CODE, READONLY
    ENTRY
    CODE32
start
    LDR   R0, = src ;R0 指向源串的起始地址 src
    LDR   R1, =dst  ;R1 指向目的串的起始地址 dst
    BL    strcpy
stop
```

```
    MOV   R0,0x18
    LDR   R1,＝0x20026
    SWI   0x123456
strcpy
    LDRB  R2,[R0],#1  ;将 R0 指向的字节存 R2 中,R0 自加 1,指向下一个地址
    STRB  R2,[R1],#1  ;将 R2 内容存 R1 指向的字节中,R1 自加 1,指向下一个地址
    CMP   R2, #0      ;检查 R2 是否为 0
    BNE   strcpy        ;没遇到结束符则继续拷贝下一个字节
    MOV   PC, LR       ;子程序返回

    AREA    NUM, DATA, REAWRITE   ;定义数据段,名字是 NUM
src  DCD  'I am an ARM program!',0      ;定义源串,以 0 结束
dst  SPACE   100           ;目的定义 100 个字节的区域,初始化 0
    END
```

2. 存储区域传递参数

下面通过例子来观察存储器在主程序与子程序之间的数据传送。

例 5 - 8 将以 src(源)开始的数字串中的前 n 个数字相加,其和存入 dst(目的)起始的位置。

程序设计如下:

```
    AREA MAIN, CODE,READONLY
    ENTRY
    CODE32
start
    BL   strcpy
stop
    MOV   R0,0x18
    LDR   R1,＝0x20026
    SWI   0x123456
strcpy
    LDR   R0, ＝n
    LDR   R0, [R0]     ;将 n 的值存入 R0
    LDR   R1,＝ src     ;R1 指向 src 的起始地址
    MOV   R3, #0       ;R3 放累加和,初始化为 0
next LDR   R2,[R1],#4   ;将 src 中第一个字存入 R2,R1 自加 1,指向下一个地址
    ADD   R3, R3,R2
    SUBS  R0,R0 #1      ;R0 自减 1
    BNE   next
    LDR   R0,＝dst
    STR   R3, [R0]       ;将累加和写入 dst
```

```
    MOV   PC，LR          ;子程序返回

    AREA     NUM，DATA，REAWRITE ;定义数据段,名字是 NUM
n   DCD    3 ;定义字的个数
src DCD    0x12，0x23，0x34，0x45 ,0x56
dst DCD    0
    END
```

关于堆栈传递参数的例子在后续的程序设计中进行介绍。

5.2.5　基于查表法的程序设计

查表法是 ARM 汇编中的一种常见的编程技巧,当程序中涉及较多的数据和子程序时,可以通过查地址的方法对它们进行访问。通常有以下几种方法来装载地址。

1. 通过 ADR 或 ADRL 伪指令来装载地址

ADR 适用于小范围的地址读取,ADRL 适合中等范围的地址读取,例如:

ADR　R0,table

2. 通过 LDR 指令来装载地址

LDR 适用于大范围的地址读取。例如完成上述功能也可写做:

LDR　R0，=table

例 5 - 9　用查表法查二次方值。在数据段中定义 n,在 s_tab 中查 n 的二次方值,存入 result 单元。

程序设计如下:

```
    AREA MAIN,CODE，READONLY
    ENTRY
    CODE32
start
    LDR   R0，=n
    LDR   R0,[R0]          ;将 n 的值存入 R0
    LDR   R3，= s_tab      ;将 s_tab 的起始地址存入 R3
    LDR   R0,[R3,R0,LSL ＃ 2] ;查二次方和 R0＝[R3＋R0 ∗ 4]
    LDR   R3,=result
    STR   R0，[R3]    ;将 R0 的结果存入 result 中
stop
    MOV   R0,0x18
    LDR   R1,=0x20026
    SWI   0x123456

    AREA     NUM，DATA，REAWRITE ;定义数据段,名字是 NUM
```

```
n         DCD   5        ;定义一个数 5（查表得到其二次方值 25）
s_tab     DCD   0,1,4,9,16,25,36,49,64,81,100
dst       DCD   0
          END
```

5.3 C 语言与汇编语言混合编程

C 语言与汇编语言各有优缺点。采用 C 语言进行算法设计和程序编写时，是面向过程的，整个流程清晰，实现起来较容易，且提供很多接口函数。C 语言由于编译时生成的可执行文件大，因此实时性难以控制，也不能对硬件进行直接的操作。采用汇编语言进行程序设计时，流程不容易理解和设计。汇编语言汇编生成的可执行文件小，执行速度快，实时性高，且能对内存、外设端口进行直接的读写操作。如果将二者结合起来，能降低编程难度，保证实时性，并能对硬件直接访问。

C 语言和汇编语言的混合编程有以下优势：

(1)能很容易混合。

· 可实现在 C 语言中无法实现的处理器功能；

· 使用新的或不支持的指令；

· 产生更高效的代码。

(2)直接链接变量和程序。

· 确定符合程序调用的规范；

· 输入/输出相关的符号。

(3)编译器也可保留内嵌汇编。

· 大多数 ARM 指令都可实现；

· 内嵌汇编代码可由编译器的优化器来传递。

5.3.1 ARM 过程调用标准 ATPCS

ATPCS(ARM - Thumb Procedure Call Standard)就是基于 ARM 指令集和 Thumb 指令集过程调用的规范。通常应注意以下几点：

1. 不能直接向 PC 赋值

不能直接向程序计数器 PC 赋值，要实现跳转，也仅能使用跳转类指令中的 B 和 BL。

2. 编译器自动分配寄存器

在 C 内嵌汇编中，一般不要直接指定物理寄存器，而要让编译器自动分配。

3. 寄存器使用规则

如果一定要使用物理寄存器，要注意以下原则：

(1)调用模块和被调用模块通过 R0～R3 传递参数，参数少于 4 个；

(2)使用 R4～R11 之前一定要先在堆栈中保存起来，退出时再恢复；

(3)R14 用于保存返回地址，使用前一定要备份。

4. 汇编与 C 互访的规则

内嵌汇编语句可以通过指针方式访问 C 程序中的变量，但内嵌汇编中定义的变量不能在 C 程序中被访问。

ARM 过程调用标准 ATPCS 提供了一种 C 程序与汇编程序互访的规范，规定了两者间子程序调用的基本规则，包括子程序调用过程中寄存器的使用规则、堆栈使用规则以及参数传递规则。有了这些规则，单独编译的 C 语言程序可以和汇编程序之间实现链接和相互调用。

(1)参数传递规则。当参数个数不超过 4 个时，使用寄存器 R0～R3 来传递参数；当参数超过 4 个时，将剩余的参数使用堆栈传递。在传递参数时，将所有参数看作是存放在连续的内存字单元的字数据。入栈顺序与参数传递的顺序相反，即最后一个字数据先入栈。

(2)被调用模块的堆栈使用。ATPCS 规则规定堆栈是满递减(FD)型的，因此，使用 STMFD/LDMFD 指令操作，一定要保证堆栈指针(R13)在进入时和退出时相等。

(3)子程序结果返回规则。

结果为一个 32 位整数时，通过 R0 返回；

结果为一个 64 位整数时，通过 R0 和 R1 返回；

对于位数更多的结果，需要通过内存来传递。

5.3.2　C 语言中嵌入汇编代码

用汇编语言编写的程序虽然运行速度快，但开发速度非常慢，效率也很低。如果只是想对关键代码段进行优化，或许更好的办法是将汇编指令嵌入到 C 语言程序中，从而充分利用高级语言和汇编语言各自的特点。但一般来讲，在 C 代码中嵌入汇编语句要比"纯粹"的汇编语言代码复杂得多，因为需要解决如何分配寄存器以及如何与 C 代码中的变量相结合等问题。

1. 关键字 asm

GCC(GNU C Compiler，是为 GNU 专门编写的支持操作系统平台及硬件平台的一款编译器)提供了很好的内联汇编形式，通过关键字"asm"来声明内联汇编。

最基本的格式是：

__ asm __("asm statements");

通常嵌入到 C 代码中的汇编语句很难做到与其他部分没有关系，因此更多时候需要用到完整的内联汇编格式：

__ asm __("asm statements" :outputs：inputs：registers – modified)；

插入到 C 代码中的汇编语句是以"："分隔的 4 个部分，其中第一部分就是汇编代码本身，通常称为指令部，其格式和在汇编语言中使用的格式基本相同。指令部是必需的，而其他部分则可以根据实际情况而省略。

在将汇编语句嵌入到 C 代码中时，操作数如何与 C 代码中的变量相结合是个很大的问题。GCC 采用如下方法来解决这个问题：程序员提供具体的指令，而对寄存器的使用则只需给出"样板"和约束条件就可以了，具体如何将寄存器与变量结合起来完全由 GCC 来负责。

在 GCC 内联汇编语句的指令中，加上前缀'％'的数字(如％0,％1)表示的就是需要使用寄存器的"样板"操作数。指令中使用了几个样板操作数，就表明有几个变量需要与寄存器相结合，这样 GCC 在编译和汇编时会根据后面给定的约束条件进行恰当的处理。由于样板操数也使用'％'作为前缀,因此,在涉及具体的寄存器时,寄存器名前面应该加上两个'％',以免产生混淆。

紧跟在指令后面的是输出部,其规定输出变量如何与样板操作数进行结合的条件,每个条件称为一个"约束",必要时可以包含多个约束,相互之间用逗号分隔开就可以了。每个输出约束都以'＝'号开始,然后紧跟一个对操作数类型进行说明的字,最后是如何与变量相结合的约束。凡是与输出中说明的操作数相结合的寄存器或操作数本身,在执行完嵌入的汇编代码后均不保留执行之前的内容。

输出后面是输入部,输入约束的格式和输出约束相似,但不带'＝'号。如果一个输入约束要求使用寄存器,则 GCC 在预处理时就会为之分配一个寄存器,并插入必要的指令将操作数装入该寄存器。在执行完嵌入的汇编代码后也不保留执行之前的内容。

有时在进行某些操作时,除了要用到进行数据输入和输出的寄存器外,还要使用多个寄存器来保存中间计算结果,这样就难免会破坏原有寄存器的内容。在 GCC 内联汇编格式中的最后一个部分,可以对将产生冲突的寄存器进行说明,以便 GCC 能够采用相应的措施。说明方法是指定内存地址处的内容发生改变,其部分称为"破坏描述部分",使用"memory"向 GCC 声明。

下面是一个内联汇编的简单例子。

例 5 - 10 内联汇编。

```
    int   add(unsigned int a, unsigend int b)
{   int sum;
    asm   volatile
            ("add   %0,%1,%2\n\t"      //汇编代码本身
             :"=r"(sum)                //输出并约束
             :"r"(a),"r"(b)            //输入
             :"memory");               // 这里和内存有关
    return sum;
}
```

或者使用如下格式:

```
int   add(unsigned int a, unsigned int b)
{
    int   sum;
    asm   volatile
            (
            "add   %[op1],%[op2],%[op3]\n"
            :[op1] "=r"(sum)
            :[op2] "=r"(a),[op3] "=r"(b)
            :"memory"
            );
    return sum;
}
```

每一个 asm 语句被冒号(:)分成了 4 个部分。

汇编指令放在第一部分中的" "中间:"add %0,%1,%2\n\t"。

接下来是冒号后的可选择的输出操作符列表,每一个条是由一对方括号和被包括的符号名组成,后面跟着限制性字符串,再后面是圆括号和括号里的 C 变量:"=r"(sum)。

接着冒号后面是输入操作符列表,其语法和输入操作符列表一样:

"r"(a),"r"(b)

破坏符列表: :"r0",串"memory"向 GCC 声明"这里内存发生了改变,或可能发生改变"。

注意:asm 声明的 4 个部分中,只要尾部没有使用的部分都可以省略。但上面的 4 个部分中只要后面的还要使用,前面的部分没有使用也不能省略,可以空,要保留冒号。下面的例子使用了一个特别的破坏符,目的就是告诉编译器内存被修改过了。

asm("":::"memory");

2. 关键字 volatile

嵌入式内核代码之类的代码,经常看到许多函数被声明为 volatile 或者 __volatile__,这个声明在 asm 或者__asm__后面。如果写的汇编语句一定要在写的地方执行,那么把关键字 volatile 放在 asm 和括号之间,这样就能够避免移动而误删代码。

如果写的汇编语句只是为了做一些计算,并且对外面不造成任何影响,那么最好还是不要用 volatile 关键字。这样有利于 GCC 对代码的优化和美化。

5.3.3　汇编文件与 C 文件变量互访

当一个工程中既有汇编文件又有 C 文件时,两个文件有时需要进行变量互访。在汇编文件中访问 C 文件中的变量,可以通过 LDR 指令读取该 C 变量的地址,并通过地址来访问该变量。如果这个变量在 C 文件中被声明为全局变量,则它是可以被其他文件访问的,否则不行。

1. 汇编文件访问 C 文件中的变量

汇编文件访问 C 文件中的变量的具体方法:

(1)在 C 文件中定义全局变量 var;

(2)在汇编程序中用 IMPORT 引入变量 var;

(3)使用指令 LDR 获取变量 var 变量的地址;

(4)使用指令 LDR 获取变量 var 的值。

如图 5-9 所示。

*.c	*.asm

int　　　c_var=1;	IMPORT c_var
	
	;获取c_var的地址,读取变量
	LDR R0, =c_var
	LDR R1, [R0]
	
	;写入变量c_var
	STR R1, [R0]

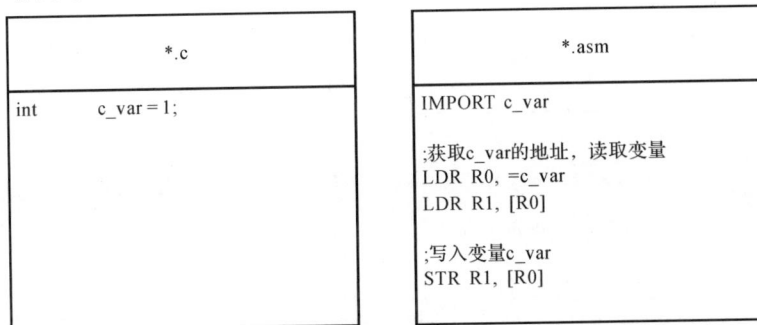

图 5-9　汇编文件访问 C 文件中的变量

例 5 - 11 汇编文件访问 C 文件中的变量。

C 程序：

```
int    sum(int a，int b，int c，int d，int e)      //sum 为全局变量
{
        return   a+b+c+d+e；
}
```

汇编程序：

```
    AREA CALL   C,CODE,READONLY
    IMPORT   sum       ;引入 C 变量
    ENTRY
start
    LDR   SP，=0xA000
    STR   LR，[SP,#-4]!       ;将 LR 存入堆栈 stack
    LDR   R0，#1                ;R0=1，直接使用 R0-R4,参数 5 压入堆栈
    LDR   R1，#2                ;R1=2
    LDR   R2，#3                ;R2=3
    LDR   R3，#5                ;5 送 R3 中
    STR   R3，[SP,#-4]!       ;5 入栈
    MOV R3,#4                 ;R3=4
    BL   sum                    ;转到 C 运算 1+2+3+4+5
    ADD   SP,SP,#4
    LDR   LR,[SP],#4
    B   start
    END
```

2. 在 C 文件中访问汇编文件中的变量

在 C 文件中访问汇编文件中的变量的具体方法：

(1)在汇编文件中,用伪指令"GLOBAL"定义全局变量；

(2)在 C 文件中用 extern 引入该变量；

(3)在 C 文件中用变量名访问该变量。

如图 5 - 10 所示。

*.c	*.asm
extern int _asm_var; ;访问变量_asm_var printf("_asm_var is %d ",_asm_var);	GLOBAL_asm_var ;在数据段中定义变量_asm_var AREA asmdata, DATA, READWRITE _asm_var DCD 2 END

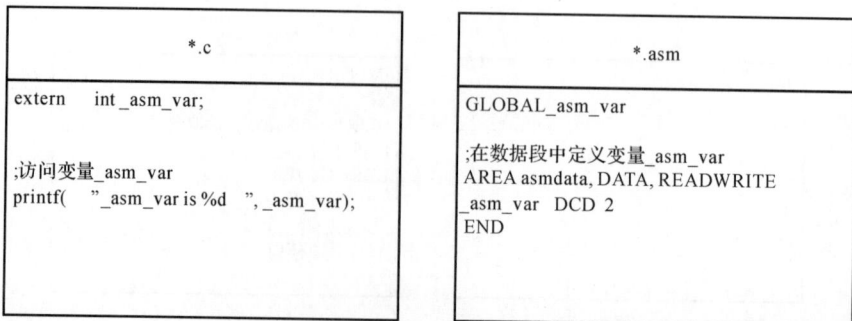

图 5 - 10　在 C 文件中访问汇编文件中的变量

例 5-12　下面的程序显示了如何在 C 程序中调用汇编语言子程序,该段代码实现了将一个字符串复制到另一个字符串的作用。

```
#include<stdio.h>
extern void * strcopy(char * d,char * s);//模块声明
int main()
{
char * srcstr="first";
char * dststr="second";
strcopy(dststr,srcstr);//汇编模块调用
}

.global   strcopy         //本段为 GNU 的汇编格式
.text
strcopy:
LDRB R2,[R1],#1
STRB R2,[R0],#1
CMP R2,#0
BNE   str copy
MOV PC,LR
. end
```

3. C 文件与汇编文件变量互访

例 5-13　在 C 文件中定义变量 c_var,初始值为 1,在汇编文件中改变它并输出改变前、后 c_var 的值;在汇编文件中定义变量_asm_var,初始值为 2,在 C 文件中改变它并输出改变前、后_asm_var 的值。

程序设计如下:

(1)汇编编程内容格式。

```
;var.s 文件的内容
    AREA asmcode, CODE, READONLY
    EXPORT   varVisit     ;声明函数 varVisit 可以被引用
    IMPORT   c_var        ;引入变量 c_var
    GLOBAL   _asm_var     ;利用伪指令 GLOBAL 定义   _asm_var

 varVisit
    LDR   R0, = c_var     ;获取变量 c_var   地址
    LDR   R1,[R0]         ;获取变量 c_var   的值
    ADD   R1,R1,#4
    STR   R1,[R0]         ;向 c_var   中写入新值
    MOV   PC,LR
```

```
    AREA        asmdata，DATA，REAWRITE
    _asm_var    DCD  2
    END
```

(2)C 编程格式。C 文件内容：

```
#include <stdio.h>


Int   c_var＝1；              //变量定义
extern   varVisit（void）；    //汇编文件中的函数无参
extern   int   asm   var；     //变量声明


int  main()
{


  printf("the c_var   r is  %d\n"，c_var  );
  varVisit();                               //调用汇编函数 varVisit()
  printf("the c_var   r is  %d\n"，c_var  );


  printf("the  _asm_var  is  %d\n"，_asm_var );
    asm   var ++；                          //改变  _asm_var 的值
  printf("the _asm_var is  %d\n"，_asm_var );


      return 0；
}
```

5.3.4 C 文件与汇编文件的子程序相互调用

1. 汇编主程序调用 C 子程序

(1)汇编主程序。

```
    area   main, code, readonly        ;代码段
    entry                              ;声明程序入口
    code32                             ;32 位 ARM 指令
    extern   add_six                   ;声明标号 add_six
start
    mov r13,#0xa000        ;初始化堆栈指针
    mov r0,#1
    mov r1,#2
    mov r2,#3
    mov r3,#4              ;前四个参数通过寄存器传递
    mov r4,#5
```

```
        mov r5,♯6
        stmfd r13!,[r4,r5]        ;后两个参数通过堆栈传递
        bl    add_six             ;调 C 子程序
        mov   r1,r0               ;调用后结果将放在 r0 中
        end
```

(2)C 子程序。

```
♯define UINT unsigned  in
UINT add_six(UINT a,UINT b,UINT c,UINT d,UINT e,UINT f)
{
        return a+b+c+d+e+f;
}
```

2. C 程序调用汇编子程序

hello.c 包含了一个标准 GNU C 程序的主函数 main,它调用汇编语言写子程序 strcopy,并返回从源字符串到目的字符串复制的字符个数。

(1)C 主程序。

hello.c 的内容如下:

```
♯include <stdio.h>

extern  int  strcopy(char * dst, const char * src);  //声明
int   main()
{
        int ret = 0;
        const char * src = "Hello world!";
        char dst[] = "World hello!";

        printf("dst string is \"%s\" and src string is \"%s\"\n", dst, src);

        ret = strcopy(dst, src);

        printf("After copying %d chars and now dst string is \"%s\"\n", ret, dst);

        return 0;
}
```

在 strcopy.s 中将通过寄存器 r0 和 r1 引用。

(2)汇编子程序。

strcopy.s 的内容如下:

```
        .section .text   @.section 伪操作:与 arm   asm 中的 AREA 相同;.text 为代码段
        .align 2         @ align 2 是字对齐
```

```
    .global   strcopy
strcopy：
  / * let r4 as a counter and return * /
    push  {r4}
    mov   r4，#0
1b：                                      @（1b 局部标号标记方法）
    ldrb  r2，[r1]，#1
    strb  r2，[r0]，#1
    cmp   r2，#0
    add   r4，r4，#1
    bne   1b

    mov   r0，r4     @ as  a  return value（编译状态的注释）
    pop   {r4}


    mov   pc，lr     @ continue to exe next instruction
```

strcopy.s 中使用了 r2 寄存器，在子程序返回无须保存；r4 作为计数器，统计复制字符的个数，在程序的开始被保存到栈中，并在结束时弹出，最后的统计值通过寄存器 r0 返回。另一个重要的连接寄存器 lr，在 C 程序调用函数时，被填入函数时需要执行的下一条指令的地址，所以子程序执行结束后，需要把赋值给程序计数器 PC。

（3）在 GCC 编译器下对代码的预处理。有了 C 代码程序后需要在 GCC 编译器下对代码进行预处理。当程序检查之后就是编译，GCC 提供了一个优化选项－o，以便根据不同的运行平台和用户要求产生经过优化的编译代码。例如：

```
$  gcc － o   hello   hello.c          ＃采用默认选项，不优化
$  gcc － o2 － o  hello2  hello.c      ＃优化等次是 2
$  gcc － os － o  hellos  hello.c      ＃优化目标代码的大小
$  ls － s  hello  hello2  hellos      ＃可以看到，hellos 比较小，hello2 比较大
hello2  hello  hellos
```

以下代码用的编译级别是－o2，如图 5－11 所示。

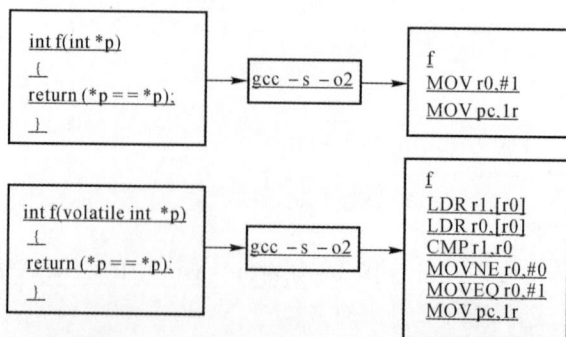

图 5－11 GCC 编译器对代码的预处理

习　题　5

1. 请写出带有一个代码段和一个数据段的 ARM 汇编程序框架。

2. 画图说明下列数据定义伪指令所分配的存储空间及初始化的数值。

(1)BYTE_VAR　DCB "ABCD",-5,0x78,9 * 10

(2)WORD_VAR　DCW　-5,0x12,0x5678

(3)DWORD_VAR　DCD　-5,0x12,0x567890ab

3. 编写程序,给定符号函数:

$$y = \begin{cases} x+1 & x>0 \\ 2 & x=0 \\ x^3 & x<0 \end{cases}$$

定义数据段,存放变量 x 和 y,假定 x 是-9,函数值计算出来存放到 y 单元。

4. 在 C 程序中内嵌 ARM 汇编,实现 $1+2+\cdots+100$,并在 C 程序中将结果输出到屏幕上。

5. 在汇编中实现子程序 max:两个数比较大小,返回大数,并在 C 程序中调用。

6. 在 C 程序中实现函数 max:两个数比较大小,返回大数,并在汇编程序中调用。

第6章 嵌入式系统的存储器系统

本章主要介绍嵌入式系统存储设备的分类与层次结构,SD 卡接口、DRAM 接口、Nor Flash 接口、Nand Flash 接口的基本原理、电路结构与读/写操作方法等。

6.1 嵌入式系统存储器的结构

6.1.1 嵌入式系统存储结构概述

在现代嵌入式系统中,存储器按配置分为内存(主存)和外存。内存全部采用半导体存储器,半导体存储器主要包括 RAM,ROM 类型,在常用的嵌入式系统中一般是 Flash 型 ROM 较多见。嵌入式系统中的外存一般当作外围接口部件,如 CF 卡、SD 卡、USB 接口的 U 盘等。

而高速缓冲存储器(Cache)是嵌入式系统必须有的一种特殊的存储器子系统,其中复制了频繁使用的数据,以利于快速访问。

嵌入式系统的存储结构如图 6-1 所示。

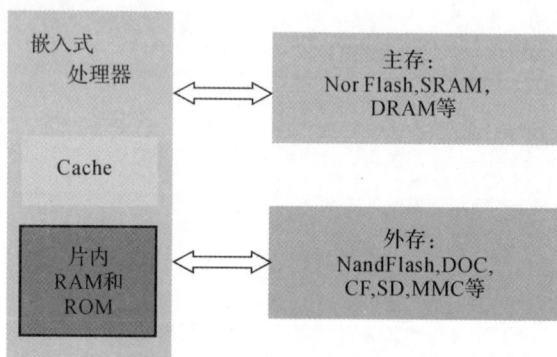

图 6-1 嵌入式系统的存储结构

6.1.2 存储器系统的层次结构

嵌入式系统的存储器被组织成为一个 6 层金字塔形结构,如图 6-2 所示。
- S0 层为 CPU 内部寄存器;
- S1 层为芯片内部的高速缓存(Cache);
- S2 层为芯片外的高速缓存(SRAM,DRAM,DDRAM);

- S3 层为主存储器(Flash,PROM,EPROM,EEPROM)；
- S4 层为外部存储器(磁盘、光盘、CF 卡、SD 卡)；
- S5 层为远程二级存储器(分布式文件系统、Web 服务器)。

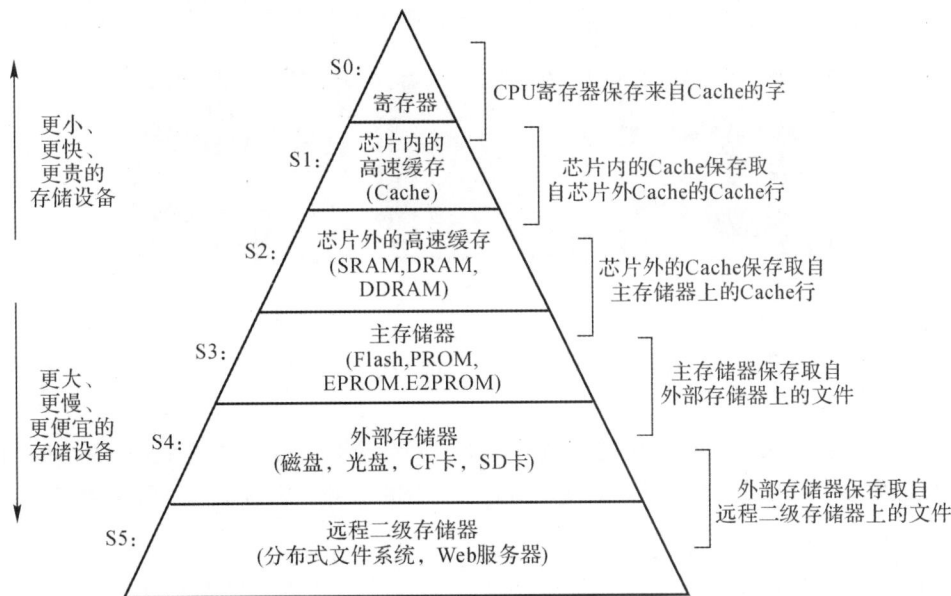

图 6-2　嵌入式系统存储器的层次结构

6.1.3　嵌入式系统存储设备分类

1. RAM(随机存储器)

RAM 可以被读和写,地址可以以任意次序被读。常见 RAM 的种类有 SRAM(Static RAM,静态随机存储器)、DRAM(Dynamic RAM,动态随机存储器)、DDRAM(Double Data Rate SDRAM,双倍速率随机存储器)。其中,SRAM 比 DRAM 运行速度快,SRAM 比 DRAM 耗电多,DRAM 需要周期性刷新。

2. ROM(只读存储器)

ROM 在烧写入数据后,无须外加电源来保存数据,断电后数据不丢失,适合存储需长期保留的不变数据。在嵌入式系统中,ROM 用来保存程序和固定不变的数据。

3. Flash Memory(闪速存储器)

Flash 主要有两种类型:"或非 NOR"和"与非 NAND"。

Intel 于 1988 年首先开发出 NOR Flash 技术,东芝公司 1989 年发表了 NAND Flash 结构。

Flash Memory 在物理结构上分成若干个区块,区块之间相互独立。NOR Flash 把整个存储区分成若干个扇区(Sector),而 NAND Flash 把整个存储区分成若干个块(Block)。Flash Memory 可以对以块或扇区为单位的内存单元进行擦写和再编程。

4. 标准存储卡 CF 卡

CF 卡(Compact Flash Card)是 1994 年由 SanDisk 最先推出的。CF 卡质量只有 14g，仅纸板火柴盒般大小，是一种固态产品，存储容量大，成本低，兼容性好，这些都是 CF 卡的优点；缺点则是体积比较大。CF 卡的外形如图 6-3 所示。

图 6-3　标准存储卡 CF 卡

CF 卡采用闪存(flash)技术，是一种稳定的存储解决方案，不需要电池来维持其中存储的数据。

对所保存的数据来说，CF 卡比传统的磁盘驱动器安全性和保护性都更高，比传统的磁盘驱动器及Ⅲ型 PC 卡的可靠性高 5～10 倍，而且 CF 卡的用电量仅为小型磁盘驱动器的 5%。

5. 安全数据 SD 卡

SD 卡(Secure Digital Memory Card)是一种基于半导体快闪记忆器的新一代记忆设备。

SD 卡由日本松下、东芝及美国 SanDisk 公司于 1999 年 8 月共同开发研制。SD 卡大小(24mm×32mm×2.1mm)犹如一张邮票，质量只有 2g，但却拥有高记忆容量、快速数据传输率、极大的移动灵活性以及很好的安全性。

SD 卡的特点就是通过加密功能，保证数据资料的安全保密。

6. 多媒体存储卡 MMC(Multi Media Card)

MMC 最明显的外在特征是尺寸更加微缩，只有普通的邮票大小(是 CF 卡尺寸的 1/5 左右)，而其质量不超过 2 g。这使其成为世界上最小的半导体移动存储卡。

MMC 在设计之初是瞄准手机和寻呼机市场，之后因其小尺寸等独特优势而迅速被引进更多的应用领域，如数码相机、PDA、MP3 播放器、笔记本电脑、便携式游戏机、数码摄像机乃至手持式 GPS 等。

6.2　NAND 型和 NOR 型 Flash

在嵌入式系统中的 Flash Memory 包括处理器内置的 Flash ROM，独立的 NOR Flash，NAND Flash 等。其中，内置 Flash ROM 与 NOR Flash 在嵌入式系统中起的作用相同。在这里只对 NOR Flash 和 NAND Flash 进行讨论。

6.2.1　NAND Flash 和 NOR Flash 性能比较

NOR Flash 与 NAND Flash 闪存的区别很大，NOR Flash 有点像内存，有独立的地址线和数据线，价格比较贵，容量比较小；而 NAND Flash 更像硬盘，地址线和数据线是共用的 I/O 线，类似硬盘的所有信息都通过一条硬盘线传送一般，NAND Flash 比 NOR Flash 成本要低一些,而容量大得多。因此,NOR Flash 适合频繁随机读写的场合,通常用于存储程序代码并直接在闪存内运行。手机是使用 NOR Flash 的大户,所以手机的"内存"容量通常不大;NAND Flash 主要用来存储资料。常用的 Flash 产品,如闪存盘、数码存储卡都是用 NAND Flash。

(1)NOR 和 NAND 是现在市场上两种主要的非易失闪存技术;

(2)NOR Flash 的读速度比 NAND Flash 稍快一些;

(3)NAND Flash 的写入速度比 NOR Flash 快很多;

(4)NAND Flash 的擦除速度远比 NOR Flash 的快;

(5)大多数写入操作需要先进行擦除操作;

(6)NAND Flash 的擦除单元更小,相应的擦除电路更少。

6.2.2　NAND Flash 和 NOR Flash 接口差别

(1)NAND Flash 器件使用复杂的 I/O 口来串行存取数据,用 8 个引脚来传送控制、地址和数据信息。

(2)NOR Flash 带有通用的 SRAM 接口,可以轻松挂接在 CPU 的地址、数据总线上,对 CPU 的接口要求低。NOR Flash 的特点是芯片内执行,这样应用程序可以直接在 NOR Flash 内运行,不必再把代码读到系统 RAM 中。

6.2.3　NAND Flash 和 NOR Flash 的成本、容量及应用

(1)NAND Flash 生产过程更为简单,成本低;

(2)常见的 NOR Flash 为 128KB～16MB,而 NAND Flash 通常有 512MB～2GB;

(3)NOR Flash 主要应用在代码存储介质中,NAND Flash 适合于数据存储;

(4)NAND Flash 在 CompactFlash(CF 卡)、Secure Digital(SD 卡)、PC Cards 和 MMC 存储卡市场上所占份额最大。

6.2.4　NAND Flash 和 NOR Flash 的可靠性和耐用性

(1)NAND Flash 每块的最大擦写次数是 100 万次,而 NOR Flash 的擦写次数是 10 万次。

(2)位交换的问题 NAND Flash 中更突出,需要 ECC 纠错。

(3)NAND Flash 中坏块随机分布,需要通过软件标定。

(4)擦除 NOR Flash 是以 64KB～128KB 的块进行的,执行一个写入/擦除操作的时间约为 5s。擦除 NAND Flash 器件是以 8KB～32KB 的块进行的,执行相同的操作最多只需要 4 ms。NOR Flash 的读速比 NAND Flash 稍快一些。

6.2.5　NAND Flash 和 NOR Flash 软件支持

(1)升级对比。NOR Flash 的升级较为麻烦,因为不同容量的 NOR Flash 的地址线不一样;不同容量的 NAND Flash 的接口是固定的,所以升级简单。

(2)驱动对比。在 NOR Flash 上运行代码不需要任何的软件支持;在 NAND Flash 上进行同样操作时,通常需要驱动程序,也就是内存技术驱动程序 MTD(MTD 驱动程序是在

Linux 下专门为嵌入式环境开发的新的一类驱动程序)。

6.3   嵌入式系统存储芯片模型

6.3.1   SD 卡和 MMC 模型

SD 卡通过 9 针的接口界面与专门的驱动器相连接,不需要额外的电源来保持其记忆的信息。由于 SD 卡是一体化固体介质,没有任何移动部分,所以不用担心机械运动的损坏。

SD 卡在外形上与 MMC 一致,兼容 MMC 接口规范,只是 SD 卡的侧边比 MMC 多一个写保护的开关。SD 卡的读写速度要略快于 MMC,但 MMC 薄,在手机中用得更广泛。不过在某些产品例如手机上,SD 卡和 MMC 是不能兼容的。SD 卡的外形和接口如图 6-4 所示。

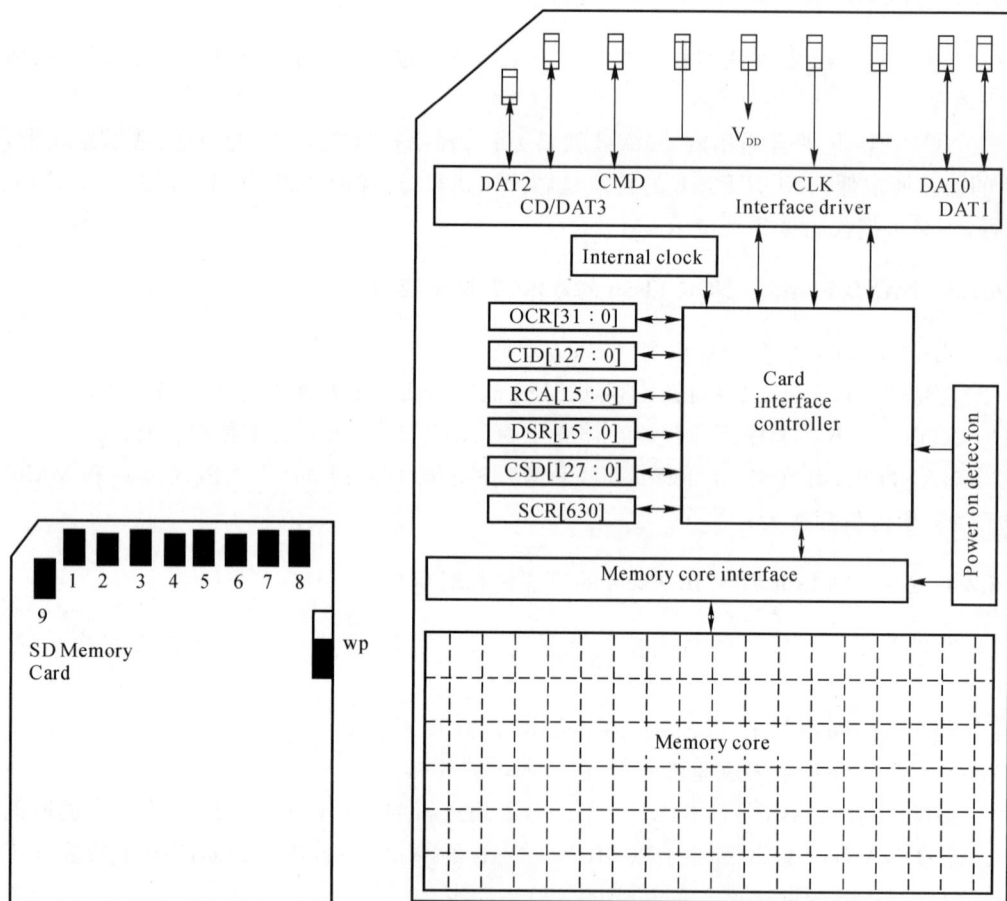

图 6-4   SD 卡的外形和接口

SD 卡接口电路如图 6-5 所示。

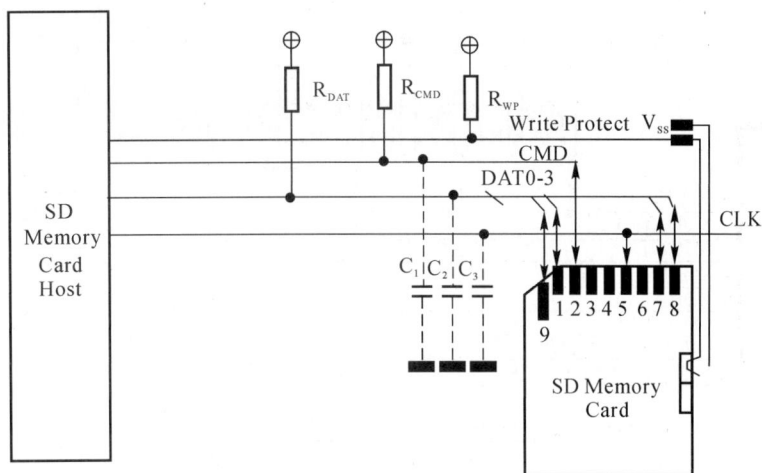

图 6-5　SD 卡接口电路

SD 卡接口引脚排布及功能见表 6-1。

表 6-1　SD 卡接口引脚排布及功能

引脚	SD 模式			SPI 模式		
	名称	类型	描述	名称	类型	描述
1	CD/DAT3	I/O/PP	卡检测/数据线［Bit3］	CS	I	片选信号
2	CMD	PP	命令/响应	DI	I	数据输入
3	Vss1	S	接地	Vss	S	接地
4	VDD	S	电源电压	VDD	S	电源电压
5	CLK	I	时钟	SCLK	I	时钟
6	Vss2	S	接地	Vss2	S	接地
7	DAT0	I/O/PP	数据线［Bit 0］	DO	O/PP	数据输出
8	DAT1	I/O/PP	数据线［Bit 1］	RSV		随机数
9	DAT2	I/O/PP	数据线［Bit 2］	RSV		

注:S—电源;　I/O—输入/输出;　PP—推挽方式

SD 卡接口连线如图 6-6 所示。

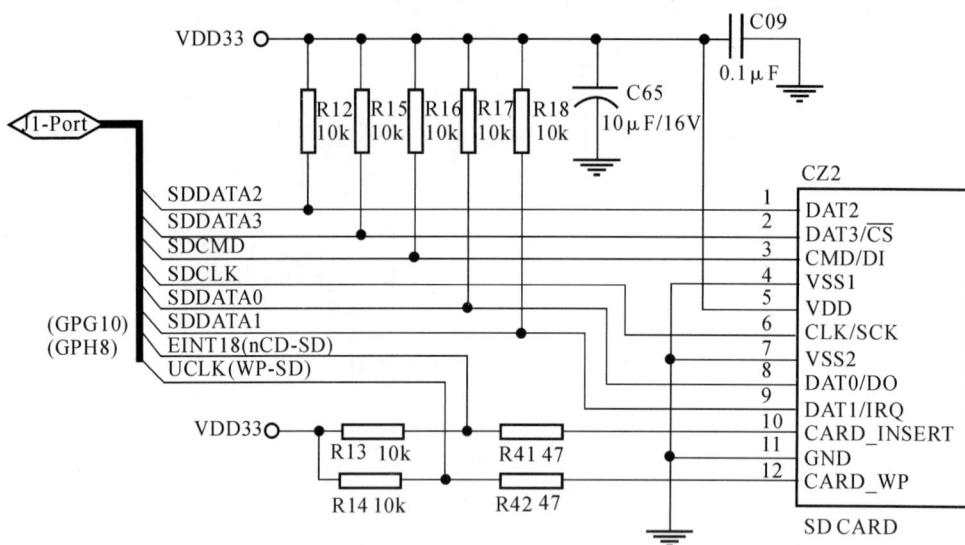

图 6 - 6　SD 卡接口连线

6.3.2　DRAM 芯片模型

DRAM 芯片模型主要连接如图 6 - 7 所示。

主要引脚为：

- $\overline{CE}$：片选端。
- $R/\overline{W}$：读写控制端，$R/\overline{W}=1$，执行读操作，$R/\overline{W}=0$，执行写操作。
- $\overline{RAS}$：行地址选通信号，通常接地址的高位部分。
- $\overline{CAS}$：列地址选通信号，通常接地址的低位部分。
- Adrs：地址线的输入。
- Data：数据线，双向。

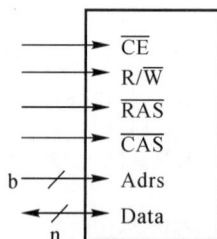

图 6 - 7　DRAM 芯片模型主要连接

DRAM 芯片引脚功能说明如图 6 - 8 所示。

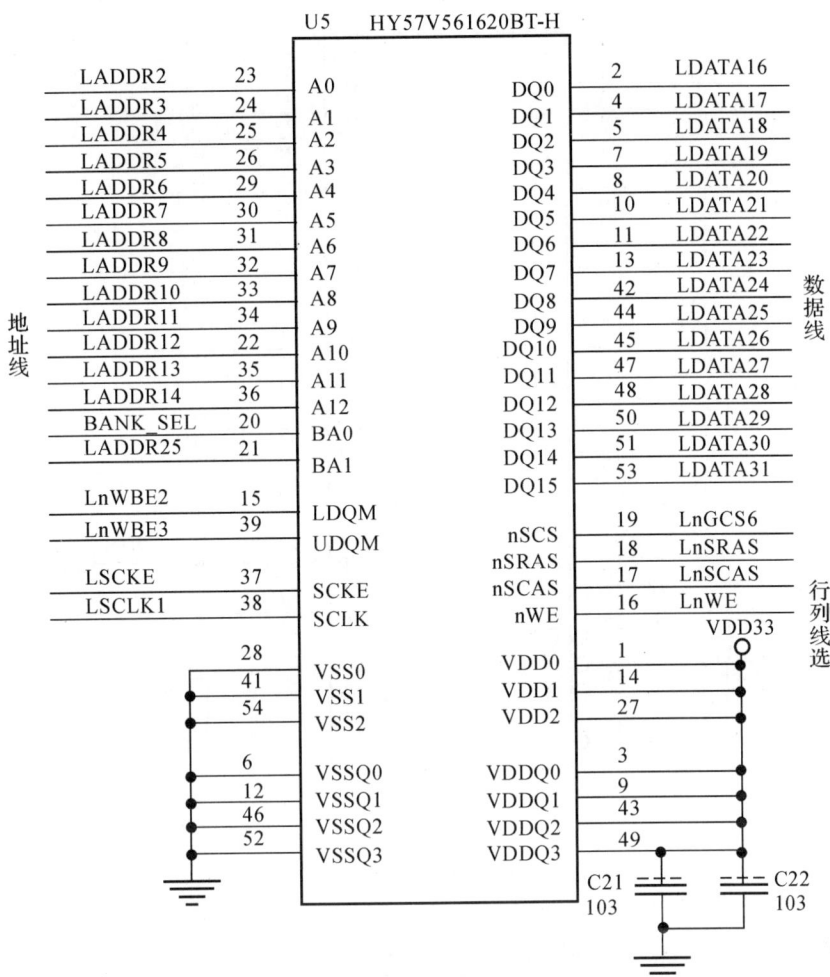

图 6 - 8　DRAM 芯片引脚功能说明

6.3.3　NOR Flash 模型

NOR Flash 模型的引脚功能如图 6 - 9 所示。

从图 6 - 9 可以看出，NOR Flash 采用并行地址和数据总线。其中，21 位地址总线，16 位数据总线，NOR Flash 最大可寻址 2MB 的地址空间。所以 NOR Flash 常常作为内存使用，处理器可直接寻址每一个存储单元。

6.3.4　NAND Flash 模型

NAND Flash 模型引脚功能如图 6 - 10 所示。

从 NAND Flash 的接口电路图可以看出：NAND Flash 没有区分地址总线和数据总线，只有一个 8 位的 I/O 总线、6 根控制线（WP，ALE，CLE，CE，WE，RE）和 R/B。实际上，NAND Flash 数据和地址均是通过 8 位 I/O 总线串行传输的。

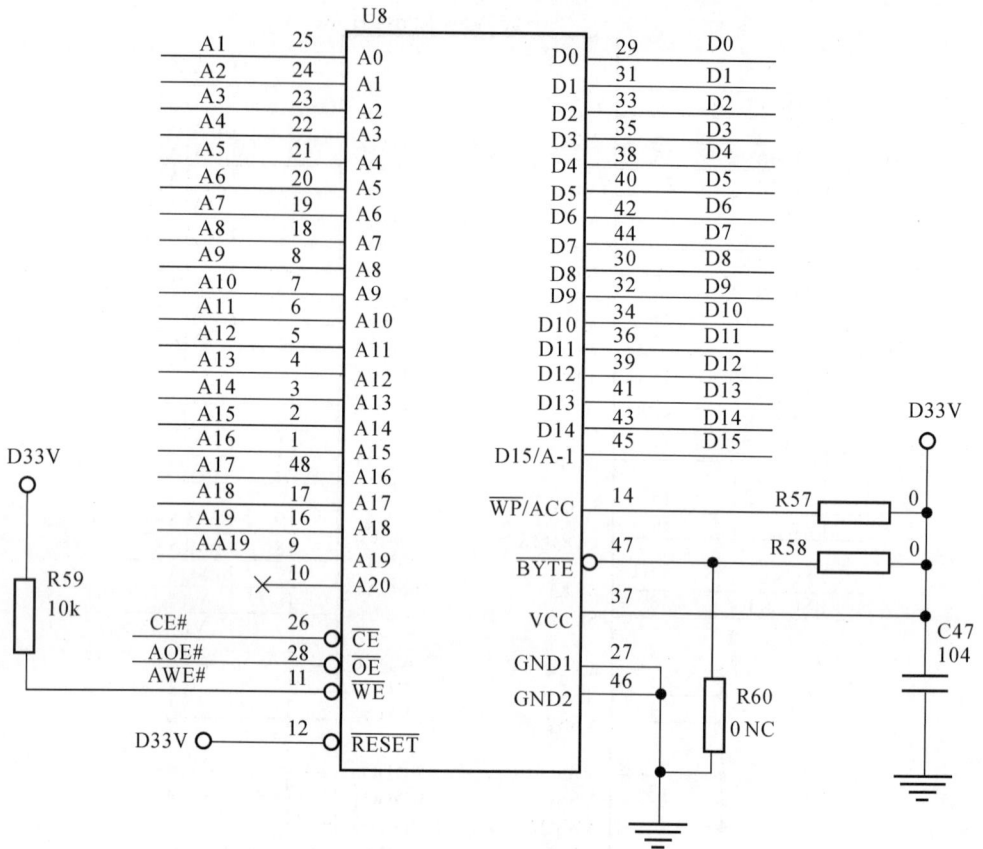

图 6-9 NOR Flash 模型的引脚功能

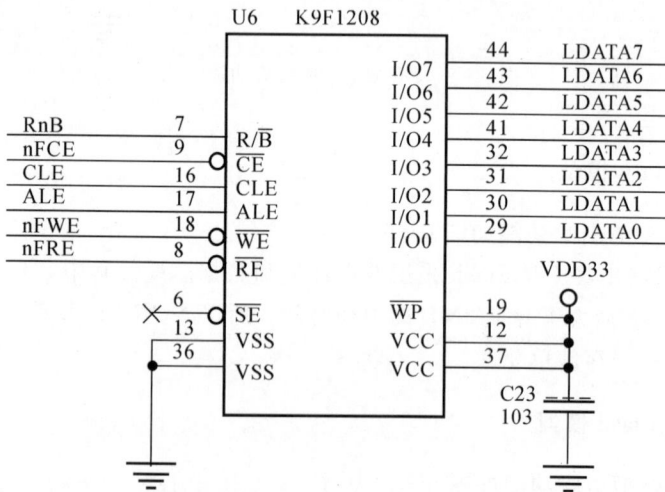

图 6-10 NAND Flash 模型引脚功能

6.4　嵌入式系统典型存储芯片的应用操作

6.4.1　NAND Flash 的操作

下面以 NAND Flash 的一款芯片来进行举例分析,其他型号方法类似。

1. K9F1280 芯片介绍

- I/O0 ～ I/O7:数据输入/输出;
- CLE:命令锁存使能;
- ALE:地址锁存使能;
- CE♯:片选;
- RE♯:读使能;
- WE♯:写使能;
- WP♯:写保护;
- R/B♯:准备好/忙碌;
- VCC:电源(2.7～3.6V);
- VSS:电源地;
- N.C:空管脚。

K9F1280 芯片的引脚布局如图 6 - 11 所示。

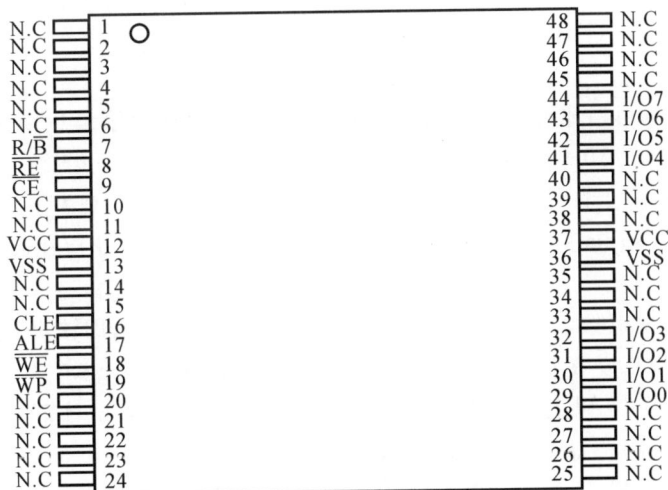

图 6 - 11　K9F1280 芯片的引脚布局

2. K9F1280 芯片功能介绍

(1)物理组成。NAND Flash 以页为单位读写数据,以块为单位擦除数据。

对 NAND Flash 的操作主要包括读、擦除、写、坏块识别、坏块标识等。

NAND Flash 的物理组成中典型的分配是:1Block ＝ 32Page,而 1Page ＝ 512Bytes(data field) ＋ 16Bytes(oob)。

需要注意的是：在一页上还分有上半页和下半页（分别称为 1st half 与 2nd half；每个半页各占 256Bytes）以及 16Bytes 的 OOB，OOB 是每个页都有的数据，OOB 存有 ECC 等。

BBT（坏块）是一个 FLASH 才有一个；针对每个 BLOCK 的坏块识别则是该块第一页备用区的第六个字节（是规定写 0xff）。

NAND Flash 的物理组成如图 6-12 所示。

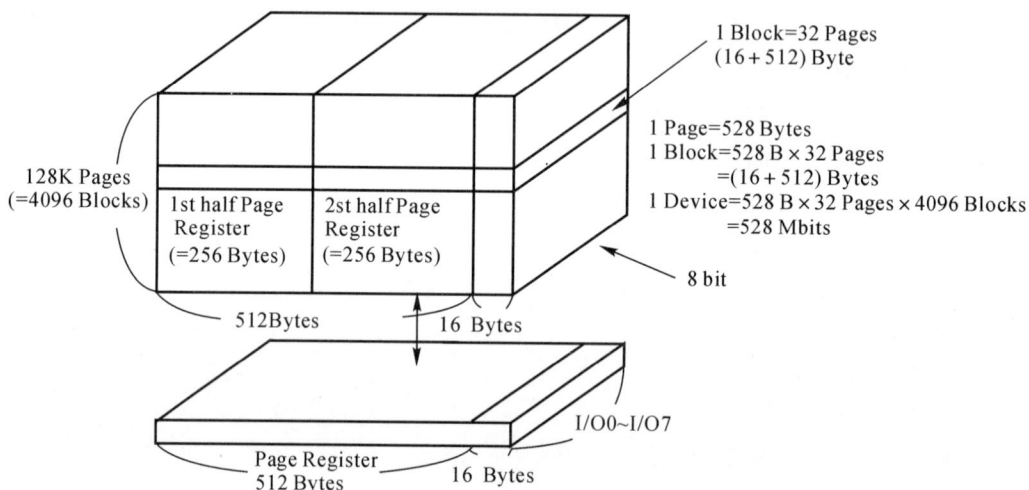

图 6-12   NAND Flash 的物理组成

（2）NAND Flash 的四类地址。按照 NAND Flash 的物理组成方式可以分四类地址：Column Address（列地址）、Page Address（页地址）、halfpage pointer（半页地址）、Block Address（块地址）。

Column Address：列地址是指定页上的某个字节，指定这个字节也就是指定此页的读写起始地址。9 条列线（A0～A8），A8 不传数，由命令对页内 16B 进行设置。

Page Address：由于页地址总是以 512B 对齐的，512B 需要 9b 来表示。每页 512B 理论上被分为 1st half 和 2sd half，每个 half 各占 256B，各自的访问由地址指针命令来选择，A[7:0] 就是所谓的列地址。

因为以块为单位擦除，32 个页需要 5b 来表示，占用 A[13:9]，即该页在块内的相对地址。A8 这一位地址被用来设置 512B 的 1st half page 还是 2nd half page，0 表示 1st，1 表示 2nd。

块的地址是由 A14 以上的位来表示，如 64MB 的 NAND flash（实际中由于存在备用区，故都大于这个值），因此，需要 12 位来表示，即 A[25:14]。

（3）访问 NAND Flash。访问 NAND Flash 主要从以下三方面来考虑。

· 命令：读、写还是擦除；

· 地址：选择在哪一个页进行上述操作；

· 数据：需要检测 Nand Flash 内部忙状态。

（4）NAND Flash 支持的命令。

define CMD READ1 0x00   //页读命令周期 1

define CMD READ2 0x30   //页读命令周期 2

define CMD READID 0x90   //读 ID 命令

```
# define CMD WRITE1 0x80      //页写命令周期 1
# define CMD WRITE2 0x10      //页写命令周期 2
# define CMD ERASR1 0x60      //块擦除命令周期 1
# define CMD ERASR2 0xd0      //块擦除命令周期 2
# define CMD STATUS 0x70      //读状态命令
# define CMD RESET  0xff      //复位
# define CMD RANDOMREAD1 0x05    //随意读命令周期 1
```

3. NAND Flash K9F1280 的操作

(1)NAND Flash 的读操作。读操作的过程：

· 发送读取指令；

· 发送第 1 个周期地址；

· 发送第 2 个周期地址；

· 发送第 3 个周期地址；

· 发送第 4 个周期地址；

· 读取数据至页末。

K9F1280 的寻址分为 4 个周期，分别是 A[0:7]，A[9:16]，A[17:24]，A[25]，见表 6-2。

表 6-2 K9F1280 的 4 个周期分布

周期	I/O.0	I/O.1	I/O.2	I/O.3	I/O.4	I/O.5	I/O.6	I/O.7	
1	A0	A1	A2	A3	A4	A5	A6	A7	列地址
2	A9	A10	A11	A12	A13	A14	A15	A16	行地址 （页地址）
3	A17	A18	A19	A20	A21	A22	A23	A24	
4	A25	*L	*L	*L	*L	*L	*L	*L	

读操作的对象为一个页面，建议从页边界开始读至页结束。由于地址只能在 I/O[7:0]上传递，因此，必须传递多次。

半页起始由 A8(bit8)位决定在哪个半页上进行读，bit8＝0 表示 1st，bit8＝1 表示 2nd。

K9F1280 提供了两个读指令："0x00""0x01"。这两个指令区别在于"0x00"可以将 A[8]置为 0，选中上半页；而"0x01"可以将 A[8]置为 1，选中下半页。

· 第 1 步是传递列地址，就是 NAND_ADDR[7:0]给相应的寄存器，即可传递到 I/O[7:0]上；

· 第 2 步是将 NAND_ADDR[16:9]传到 I/O[7:0]上；

· 第 3 步将 NAND_ADDR[24:17]放到 I/O[7:0]上；

· 第 4 步将 NAND_ADDR[25]放到 I/O 上。

因此，整个地址传递过程需要 4 步才能完成。读操作流程如图 6-13 所示。

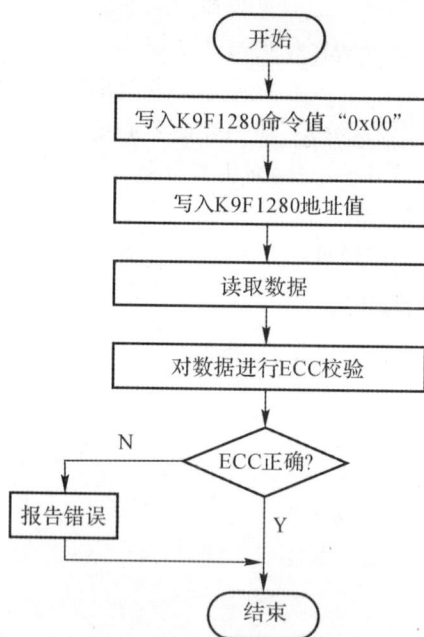

图 6-13　读操作过程流程图

（2）写操作过程。写入的操作对象是一个页面，写入的操作过程：

· 发送写指令"0x80"；

· 发送第 1 个周期地址（A0～A7）；

· 发送第 2 个周期地址（A9～A16）；

· 发送第 3 个周期地址（A17～A24）；

· 发送第 4 个周期地址（A25）；

· 向 K9F1280 的数据总线发送一个扇区的数据；

· 发送写指令"0x10"；

· 发送查询状态命令字"0x70"；

· 读取 K9F1280 的数据总线，判断 I/O 6 上的值或判断 R/B 线上的值，直到 I/O 6＝1 或 R/B＝1，即准备好/不忙碌；

· 判断 I/O 0 是否为 0，从而确定操作是否成功。0 表示成功，1 表示失败。

K9F1280 写操作流程如图 6-14 所示。

（3）擦除操作过程。擦除的对象是一个数据块，即 32 个页面。

在进行擦除时不需要列地址，因为擦除是以块为单位擦除。32 个页需要 5b 来表示，2^5 也就是 A[13:9]，也是页在块内的相对地址。

块的地址由 A[25:14]组成，则擦除操作地址分三步：A[16:9]，A[24:17]，A[25]。

擦除的操作过程：

· 发送擦除指令"0x60"；

· 发送第 1 个周期地址（A9～A16）；

· 发送第 2 个周期地址（A17～A24）；

- 发送第 3 个周期地址（A25）；
- 发送擦除指令"0xD0"；
- 发送查询状态命令字"0x70"；
- 读取 K9F1280 的数据总线，判断 I/O 6 上的值或判断 R/B 线上的值，直到 I/O 6＝1 或 R/B＝1；
- 判断 I/O 0 是否为 0，从而确定操作是否成功。0 表示成功，1 表示失败。

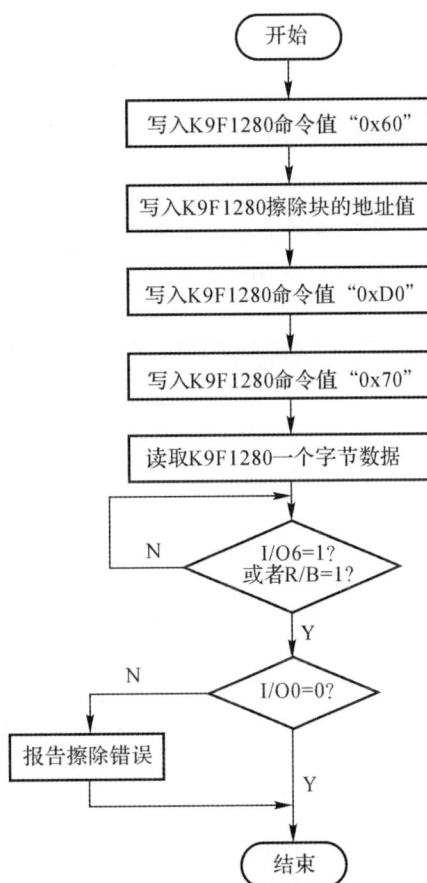

K9F1280 擦除操作流程如图 6－15 所示。

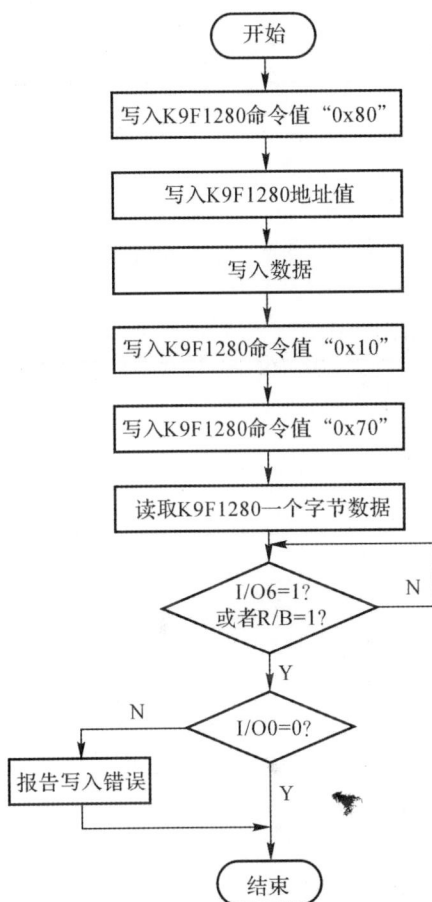

图 6－14　写操作流程图　　　　图 6－15　K9F1280 擦除操作流程图

6.4.2　NAND Flash 寄存器

在上面的读写和擦除操作过程中，离不开相关寄存器的设置，下面介绍 NAND Flash 的寄存器，见表 6－3。

表 6-3　NAND Flash 的寄存器种类

寄存器名	寄存器地址	可写	可读写	功能描述
NFCONF	0x4E000000			NANDFlash Configuration
NFCMD	0x4E000004		R/W	NAND Flash Command
NFADDR	0x4E000008	W		NAND Flash Address
NFDATA	0x4E00000c			NAND Flash Data
NFSTAT	0x4E000010		R	NAND Flash Operation Status
NFECC	0x4E000014		R/W	NAND Flash ECC

1. 各寄存器的设置

(1)配置控制寄存器 NFCONF。

配置控制寄存器 NFCONF 地址:0x4E000000。

NFCONF 的初始状态见表 6-4。

表 6-4　NFCONF 的初始状态

NFCONF	位	描述	初始值
Enable/Disable	[15]	NAND Flash 使能位 0:关闭控制器,1:使用控制器	0
Reserved	[14:13]	保留	—
Initialize ECC	[12]	初始化 ECC 0:不使用 ECC,1:使用 ECC	0
NAND Flash Memory chip enable	[11]	NAND Flash 片选使能位 0:激活,1:不激活	0
TACLS	[10:8]	CLE 和 ALE 持续时间设置(0~7) 持续时间＝HCLK×(设定时间＋1)	0
Reserved	[7]	保留	—
TWRPH0	[6:4]	TWRPH0 持续时间设置(0~7) 持续时间＝HCLK×(设定时间＋1)	0
Reserved	[3]	保留	—
TWRPH1	[2:0]	TWRPH1 持续时间设置(0~7) 持续时间＝HCLK×(设定时间＋1)	0

初始值是关闭控制器、没使用 ECC、禁止片选、设置时序。初始化的关键是首先设置[15]为"1",使得能够使用控制器。

(2)命令寄存器 NFCMD。

命令寄存器 NFCMD 地址:0x4E000004。

命令寄存器 NFCMD 的初始状态见表 6-5。

表 6 - 5　NFCMD 的初始状态

NFCMD	位	描述	初始值
Reserved	[15:8]	保留	—
Command	[7:0]	命令寄存器	0x00

这里主要设置各个命令的规定数据,见表 6-6。

表 6 - 6　NAND Flash 的命令

命令	命令值	描述
NAND_CMD_READ0	0	读操作
NAND_CMD_READ1	1	读操作
NAND_CMD_PAGEPROG	0x10	页编程操作
NAND_CMD_READOOB	0x50	读写 OOB
NAND_CMD_ERASE1	0x60	读写操作
NAND_CMD_STATUS	0x70	读取状态
NAND_CMD_STATUS_MULTI	0x71	读取状态
NAND_CMD_SEQIN	0x80	写操作
NAND_CMD_READID	0x90	读 Flash
NAND_CMD_ERASE2	0xd0	擦写操作
NAND_CMD_RESET	0xff	复位操作

(3)地址寄存器 NFADDR。

地址寄存器 NFADDR 地址:0x4E000008。

地址寄存器 NFADDR 的初始状态见表 6-7。

表 6 - 7　NFADDR 的初始状态

NFADDR	位	描述	初始值
Reserved	[15:8]	保留	—
NFADDR	[7:0]	地址寄存器	—

这里主要设置向 A[7:0]写入地址。

(4)数据寄存器 NFDATA。

数据寄存器 NFDATA 地址:0x4E00000C。

数据寄存器 NFDATA 的初始状态见表 6-8。

表 6 - 8　NFDATA 的初始状态

NFDATA	位	描述	初始值
Reserved	[15:8]	保留	—
Data	[7:0]	数据寄存器	—

这里主要传送数据到[7:0]。

(5)状态寄存器 NFSTAT。

状态寄存器 NFSTAT 地址:0x4E000010。

状态寄存器 NFSTAT 的初始状态见表 6-9。

表 6-9　NFSTAT 的初始状态

NFSTAT	位	描述	初始值
Reserved	[15:1]	保留	—
RnB	[0]	Nand Flash 判断忙位: 0=忙;1=准备好	—

这里只用到位 0,0:busy,1:ready。

(6)NFECC 地址:0x4E000014。

NAND Flash 主要设置 ECC 纠错,这里就不再叙述了。

2. NAND Flash 寄存器设置步骤

(1)控制器初始化。控制器初始化时,需要使能控制器,设置 NFCONF 的[15]为"1"。

(2)使能 NAND Flash 芯片。设置 NFCONF 的[11]为"0"。

(3)通过 NAND 控制器向 NAND Flash 写入命令。设置 NFCMD 为要发送的命令。

(4)通过 NAND 控制器向 NAND Flash 写入地址。设置 NFADDR 为要发送的地址。

(5)通过 NAND 控制器向 NAND Flash 写入数据。设置 NFDATA 为要写入的数据。

6.4.3　K9F1280 的程序设计思路

1. 硬件设计

NAND Flash 应用特点是接口信号线较少,数据线只有 8 位,没有地址总线,因此地址和数据线总是复用的。

引脚信号见表 6-10。

表 6-10　NAND Flash 的引脚信号

信号名称	信号描述
I/O[7:0]	数据总线
CE#	片选信号(低电平有效)
WE#	写有效信号(低电平表示当前总线操作是写操作)
RE#	读有效信号(低电平表示当前总线操作是读操作)
CLE	命令锁存信号,写操作时给出此信号表示写命令
ALE	地址/数据锁存信号,写操作时给出此信号表示写地址或数据
WP#	写保护操作(低电平有效)
R/B	准备/忙

2. 软件初始化设计

(1)初始化 NAND Flash。

· 寄存器 NFCONF 用于开启 NAND Flash 控制器；

· 向寄存器 NFCMD 写入命令；

· 向寄存器 NFADDR 写入地址；

· 使用寄存器 NFDATA 进行数据的读写,在此期间需要不断地检测寄存器 NFSTAT 来获知 NAND Flash 的状态(忙/闲)。

(2)读 NAND Flash。

· 发送读取命令 0x00；

· 发送页地址；

· 发送页地址读取确认命令 0x30；

· 检测忙信号；

· 从 ARM 处理器寄存器 NFDATA 中读取数据。

(3)写 NAND Flash。

· 发送写入命令 0x80；

· 发送页地址；

· 发送要写入的数据；

· 发送页写入确认命令 0x10；

· 检测忙信号。

(4)擦除 NAND Flash。

· 发送块擦除命令 0x60；

· 发送块地址；

· 发送块擦除确认命令 0xd0；

· 检测忙信号。

3. NAND Flash 与 Uboot 引导

NAND Flash 中的前 4KB 内容 Uboot(BootLoader)自动写入 CPU 的静态 RAM 中,其中相应寄存器可以进行初始化,如图 6-16 所示。

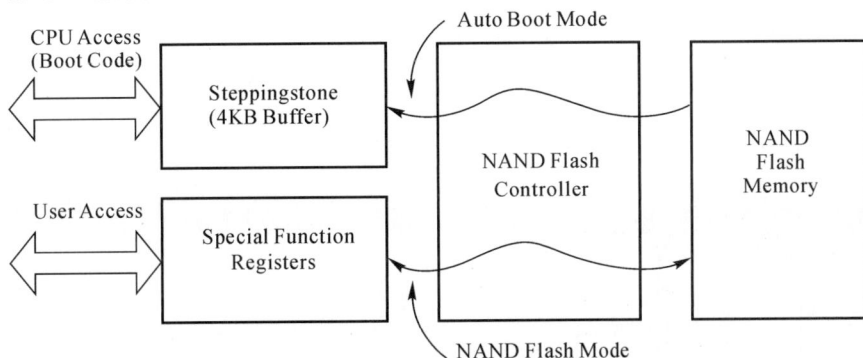

图 6-16　NAND Flash 的前 4KB 内容写入 Uboot(Boot Loader)

Boot Loader 是所有嵌入式设备的引导程序,如 PC 中的 BIOS 一样。Boot Loader 引导程序中带有 Nand Flash 驱动及引导程序。

例如,对 MMC 的驱动设置(即存储器的启动应用)。对于 MMC 介质,Uboot 提供了 movi 和 write 两组命令对其进行读写。

♯ movi   read   kernel 20008000

♯ movi   write   kernel 20008000

kernel 表示内核保存的分区,20008000 这个参数为读入的内存地址。

还有 bootm 是启动内核命令等。在后面章节对 Boot Loader 分析中也有一些关于寄存器的定义步骤,可以对照 Uboot 源码分析读、擦写和写入操作流程。

例如:

♯definerNFCMD   (＊(volatile unsigned char

＊)0x4e000004)   //NAND Flash command

♯definerNFADDR (＊(volatile unsigned char

＊)0x4e000008) //NAND Flash address

⋯⋯

⋯⋯

习　题　6

1. 为什么把存储器分成若干不同的层次? 主要有哪些层次? 有什么联系?

2. NAND Flash 基本操作有读、编程(写)、擦除,分别描述操作单位。

3. 命令、状态、地址和数据信息通过什么端口传送给 NAND Flash 芯片?

第 7 章　嵌入式操作系统介绍

本章对操作系统的定义、基础知识、基本组成进行描述,着重介绍操作系统内核任务调度、进程管理、内存管理以及外设管理等功能,为嵌入式操作系统的理解应用打下基础。

7.1　操作系统简介

操作系统(Operating System,OS)是管理和控制计算机硬件与软件资源的计算机程序,是直接运行在"裸机"上的最基本的系统软件,其他任何软件都必须在操作系统的支持下才能运行。

操作系统是用户和计算机的接口,同时也是计算机硬件和其他软件的接口。操作系统的功能包括管理计算机系统的硬件、软件及数据资源,控制程序运行,改善人机界面,为其他应用软件提供支持,让计算机系统所有资源最大限度地发挥作用。

7.1.1　操作系统的类型

操作系统的种类相当多,按应用领域划分主要有三种:桌面操作系统、服务器操作系统和嵌入式操作系统。

1. 桌面操作系统

桌面操作系统主要用于个人计算机上。个人计算机市场从硬件架构上来说主要分为两大阵营,PC 机与 Mac 机,从软件上可主要分为两大类,分别为类 Unix 操作系统和 Windows 操作系统:

• 类 Unix 操作系统:Mac OS X,Linux 发行版(如 Debian,Ubuntu,Linux Mint,open-SUSE,Fedora 等);

• Windows 操作系统:Windows XP,Windows Vista,Windows 7,Windows 8,Windows NT 等。

2. 服务器操作系统

服务器操作系统一般指的是安装在大型计算机上的操作系统,比如 Web 服务器、应用服务器和数据库服务器等。服务器操作系统主要集中在三大类:

• Unix 系列:SUN Solaris,IBM - AIX,HP - UX,FreeBSD 等;

• Linux 系列:Red Hat Linux,CentOS,Debian,Ubuntu 等;

• Windows 系列:Windows Server 2003,Windows Server 2008,Windows Server 2008 R2 等。

3. 嵌入式操作系统

嵌入式操作系统是用于嵌入式系统的操作系统。其广泛应用在工业及生活领域的各个方面,涵盖范围从便携设备到大型固定设施,如数码相机、手机、平板电脑、家用电器、医疗设备、交通灯、航空电子设备和工厂控制设备等。

在嵌入式领域常用的操作系统有嵌入式 Linux,Windows Embedded,VxWorks 等以及广泛使用在智能手机或平板电脑等消费电子产品的操作系统,如 Android,iOS,Symbian,Windows Phone 和 BlackBerry OS 等。

嵌入式操作系统根据其运行方式可分为三类:单用户单任务操作系统、单用户多任务操作系统和多用户多任务操作系统。

(1)单用户单任务操作系统。单用户单任务操作系统是指一台嵌入式系统只能由一个用户使用。该用户一次只能提交一个任务。一个用户独自享用系统的全部硬件和软件资源。如 MS-DOS,PC-DOS 和 Windows 3.1 等。

(2)单用户多任务操作系统。单用户多任务操作系统是指只允许一个用户使用,允许用户把程序分成若干个任务使它们并发执行,多个任务共享资源,从而大大地改善了系统的能效。如 Windows95-2007,Mac OS8 等。早期大部分嵌入系统都是单用户多任务系统。

(3)多用户多任务操作系统。多用户多任务操作系统是指允许多个用户通过各自的终端使用同一台机器,共享主机系统中的所有资源。而每个用户程序又可以分成多个任务,计算机按固定的时间片轮流为各个终端服务,使它们并发执行,从而进一步提高资源利用率和系统吞吐量。该操作系统广泛应用于大、中、小型机上。例如:Windows Server,Linux,Unix。

7.1.2 操作系统结构

操作系统的结构是把功能分成不同层次,低层次功能为紧邻其上的层次功能提供服务,高层次的功能又为更高一个层次的功能提供服务。从而每步设计都是建立在可靠的基础上,每一层仅能使用其提供的功能和服务,这样可使系统的安全和验证都变得更容易。这种层次化的操作系统既保证了系统的正确性,又使得系统的扩充和维护更加容易。层次化的操作系统结构如图 7-1 所示。

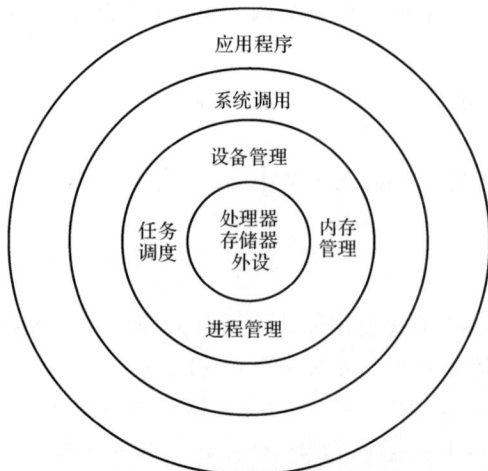

图 7-1　层次化的操作系统结构

操作系统包括内核和系统调用。操作系统内核是指操作系统的核心部分,由操作系统中用于设备管理、存储、处理器的那些部分组成。操作系统内核通常运行进程,并提供进程间的通信。系统调用是指由操作系统实现的所有系统调用所构成的集合,即程序接口或应用编程接口(Application Programming Interface,API),是应用程序同系统之间的接口。

7.2　操作系统内核

操作系统内核的主要功能包括任务调度、进程管理、内存管理以及外设管理。它决定着系统的性能和稳定性。

7.2.1　任务调度

任务调度是操作系统的重要组成部分,而对于实时操作系统,任务调度直接影响实时性能。

1. 三种基本状态

任务在执行过程中有以下三种基本状态:

(1)运行状态。当 CPU 接到任务正在执行程序时,该任务处于运行状态。

(2)就绪状态。当任务已经分配到除 CPU 以外的所有所需资源后,只要获得 CPU 命令,即可立即执行,该任务处于就绪状态。在一个系统中处于就绪状态的任务可能有多个,通常将它们排成一个队列,该队列称为就绪队列。

(3)等待状态。任务在执行过程中,因发生某事件而暂时无法继续执行时,便放弃处理器而处于暂停状态,这种暂停状态称为等待状态,也可以称为阻塞状态。导致任务处于等待状态的事件如请求 I/O、申请缓存空间等等。任务三种基本状态之间的转换关系如图 7-2 所示。

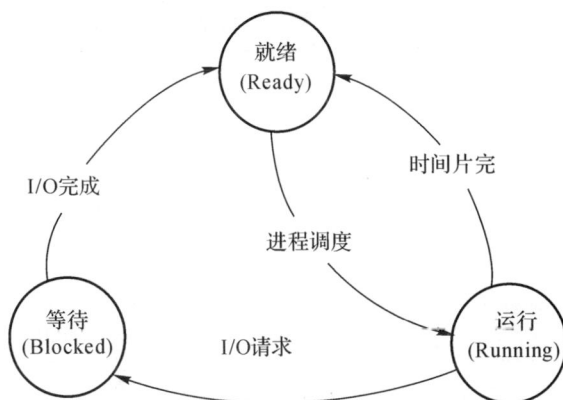

图 7-2　任务的三种基本状态及其转换

当处于就绪状态的任务,在调度程序为之分配了处理器之后,任务由就绪状态转为运行状态;当处理器分配的时间片结束时,任务由运行状态转为就绪状态;当发生某种事件而使任务无法继续执行(如 I/O 请求)时,该任务由运行状态转为等待状态。

2. 调度方式

任务调度可分为以下两种类型：

（1）抢先操作系统。抢先操作系统是指当需求满足时，停止低优先级的任务而执行高优先级的任务。这种系统允许调度程序根据某种原则去暂停某个正在执行的进程，将已分配任务的处理器重新分配新的任务，防止任务长时间占用处理器，以满足对时间要求较为严格的实时任务需求，但抢先方式所付出的开销比较大。

抢先操作系统一般为实时操作系统。实时操作系统分软实时操作系统与硬实时操作系统。前者仅要求事件响应是实时的，并不要求限定某一任务必须在多长时间内完成。硬实时操作系统不仅要求任务响应要实时，而且要求在规定的时间内完成事件的处理。

（2）非抢先操作系统。非抢先操作系统是指即使高优先级的任务准备好了，低优先级的任务仍然继续运行。这种非抢先操作系统一般进行时间片轮询，换句话说，一个程序的时间片用完就得停下来让其他程序使用，直到再次轮到这个程序时才能够运行。这种系统实现简单、系统开销小，但不能用于比较严格的实时系统中。

3. 调度算法

调度算法是指根据系统资源分配策略所规定的资源分配算法。针对不同的系统和系统目标，通常采用不同的调度算法。调度算法根据上下文（Context）、任务状态（Status）和优先级（Priority）不同分成四种算法。

（1）先来先服务。先来先服务（First Coming First Serving, FCFS）调度算法是根据任务进入队列的先后次序执行的调度算法。采用该算法时，每次从就绪队列中选择一个最先进入该队列的任务，为其分配处理机运行，一直到完成任务或者发生某种事件阻塞后才放弃处理器。此调度算法比较有利于长任务，而不利于短任务。例如：五个任务 P1，P2，P3，P4，P5，见表 7-1，采用 FCFS 调度算法，结果如图 7-3 所示。

表 7-1　任务表

任务	P1	P2	P3	P4	P5
到达时间	0	1	2	3	4
服务时间	3	1	5	4	2

图 7-3　采用 FCFS 调度算法

（2）执行时间最短优先。执行时间最短优先算法是根据任务执行的时间长短排序并执行的任务调度算法。此算法每次从就绪队列中选出一个估计执行时间最短的任务，将处理器分配给它，使它立即执行并完成，或发生某种事件而被阻塞放弃处理器再重新调度。大多数主机都采用这种算法。但该算法对较长任务不利，未考虑任务的紧迫程度，而且执行时间很难确定，执行时间的长短只是用户所估计的。一般不适应于嵌入式应用。例如 P1，P2，P3，P4，P5 任务采用该调度算法，结果如图 7-4 所示。

0	1		3		6		10		15
P2	P1		P5		P4			P3	

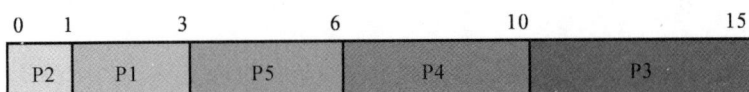

图 7 - 4　采用执行时间最短优先算法

(3)循环调度算法。循环调度算法是指处理器为每项任务分配了一定的执行时间片,以固定的时间执行队列中的下一项任务的调度算法。系统将所有的就绪任务按照先来先服务的原则排成一个队列,每次调度时,把处理机分配给队首任务,并令其执行一个时间片。当执行的时间片用完时,由一个计时器发出时钟中断请求,调度程序便据此信号来停止任务的执行,并将其送往就绪队列的末尾;然后,再把处理机分配给就绪队列新的队首任务,并令其执行一个时间片。这样就保证系统就绪队列的所有任务在给定的时间内都能获得一个时间片的执行时间。时间片大小的选择对系统性能有很大的影响,其选择至关重要。该算法适合嵌入式操作系统。例如 P1,P2,P3,P4,P5 任务采用该调度算法,结果如图 7 - 5 所示。

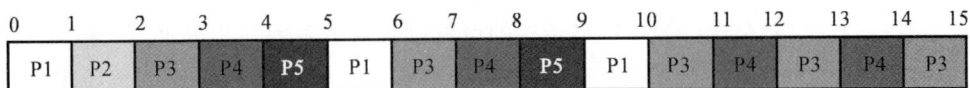

0	1	2	3	4	5	6	7	8	9	10	11	12	13	14	15
P1	P2	P3	P4	P5	P1	P3	P4	P5	P1	P3	P4	P3	P4	P3	

图 7 - 5　采用循环调度算法

(4)基于优先级。基于优先级调度算法是依据任务本身优先级进行调度。当采用此调度算法,系统每次把处理器分配给就绪队列中优先级最高的任务使之运行,一直到完成任务或者发生某种事件阻塞后才放弃处理器。该调度算法适用于任务紧迫的嵌入式操作系统。

7.2.2　进程管理

进程管理主要是完成处理机资源的分配调度,它的调度单元是进程。一般进程管理主要包括进程控制、进程调度、进程同步和进程通信。操作系统的职能之一,主要是对处理机进行管理。为了提高 CPU 的利用率而采用多道程序技术。通过进程管理来协调多道程序之间的关系,使 CPU 得到充分的利用。

1. 进程的基本概念

进程是具有一定独立功能的程序在一个数据集合上的一次动态执行过程,是操作系统分配资源的一个基本单位。

进程和程序的区别:

- 程序是静态的,进程是动态的;
- 程序可以在存储设备上长期保存,进程具有生命周期,被创建后存在,被撤消后消失;
- 一个程序对应多个进程,一个进程只能对应一个程序。

2. 线程

能独立运行的基本单位称为线程。一个标准的线程由线程 ID、当前指令指针(PC)、寄存器集合和堆栈组成。

每个进程可包含多个线程。线程和应用程序都称为任务。单个 CPU 一次只能运行一个任务。

3. 进程调度

进程调度程序按一定的策略,动态地把处理器分配给处于就绪队列中的某一个进程,以使之执行。按照前面介绍的几种调度算法进行进程调度。

4. 进程同步

为了实现进程互斥地进入自己的临界区,在操作系统中设置专门的同步机制(如 API)来协调各进程之间的运行。所有的同步机制都应遵循相关规则。

5. 进程通信

进程通信,是指进程之间相互交换信息。目前,通信机制可以归结为三大类:共享存储器系统、消息传递系统以及管道通信系统。

(1)共享存储器系统(Shared - Memory System)。在共享存储器系统中,相互通信的进程共享某些数据结构或共享存储区,进程之间能够通过这些空间进行通信。

1)基于共享数据结构的通信方式。在这种通信方式中,要求各进程公用某些数据结构,借以实现各进程间的信息交换。公用数据结构的设置以及对进程间同步处理,都是程序员的职责。操作系统却只须提供共享存储器。因此,这种通信方式是低效的,只适于传递相对少量的数据。

2)基于共享存储区的通信方式。为了传输大量数据,在存储器中划出了一块共享存储区,诸进程可通过对共享存储区中数据的读或写来实现通信。这种通信方式属于高级通信。进程在通信前,先向系统申请获得共享存储区中的一个分区,并指定该分区的描述符返回给申请者,继之,由申请者把获得的共享存储分区连接到本进程中;此后,便可像读、写普通存储器一样地读写该公用存储分区。

(2)消息传递系统(Message Passing System)。消息传递系统是当前应用最广泛的一种进程间的通信机制。在该机制中,进程间的数据交换是以格式化的消息为单位的,在计算机网络中又把消息称为报文。程序员直接利用操作系统提供的一组通信命令,不仅能实现大量数据的传递,而且还隐藏了通信的实现细节,使通信过程对用户是透明的,从而大大简化了通信程序编制的复杂性,因而获得了广泛的应用。

(3)管道(Pipe)通信。管道是指用于连接一个读进程和一个写进程以实现它们之间通信的一个共享文件,又叫 Pipe 文件。向管道(共享文件)提供输入的发送进程(即写进程),以字符流形式将大量的数据送入管道;而接受管道输出的接收进程(即读进程),则从管道中接收(读)数据。由于发送进程和接收进程是利用管道进行通信的,故又称为管道通信。

7.2.3 内存管理

内存管理是指软件运行时对计算机内存资源的分配和使用技术。其最主要的目的是如何高效、快速地分配,并且在适当的时候释放和回收内存资源。

1. 虚拟内存管理

物理内存:计算机内 ROM 和 RAM 所提供的内存。

虚拟内存:是操作系统作为内存使用的一部分硬盘空间。

虚拟内存管理是指计算机中所运行的进程均需经由内存执行,当内存耗尽时,操作系统匀出一部分硬盘空间来充当内存使用的管理方法。

虚拟内存不考虑物理内存的大小和信息存放的实际位置,只规定进程中相互关联信息的相对位置。每个进程都拥有自己的虚拟内存,且虚拟内存的大小由处理器的地址结构和寻址方式决定。

用户编制程序时使用的地址称为虚地址或逻辑地址,其对应的存储空间称为虚存空间或逻辑地址空间;而计算机物理内存的访问地址则称为实地址或物理地址,其对应的存储空间称为物理存储空间或主存空间。程序进行虚地址到实地址转换的过程称为程序的再定位。

虚拟内存访问的过程中,用户程序按照虚地址编程并存放在辅助存储器中。程序运行时,由地址变换机构依据当时分配给该程序的实地址空间把程序的一部分调入实存。

2. 分页管理

分页管理是将程序的逻辑地址空间划分为固定大小的页(Page)。程序加载时,可将任意一页放入内存中任意一个页面,这些页面不必连续,从而实现了离散分配。该方法需要 CPU 的硬件支持,来实现逻辑地址和物理地址之间的映射。在页式存储管理方式中地址结构由两部构成,前一部分是页号 P,后一部分为页内地址 W(位移量),如图 7-6 所示。

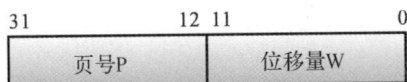

图 7-6　分页管理地址结构

在分页系统中,允许将进程的各个页分离地存储在内存的不同的物理块中,系统应能保证在内存中找到页面所对应的物理块。为此,系统为每个进程建立了一张页号到物理块号的地址映射表,简称页表。在进程地址空间内的所有页(0~n),依次在页表中有一条表项,其中记录了相应的页在内存中对应的物理块号,如图 7-7 所示。在配置了页表后,进程执行时,通过查找表项,即可找到每页在内存中的物理块号。

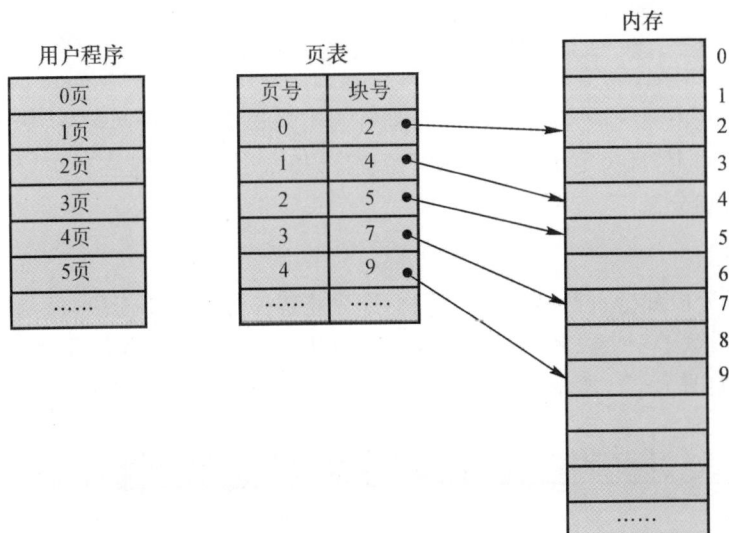

图 7-7　利用页表实现地址映射

3. 分段管理

分段管理就是把任务的地址空间划分为若干个段,每个段定义了一组信息。例如,有主程序段 MAIN、子程序段 X、数据段 D 及堆栈段 S 等。每个段都有段号,从 0 开始编址,并采用一段连续的地址空间。其逻辑地址由段号和段内地址组成。如图 7-8 所示。

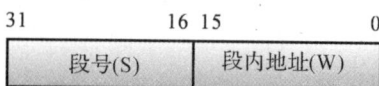

图 7-8　分段管理地址结构

在分段式存储管理系统中,为每一个分段分配一个连续的分区,进程中的各个段可以离散地移入内存中的不同分区中。为使程序能从物理内存中找出每个逻辑段所对应的位置,在系统中为每个进程建立了一张从逻辑段到物理内存区的映射表,简称段表。每个段在表中占有一个表项,其中记录了该段在内存中的起始地址(又称基址)和段的长度。配置了段表后,进程在执行时,可以通过查找段表找到每个段所对应的内存区。如图 7-9 所示。

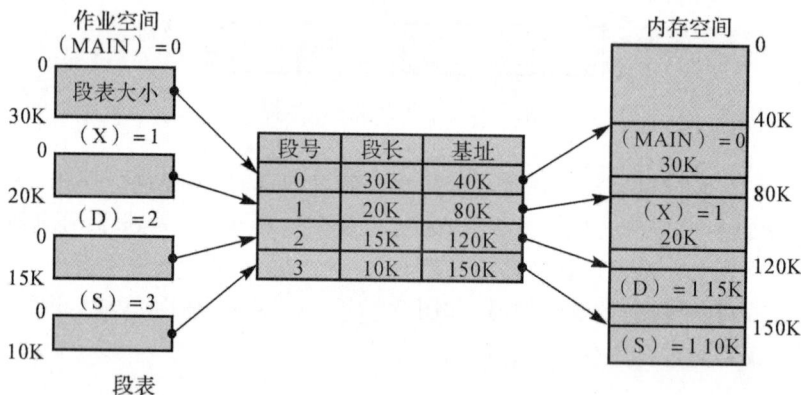

图 7-9　利用段表实现地址映射

页大小固定且由系统决定,把逻辑地址划分为页号和页内地址两部分,是由机器硬件实现的。段的长度不固定,且决定于用户所编写的程序,通常由编译系统在对源程序进行编译时根据信息的性质来划分。

4. 段页管理

段页管理是分段和分页两种结合的产物,即先将程序分成若干个段,再把每个段分成若干个页,并为每一段赋予一个段名。在段页管理系统中,其地址结构由段号、段内页号及页内地址三部分组成,如图 7-10 所示。

图 7-10　段页管理地址结构

在段页存储管理系统中,配置了段表和页表,进程在执行时,可以通过查找段表和页表找到所对应的内存区,如图 7-11 所示。

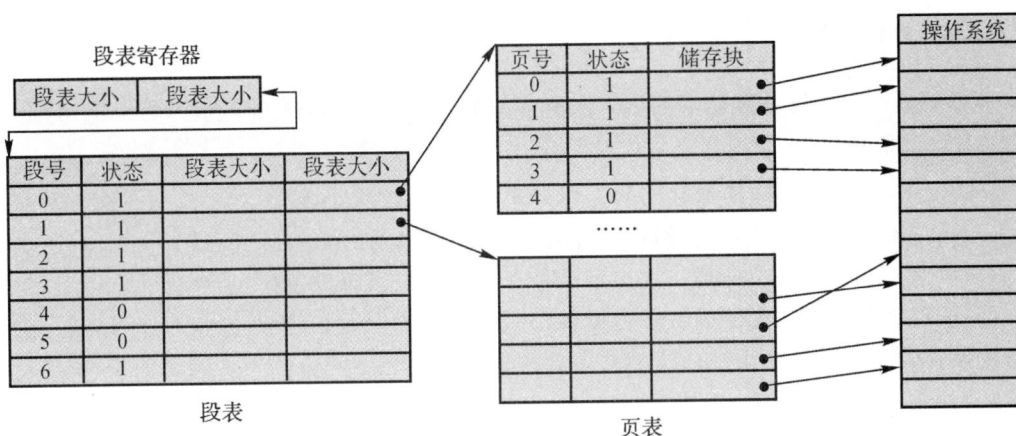

图 7-11　利用段表和页表实现地址映射

5. 程序的装入

将一个目标模块装入内存时,有绝对装入、可重定位装入和动态运行时装入三种方式。

(1)绝对装入。在编译时,如果知道程序将驻留在内存的什么位置,那么,编译程序将产生绝对地址的目标代码,即按照物理内存的位置赋予实际的物理地址。程序中所使用的绝对地址,既可在编译或汇编时给出,也可由程序员直接赋予。

(2)可重定位装入。在多道程序环境下,所得到的目标模块的起始地址通常是从 0 开始的,程序中的其他地址也都是相对于起始地址计算的。此时应采用静态地址重定位方式装入:在程序开始运行前,程序中指令和数据的各个地址均已完成重定位,地址变换通常是在装入时一次完成的,以后不再改变。

值得注意的是,在采用可重定位装入程序将装入模块装入内存后,会使装入模块中的所有逻辑地址与实际装入内存的物理地址不同,需要作相应修改。

(3)运行时装入。实际上,程序和数据的地址在运行过程中它在内存中的位置可能经常要改变,此时就应采用动态运行时装入的方式。

运行时装入:在每次访问内存单元前将要访问的程序或数据地址变换成内存地址。为使地址转换不影响指令的执行速度,这种方式需要一个重定位寄存器的支持。

6. 程序链接

源程序经过编译后,可得到一组目标模块,再利用链接程序将这组目标模块链接,形成装入模块。根据链接时间的不同,可把链接分成如下三种:

(1)静态链接。在程序运行之前,先将各目标模块及它们所需的库函数链接成一个完整的装配模块不再拆开。这种事先进行链接的方式称为静态链接方式。

(2)装入时动态链接。将用户源程序编译后所得到的一组目标模块,在装入内存时,采用边装入边链接的链接方式。

(3)运行时动态链接。对某些目标模块的链接,在程序执行需要(目标)模块时,才对它进行链接。

7.2.4　外设管理

设备管理的主要任务就是控制设备完成 I/O 操作,实现数据输入 / 输出及数据存储。

1. I/O 设备分类

I/O 设备的种类繁多,依据它们的工作方式,通常有如下分类:

(1)按传输速率分类。低速设备、中速设备、高速设备等。

(2)按信息交换的单位分类。块设备(Block Device)、字符设备(Character Device)。

(3)按资源分配的角度分类。独占设备、共享设备、虚拟设备(指通过虚拟技术将一台独占设备变换为若干台供多个用户(进程)共享的逻辑设备)。

2. 设备驱动程序

设备驱动(或处理)程序是 I/O 进程与设备控制器之间的通信程序,由于它常以进程的形式存在,故简称为设备驱动进程。

3. I/O 控制方式

CPU 通过接口对外设进行控制的方式有程序查询方式、中断处理方式、DMA 传送方式(直接存储器存取)。

7.3　嵌入式操作系统

嵌入式系统是以应用为中心,以计算机技术为基础,软件、硬件可裁剪,适应应用系统,对功能、可靠性、成本体积、功耗严格要求的专用计算机系统。

7.3.1　嵌入式操作系统的特点

与通用操作系统相比,嵌入式操作系统的主要特点如下:

1. 系统内核小

由于嵌入式系统一般是应用于小型电子装置的,系统资源相对有限,所以内核较之传统的操作系统要小得多。比如 Enea 公司的 OSE 分布式系统,内核只有 5KB,简直和 Windows 的内核没有可比性。

2. 专用性强

嵌入式系统的个性化很强,其中的软件系统和硬件的结合非常紧密,一般要针对硬件进行系统的移植,即使在同一品牌、同一系列的产品中也需要根据系统硬件的变化和增减不断进行修改。

3. 系统精简

嵌入式系统一般没有系统软件和应用软件的明显区分,不要求其功能设计及实现上过于复杂,这样一方面利于控制系统成本,另一方面也利于实现系统安全。

4. 高实时性

高实时性的系统软件(OS)是嵌入式软件的基本要求。而且软件要求固态存储,以提高速度,软件代码要求高质量和高可靠性。

5. 多任务

嵌入式软件开发要想走向标准化,就必须使用多任务的操作系统。

6. 嵌入式系统开发需要开发工具和环境

嵌入式系统由于其本身不具备开发能力,即使设计完成后用户通常也不能对其中的程序和功能进行修改,必须有一套开发工具和环境才能进行开发。这些工具和环境一般是基于通用计算机上的软硬件设备以及各种逻辑分析仪、混合信号示波器等。

7.3.2　典型嵌入式操作系统

嵌入式操作系统在通信、交通、医疗、安全等方面被广泛利用。下面介绍几个典型的嵌入式操作系统。

1. RT Linux

1991 年 4 月,芬兰人"Linus Benedict Torvalds"根据可以在低档机上使用的 MINIX 设计了一个系统核心 Linux 0.01。RT Linux 是 Linux 中的一种实时操作系统,它是由美国新墨西哥州立大学数据挖掘技术学院的 Victor Yodaiken, Michael Barabanov, CortDougan 于 1996 年开始开发的。

目前,RTLinux 已经成功地应用于航天飞机的空间数据采集、科学仪器测控和电影特技图像处理等广泛领域,在电信、工业自动化和航空航天等实时领域也有成熟应用。

2. iOS

2007 年 1 月 9 日苹果公司在 Macworld 展览会上公布,随后于同年的 6 月发布第一版 iOS 操作系统,最初的名称为"iPhone Run OS X"。

2007 年 10 月 17 日,苹果公司发布了第一个本地化 iPhone 应用程序开发包(SDK)。

2008 年 3 月 6 日,苹果公司发布了第一个测试版开发包,并且将"iPhone runs OS X"改名为"iPhoneOS"。

2008 年 9 月,苹果公司将 iPod touch 的系统也换成了"iPhone OS"。

2010 年 2 月 27 日,苹果公司发布 iPad,iPad 同样搭载了"iPhone OS"。这年,苹果公司重新设计了"iPhone OS"的系统结构和自带程序。

2010 年 6 月,苹果公司将"iPhone OS"改名为"iOS",同时还获得了思科 iOS 的名称授权。

3. Android

Android 一词的本义指"机器人"。Android 的 Logo 是由 Ascender 公司设计的,其中的文字使用了 Ascender 公司专门制作的称之为"Droid"的字体。Android 是一个全身绿色的机器人,绿色也是 Android 的标志,这是 Android 操作系统的品牌象征。有时候,它们还会使用纯文字的 Logo。

2003 年 10 月,AndyRubin 等人创建 Android 公司,并组建 Android 团队。

2005 年 8 月 17 日,Google 低调收购了成立仅 22 个月的高科技企业 Android 及其团队。

2007 年 11 月 5 日,谷歌公司正式向外界展示了这款名为 Android 的操作系统。

2008 年,在 GoogleI/O 大会上,谷歌提出了 AndroidHAL 架构图,在同年 8 月 18 号,Android 获得了美国联邦通信委员会(FCC)的批准,在 2008 年 9 月,谷歌正式发布了 Android 1.0 系统。

4. VxWorks

VxWorks 操作系统是美国 WindRiver 公司于 1983 年设计开发的一种嵌入式实时操作系统(RTOS),是嵌入式开发环境的关键组成部分。高性能的内核以及友好的用户开发环境,在嵌入式实时操作系统领域占据一席之地。它以其良好的可靠性和卓越的实时性被广泛地应用在通信、军事、航空、航天等高精尖技术及实时性要求极高的卫星通信、军事演习、弹道制导、飞机导航等领域。

5. Windows CE

Windows CE1.0 是一种基于 Windows 95 的操作系统,其实就是单纯的 Windows 95 简化版本。作为第一代的 Windows CE1.0 于 1996 年问世,但它最初的发展并不顺利。当时 Palm 操作系统在 PDA 市场上非常成功,几乎成为了整个 PDA 产品的代名词。

2000 年微软公司将 WinCE3.0 正式改名为 Windows for Pocket PC,简称 Pocket PC。

2002 年 10 月,国内第一款 PPC 手机——多普达 686 上市了,随后熊猫推出了 CH860,联想推出了 ET180,越来越多的 Pocket PC 产品相继面世。

习 题 7

1. 简述操作系统的分类。
2. 什么是嵌入式操作系统?
3. 简述嵌入式操作系统的特点。
4. 列出几种典型的嵌入式操作系统。
5. 简述软实时和硬实时操作系统的区别。
6. 谈一谈嵌入式系统的发展现状与趋势。

第8章 Linux 软件平台开发技术

本章介绍 Linux 的基本结构、Linux 的目录结构和文件以及 Linux 内核源码目录结构；着重介绍 Linux 的常用命令以及 Shell 编程，还有 GCC 编译执行和基本用法、Makefile 文件的编写方法等，为嵌入式系统的 Linux 软件技术开发打下基础。

8.1 Linux 体系结构

8.1.1 Linux 介绍

1. Linux 简介

Linux 是基于 Posix(可移植性操作系统接口)和 Uunix 的多用户、多任务、支持多线程和多 CPU 的操作系统。Linux 以其高效性和灵活性著称，其模块化的设计结构，使得它既能在价格昂贵的工作站上运行，也能够在廉价的 PC 上运行。Linux 是在 GNU(GNU is Not Unix)公共许可权限下免费获得的，包括了文本编辑器、高级语言编译器等应用软件，还包括带有多个窗口管理器的 X–Windows 图形用户界面，允许使用窗口、图标和菜单对系统进行操作。

2. 使用 GNU 工具开发

(1)GCC(Gnu Collect Compiler)。GCC 是一组编译工具的总称，主要完成"预处理"和"编译"，并提供了与编译器紧密相关的运行库的支持。

(2)binutils。GNUbinutils(工具集)提供了一系列用来创建、管理和维护二进制目标文件的工具程序，如汇编(as)、连接(ld)、静态库归档(ar)、反汇编(objdump)、elf 结构分析工具(readelf)、无效调试信息和符号的工具(strip)等。通常，binutils 与 GCC 是紧密集成的，没有 binutils，GCC 是不能正常工作的。

(3)glibc。glibc 是 GNU 发布的 libc 库，即 C 运行库。glibc 是 Linux 系统中最底层的 API(应用程序开发接口)，几乎所有运行库都会倚赖于 glibc。glibc 除了封装 Linux 操作系统所提供的系统服务外，本身也提供了其他一些必要功能服务实现。

3. Linux 主流发行版

(1)Ubuntu。Ubuntu 是一个以桌面应用为主的 Linux 操作系统。Ubuntu 有着漂亮的用户界面、完善的包管理系统、强大的软件源支持、丰富的技术社区，Ubuntu 还对大多数硬件有着良好的兼容性，包括最新的图形显卡等。

（2）Linux Mint。Linux Mint 也是 Linux 发行版，提供浏览器插件、多媒体编/解码器、对 DVD 播放的支持、Java 和其他组件，也增加了一套定制桌面及各种菜单，一些独特的配置工具，以及一份基于 Web 的软件包安装界面。它与 Ubuntu 软件仓库兼容。

（3）Fedora Core。Fedora 是众多 Linux 发行套件之一，是从 Red Hat Linux 发展出来的免费 Linux 系统，目前的最新版本是 Fedora 16。

（4）openSUSE。openSUSE 项目的目标是使 SUSE Linux 成为所有人都能够得到的最易于使用的 Linux 发行版，同时努力使其成为使用最广泛的开放源代码平台。为开放源代码合作者提供一个环境来把 SUSE Linux 建设成世界上最好的 Linux 发行版。

（5）Debian。Debian 是致力于创建一个自由操作系统的合作组织。创建的这个操作系统名为 Debian GNU/Linux，简称为 Debian。

（6）Red Hat。Red Hat 是全球最大的开源技术厂家，其产品 Red Hat Linux 也是全世界应用最广泛的 Linux 版本。Red Hat 公司总部位于美国北卡罗来纳州，在全球拥有 22 个分部。

8.1.2　Linux 系统结构

Linux 系统主要包括内核、Shell、文件系统和应用程序四个部分。内核、Shell 和文件系统一起形成了基本的操作系统结构，使得用户可以运行程序、管理文件。

1. Linux 内核

内核是系统的"心脏"，是运行程序、管理磁盘和硬件设备的核心程序。

2. Linux Shell

Shell 是系统的用户界面，提供了用户与内核进行交互操作的一种接口。它接受用户输入的命令，并对其进行解释，最后送入内核去执行，实际上就是一个命令解释器。可以使用 Shell 编程语言编写 Shell 程序，这些 Shell 程序与用其他程序设计语言编写的应用程序具有相同的效果。

3. Linux 文件系统

文件系统是文件存放在磁盘等存储设备上的组织方法。Linux 的文件系统呈树形结构，同时也能支持目前流行的文件系统，如 EXT2，EXT3，FAT，VFAT，NFS，SMB 等。

4. Linux 应用程序

同 Windows 操作系统一样，标准的 Linux 也提供了一套满足人们上网、办公等需求的程序集，即应用程序。其包括文本编辑器、X Windows、办公套件、Internet 工具、数据库等。

8.1.3　Linux 内核结构

GNU/Linux 操作系统的体系结构从两个层次上来考虑，如图 8-1 所示。

图 8-1 中最上面是用户（或应用程序）空间。这是用户应用程序执行的地方。用户空间之下是内核空间，Linux 内核正是位于这里。GNU C Library（glibc）也在这里。提供了连接内核的系统调用接口，还提供了在用户空间应用程序和内核之间进行转换的机制。这点非常重要，因为内核和用户空间的应用程序使用的是不同的保护地址空间。每个用户空间的进程都使用自己的虚拟地址空间，而内核则占用单独的地址空间。

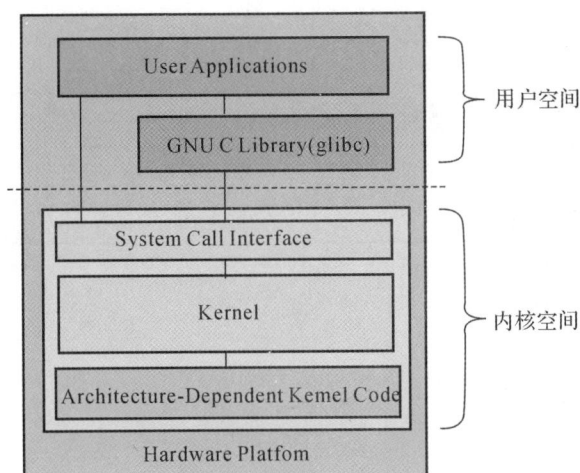

图 8-1　GNU/Linux 操作系统的体系结构

　　Linux 内核可以进一步划分成 3 层，如图 8-2 所示。最上面是系统调用接口，实现了一些基本的功能，例如 read 和 write。系统调用接口之下是内核代码，可以更精确地定义为独立于体系结构的内核代码。这些代码是 Linux 所支持的所有处理器体系结构所通用的。在这些代码之下是依赖于体系结构的代码，构成了通常称为板级支持包 BSP（Board Support Package）的部分。这些代码用作给定体系结构的处理器和特定于平台的代码。

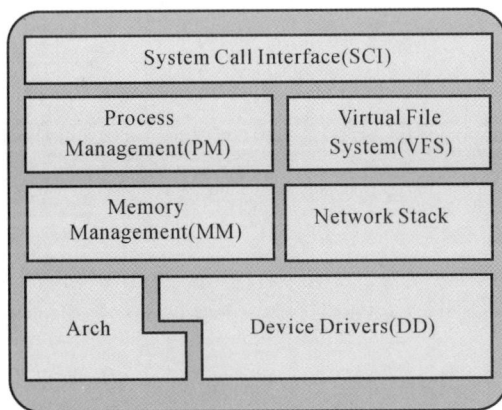

图 8-2　内核结构内部 3 层示意图

　　操作系统通过系统接口（SCI）调用内核的函数调用。SCI 层提供了从用户空间到内核非常有用的多路复用和多路分解服务的函数调用。

　　虚拟文件系统（VFS）是 Linux 内核中非常有用的一个方面，为文件系统提供了一个通用的接口抽象。VFS 在 SCI 和内核所支持的文件系统之间提供了一个交换层。

　　可以说内核实际上仅仅是一个资源管理器。不管被管理的资源是进程、内存还是硬件设备，内核负责管理并裁定多个竞争用户对资源的访问，为系统的进程、内存、设备驱动程序、文件和网络系统的运行提供保障，决定着系统的性能和稳定性。

　　Linux 内核的应用如图 8-3 所示。

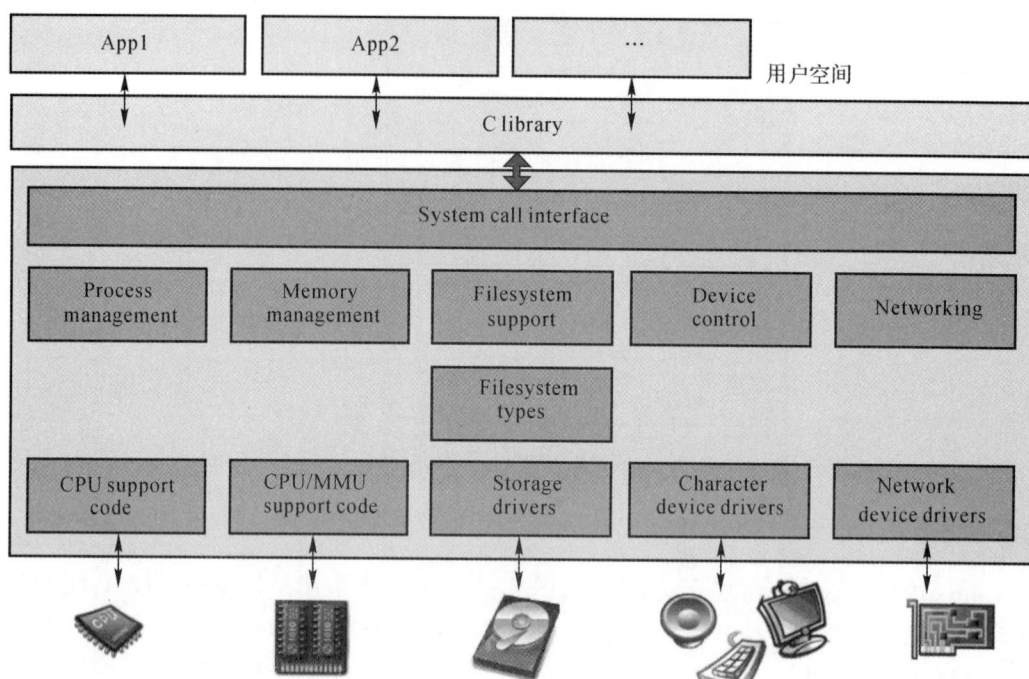

图 8 - 3 Linux 内核应用

1. 内存管理

Linux 采用了称为"虚拟内存"的内存管理方式。Linux 将内存划分为容易处理的"内存页"(对于大部分体系结构来说都是 4KB)。Linux 包括了管理可用内存的方式,以及物理和虚拟映射所使用的硬件机制。

2. 进程管理

在 Linux 系统中,能够同时运行多个进程,Linux 通过在短的时间间隔内轮流运行这些进程而实现"多任务"。进程轮流运行的方法称为"进程调度",完成调度的程序称为调度程序。

3. 文件系统

和 DOS 等操作系统不同,Linux 操作系统将独立的文件系统组合成了一个层次化的树形结构,并且由一个单独的实体代表这一文件系统。Linux 将新的文件系统通过一个称为"挂装"或"挂上"的操作将其挂装到某个目录上,从而让不同的文件系统结合成为一个整体。

虚拟文件系统(Virtual File System,VFS):隐藏了各种硬件的具体细节,把文件系统操作和不同文件系统的具体实现细节分离开来,为所有的设备提供了统一的接口。虚拟文件系统可以分为逻辑文件系统和设备驱动程序。逻辑文件系统指 Linux 所支持的文件系统,如 ext2,fat 等。设备驱动程序指为每一种硬件控制器所编写的设备驱动程序模块。

4. 设备驱动程序

设备驱动程序是 Linux 内核的主要部分。和操作系统的其他部分类似,设备驱动程序运行在高特权级别的处理器环境中,从而可以直接对硬件进行操作。正因为如此,任何一个设备驱动程序的错误都可能导致操作系统的崩溃。

5. 网络接口(NET)

网络接口提供了对各种网络标准的存取和各种网络硬件的支持。网络接口可分为网络协议和网络驱动程序。网络协议部分负责实现每一种可能的网络传输协议。众所周知,TCP/IP协议是 Internet 的标准协议,同时也是事实上的工业标准。Linux 的网络实现支持 BSD(套接字应用程序接口)套接字包括了一个用 C 语言写成的应用程序开发库,用于实现进程间通信,在计算机网络通信方面被广泛使用。

8.2　Linux 目录结构和文件

Linux 启动时,第一个必须挂载的是根文件系统,若系统不能从指定设备上挂载根文件系统,则系统会出错而退出启动。之后可以自动或手动挂载其他的文件系统。因此,一个系统中可以同时存在不同的文件系统。

8.2.1　Linux 目录结构

文件结构是文件存放在磁盘等存储设备上的组织方法,主要体现在对文件和目录的组织上。Linux 使用标准的目录结构,在安装的时候,安装程序就已经为用户创建了文件系统和完整而固定的目录组成形式,并指定了每个目录的作用和其中的文件类型。

Linux 文件系统采用层次式树形目录结构。最上层是根目录,其他的所有目录都是从根目录出发而生成的,如图 8-4 所示。

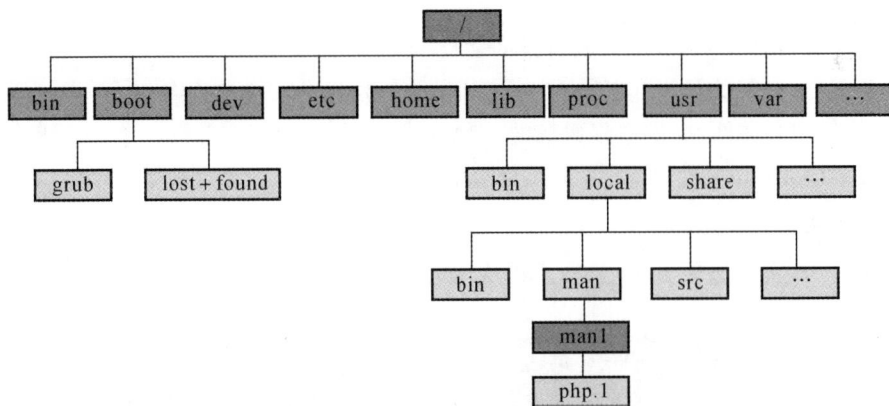

图 8-4　文件目录结构

Linux 目录结构说明如下:

.:代表当前目录。

..:表示父目录。

~:表示根目录。

/bin:存放 Linux 的常用命令。

/boot:存放的都是系统启动时要用到的程序。

/dev:包含了 Linux 系统中所有外部设备,实际上是访问这些外部设备的端口。

/sbin:该目录用来存放系统管理员的系统管理程序。

/usr:用户应用程序和文件都存放在该目录下。

/etc:系统管理时要用到的各种配置文件和子目录,如网络配置文件、文件系统等。

/home:用来存放该用户的主目录。

/lib:系统动态连接共享库,几乎所有的应用程序都会用到该目录下的共享库。

/tmp:用来存放不同程序执行时产生的临时文件。

/lost+found:存放临时文件。

/mnt:临时将别的文件系统挂在该目录下。

/proc:可获取在内存中由系统自己产生的系统信息。

/sys:sys 文件系统。

/proc:proc 文件系统(一个虚拟文件系统)。

/root:超级用户的主目录。

/var:某些大文件的溢出区,如各种服务的日志文件。

8.2.2 Linux 文件

1. Linux 文件类型

Linux 文件主要有以下几种类型:

· 普通文件:C 语言代码、shell 脚本、二进制的可执行文件等。分为纯文本文件和二进制文件。

· 目录文件:目录,存储文件的唯一地方。

· 链接文件:指向同一个文件或目录的文件。

· 设备文件:与系统外设相关,在/dev 下面,分为块设备和字符设备。

· 管道(FIFO)文件:提供进程通信的一种方式。

· 套接字(socket)文件:该类型文件与网络通信有关。

2. 文件属性

在 Linux 中,文件属性由 10 位标志组成,如图 8-5 所示。

图 8-5 文件属性

第 1 位表示文件类型:

-:表示普通文件。

d:表示目录。

b:表示块设备文件,通常用于存储设备,有缓冲区,用块传送数据。

c:表示字符设备文件,使用字符传送数据。

l:表示软链接文件。

p:表示是 FIFO 管道文件。

第 2,3,4 位表示文件属主权限(User):

属主:拥有该文件或目录的用户账号。

第 5,6,7 位表示文件属组权限(Group):

属组:拥有该文件或目录的组账号。

第 8,9,10 位表示文件的其他用户权限(Other):

r:读取,允许查看文件内容、显示目录列表。

w:写入,允许修改文件内容,允许在目录中新建、移动、删除文件或子目录。

x:可执行,允许运行程序、切换目录。

3. 文件访问权限的修改

在 Linux 系统下,一个文件有可读(r)、可写(w)、可执行(x)3 种模式,可以通过 chmod 命令修改文件的使用权限,格式如下:

♯　chmod［ugoa］［+-=］［rwx］文件/目录

u,g,o,a 分别表示属主、属组、其他用户、所有用户。

+,-,= 分别表示增加、去除、设置权限。

r,w,x 为对应的权限字符。

chmod 也可以用数字修改文件访问权限,访问权限对应的数字见表 8-1。

表 8-1　访问权限与数字对应表

权限项	读	写	执行	读	写	执行	读	写	执行
字符表示	r	w	x	r	w	x	r	w	x
数字表示	4	2	1	4	2	1	4	0	1
权限分配	文件所有者			文件所属组			其他用户		

例如:文件/home/test/wo 访问权限所对应的数字表见表 8-2。

表 8-2　/home/test/wo 访问权限

r	w	x	r	w	x	r	w	x
4	2	0	4	0	0	4	2	1
文件所有者			文件所属组			其他用户		

文件所有者可读、可写,对应数字为 4+2=6。

文件所属组可读,对应数字为 4。

其他用户可读、可写、可执行,对应数字为 4+2+1=7。

则修改该文件的命令为:

♯chmod 647 /home/test/wo

8.2.3 Linux 内核源码目录结构

Linux 内核只是 Linux 操作系统的一部分。对下,管理系统的所有硬件设备;对上,通过系统调用,向 Library Routine(例如 C 库)或者其他应用程序提供接口。如图 8-6 所示。

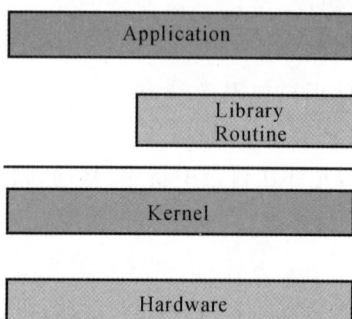

图 8-6 Linux 内核功能

Linux 内核源码采用树形结构。功能相关的文件放到不同的子目录下面,使程序更具有可读行。如图 8-7 所示。

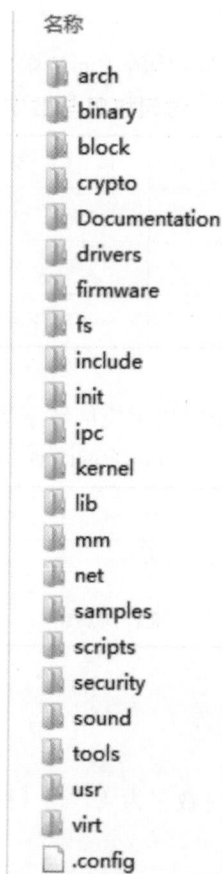

图 8-7 内核源码目录结构

• arch 目录包括了所有和体系结构相关的核心代码。

• include 目录包括编译核心所需要的大部分头文件。

• init 目录包含核心的初始化代码(不是系统的引导代码),有 main.c 和 version.c 两个文件。这是研究核心如何工作的好起点。

• mm 目录包含了所有的内存管理代码。硬件体系结构相关内存管理代码位于 arch/ * /mm。

• drivers 目录中是系统中所有的设备驱动程序。

• ipc 目录包含了核心进程间的通信代码。

• modules 目录存放了已建好的、可动态加载的模块。

• fs 目录存放 Linux 支持的文件系统代码。

• Kernel 内核管理的核心代码,与处理器结构的相关代码都放在 arch/ * /kernel 目录。

• net 目录里是核心的网络部分代码,其每个子目录对应于网络的一个方面。

• lib 目录包含了核心的库代码,不过与处理器结构相关的库代码被放在 arch/ * /lib/目录下。

• scripts 目录包含用于配置核心的脚本文件。

• Documentation 目录下是一些文档,是对每个目录作用的具体说明。

一般在每个目录下都有一个.depend(依赖)和一个 Makefile(编写)文件。这两个文件是编译时使用的辅助文件。仔细阅读这两个文件对弄清各个文件之间的联系和依托关系很有帮助。

8.3　Linux 常用操作命令

8.3.1　Linux 命令及分类

Linux 命令的执行必须依赖于 Shell 命令解释器。Shell 实际上是在 Linux 系统中运行的一种特殊程序,它位于操作系统内核与用户之间,负责接受用户输入的命令并进行解释,将需要执行的操作传递给系统内核执行,Shell 在用户和内核之间充当了一个翻译官的角色。当用户登录到 Linux 系统时,会自动加载一个 Shell 程序,以便给用户提供可以输入命令的操作环境。

Bash 是 Linux 系统中默认使用的 Shell 程序,文件位于/bin/bash。根据 Linux 命令与 Shell 程序的关系,一般分为以下两种类型:

1. 内部命令

内部命令是集成于 Shell 解释器程序(如 Bash)内部的一些特殊指令,也称为内建(Built - IN)指令。内部命令属于 Shell 的一部分,所以并没有单独对应的系统文件,只要 Shell 解释器被运行,内部指令也就自动载入内存了,用户可以直接使用。内部命令无须从硬盘中重新读取文件,因此执行效率更高。

2. 外部命令

外部命令是 Linux 系统中能够完成特定功能的脚本文件或二进制程序。每个外部命令对应了系统中的一个文件,是属于 Shell 解释器程序之外的命令。Linux 系统必须知道外部命令对应的文件位置,才能由 Shell 加载并执行。

Linux 系统默认会将存放外部命令、程序的目录(如/bin、/usr/bin、/usr/local/bin 等)添加到用户的"搜索路径"中,当使用位于这些目录中的外部命令时,用户不需要指定具体的位置。因此在大多数情况下,不用刻意去分辨内部、外部命令,其使用方法是基本类似的。

Linux 下使用 Shell 时,只需打开终端就可以看到 Shell 的提示符,是 Shell 进程提供了命令行提示符。

Shell 主提示符格式如下:

[root@localhost root]#

其中,root 表示当前用户名;localhost 是默认的主机名;root 表示当前目录根目录;# 表示当前用户是超级用户。对于普通用户来说,该位置出现的标示是 $ 。

8.3.2　Linux 常用操作命令

Linux 命令的通用命令格式如下:

命令字　[选项]　[参数]

选项:用于调节命令的具体功能。

"–"引导短格式选项(单个字符),例如"– l";

"——"引导长格式选项(多个字符),例如"—— color";

多个短格式选项可写在一起,只用一个"——"引导,例如"—al"。

参数:命令操作的对象,如文件、目录名等。

格式中带[　]的表明为可选项,其他为必选项,选项可以多个连带写入。

1. 用户系统相关命令

(1)用户切换(su)。su 命令用来变更使用者的身份,主要用于将普通用户身份转变为超级用户,而且需输入相应用户密码。使用格式如下:

su[选项][使用者]　　//使用者为要变更的对应使用者

主要选项参数见表 8 – 3。

表 8 – 3　su 命令常见参数

选　项	参数含义
–,– l,—— login	环境变量(如 HOME、SHELL 和 USER 等)和工作目录都是以该使用者(USER)为主。若没有指定 USER,缺省情况是 root
– m,– p	执行 su 时不改变环境变量
– c,—— command	变更账号为 USER,并执行指令(command)后再变回原来使用者

如:

[linuxlinux@www linux]$　su – root

Password:

[root@www root]#

通过 su 命令将普通用户变更为 root 用户,并为 root 用户设置了密码。

(2)用户管理。Linux 中常见用户管理命令见表 8-4。

表 8-4　Linux 常见用户管理命令

命令	命令格式	命令含义
useradd	useradd［选项］用户名	添加用户账号
usermod	usermod［选项］属性值	设置用户账号属性
userdel	userdel［选项］用户名	删除对应用户账号
groupadd	groupadd［选项］组账号	添加组账号
groupmod	groupmod［选项］属性值	设置组账号属性
groupdel	groupdel［选项］组账号	删除对应组账号
passwd	passwd［对应账号］	设置账号密码
id	id［用户名］	显示 ID、组 ID 所属组列表
groups	groups［组账号］	显示用户所属的组
who	who	显示登录到系统的所有用户

如 useradd,其常见参数见表 8-5。

表 8-5　useradd 命令常见参数

选项	参数含义
-g	指定用户所属的群组
-m	自动建立用户的登入目录
-n	取消建立以用户名称为名的群组

passwd:一般很少使用选项参数,如:

［root@www root］# useradd username

［root@www root］# passwd username

New password:

Retype new password:

passwd:all authentication tokens updated successfully

［root@www root］# su - username

［ycwycw@www username］$

［ycw@www username］$ pwd　//查看当前目录

/home/ username

上例中先添加了用户名为 username 的用户,又为该用户设置了账号密码。并从 su 命令可以看出,该用户添加成功,其工作目录为"/home/username"。

(3)系统管理命令(ps 和 kill)。Linux 中常见的系统管理命令见表 8-6。

表 8-6　Linux 常见系统管理命令

命令	命令格式	命令含义
ps	ps［选项］	显示当前系统中由该用户运行的进程列表
top	top	动态显示系统中运行的程序（一般为每隔 5s）
kill	kill［选项］进程号（PID）	输出特定的信号给指定 PID（进程号）的进程（当选项是缺省时为输出终止信号给该进程）
uname	uname［选项］	显示系统的信息（可加选项-a）
setup	setup	系统图形化界面配置
crontab	crontab［选项］	循环执行例行性命令
shutdown	shutdown［选项］［时间］	关闭或重启 Linux 系统
uptime	uptime	显示系统已经运行了多长时间
clear	clear	清除屏幕上的信息

ps 命令的常见参数见表 8-7。

表 8-7　ps 命令常见参数

选项	参数含义
-ef	查看所有进程及其 PID（进程号）、系统时间、命令详细目录、执行等
-aux	除可显示-ef 所有内容外，还可显示 CPU 及内存占用率、进程状态
-w	显示加宽并且可以显示较多的信息

kill 命令的常见参数见表 8-8。

表 8-8　kill 命令常见参数

选项	参数含义
-s	根据指定信号发送给进程
-p	打印进程号（PID），但并不送出信号
-l	列出所有可用的信号名称

（4）磁盘相关命令。Linux 中与磁盘相关的命令见表 8-9。

表 8-9　Linux 常见磁盘相关命令

命令	命令格式	命令含义
free	free［选项］	查看当前系统内存的使用情况
df	df［选项］	查看文件系统的磁盘空间占用情况
du	du［选项］	统计目录（或文件）所占磁盘空间的大小
fdisk	fdisk［-1］	查看硬盘分区情况及对硬盘进行分区管理

请看下例：

[root@linux ～]# fdisk −1

Disk /dev/hda：40.0 GB，40007761920 bytes

240 heads，63 sectors/track，5168 cylinders

Units = cylinders of 15120 * 512 = 7741440 bytes

Device BootStartEndBlocksId System

/dev/hda1	1	1048	8195008+	c	W95 FAT32 (LBA)
/dev/hda2	1085	5167	30867480	f	W95 Ext'd (LBA)
/dev/hda5	1085	2439	10243768+	b	W95 FAT32
/dev/hda6	2440		406412284968+	b	W95 FAT32
/dev/hda7	4065	5096	7799526 83	Linux	
/dev/hda8	5096	5165	522081	83	Linux swap

示例使用"fdisk − 1"列出了文件系统的分区情况。其中，hda1 代表 hda 的第一个硬盘分区，hda2 代表 hda 的第二个分区，依此类推。注意，使用 fdisk 命令必须拥有 root 权限。

（5）磁盘挂载命令 mount。在 Linux 下"/mnt"目录是专门用于挂载不同的文件系统的，可以在该目录下新建不同子目录来挂载不同的设备文件系统。mount 常见参数见表 8 - 10。

表 8 - 10　mount 命令选项常见参数

选　项	参 数 含 义
− a	依照/etc/fstab 的内容装载所有相关的硬盘
− 1	列出当前已挂载的设备、文件系统名称和挂载点
− t 类型	将后面的设备以指定类型的文件格式装载到挂载点上
− f	使 mount 不执行实际挂上的动作

挂载文件系统如下所示。

[root@linux mnt]# mount − tvfat/dev/hda1/mnt/c

[root@linux mnt]# cd /mnt/c

24.s03e01.pdtv.xvid − sfm.rmvbDocuments and SettingsProgram Files

24.s03e02.pdtv.xvid − sfm.rmvbDownloadsRecycled

在使用完该设备文件后可使用命令 umount 将其卸载。

[root@linux mnt]# umount/mnt/c

[root@linux mnt]# cd/mnt/c

[root@linux c]# ls

2. 文件目录相关命令

（1）cd。

[root@www linux]# cd /home/linux/

[root@www linux]# pwd

[root@www linux]# /home/linux/

该示例中变更工作目录为"/home/linux/"，在后面的 pwd（显示当前目录）的结果中可以看出。若没有指定改变路径，则回到用户的主目录。

(2)ls。ls 命令常见参数见表 8 - 11。

表 8 - 11 ls 命令常见参数

选　项	参 数 含 义
- 1，-- format＝single - column	一行输出一个文件（单列输出）
- a，- all	列出目录中所有文件，包括以"."开头的文件
- d	目录名和其他文件一样列出，而不是列出目录的内容
- l，-- format＝long，-- format＝verbose	增加显示文件类型、权限、硬链接数、所有者名、组名、大小（Byte）及时间信息
- f	不排序目录内容，按它们在磁盘上存储的顺序列出

如：

〔ycwing@www /〕$　ls － l

total 220

drwxr － xr － x2 rootroot4096 Mar 312016 bin

drwxr － xr － x3 rootroot4096 Apr 32016   boot

－ rw － r ―― r ―― 1 rootroot0 Apr 242016   test.run

…

(3)mkdir。该命令创建一个目录，其常见参数见表 8 - 12。

表 8 - 12 mkdir 命令常见参数

选　项	参 数 含 义
- m	对新建目录设置存取权限，也可以用 chmod 命令
- p	系统将自动建立好那些尚不存在的目录，即一次可以建立多个目录

如：

〔root@www linux〕# mkdir － p ./hello/example

〔root@www my〕# pwd(查看当前目录命令)

/home/linux/hello/ example

该实例使用选项"－ p"一次创建了./hello/ example 多级目录。

〔root@www my〕# mkdir － m 777 ./ example

〔root@www my〕# ls － l

total 4

drwxrwxrwx2 rootroot4096 Jan 16 09:24example

(4)cat。cat 命令的常见参数见表 8 - 13。

表 8 - 13 cat 命令常见参数

选项	参 数 含 义
- n	由第一行开始对所有输出的行数编号
- b	和 - n 相似，只不过对于空白行不编号

如：

[ycw@www ycw]$　cat－n hello1.c hello2.c

1　＃include ＜stdio.h＞

2　void main()

3　{

4　printf("Hello! This is my home! \n");

5　}

6　＃include ＜stdio.h＞

7　void main()

8　{

9　printf("Hello! This is your home! \n");

10　}

在该示例中,指定对 hello1.c 和 hello2.c 进行输出,并指定行号。

(5)cp,mv 和 rm。

·cp 命令的常见参数见表 8－14。

表 8－14　cp 命令常见参数

选项	参 数 含 义
－a	复制链接、文件属性,并复制其子目录
－d	拷贝时保留链接
－f	删除已经存在的目标文件而不提示
－i	在覆盖目标文件之前将给出提示要求用户确认,而且是交互式拷贝
－p	除复制源文件的内容外,还将访问时间和访问权限复制到新文件中
－r	给出的源文件是一目录文件,此时 cp 将递归复制该目录下所有的子目录和文件

如：

[root@www hello]＃　cp－a ./ hello/example / ./

[root@www hello]＃　ls

hello　example

·mv 命令的常见参数见表 8－15。

表 8－15　mv 命令常见参数

选项	参 数 含 义
－i	mv 操作将导致对已存在的目标文件的覆盖
－f	禁止交互操作。在 mv 操作要覆盖某已有的目标文件时不给任何指示,在指定此选项后,i 选项将不再起作用

如：

[root@www hello]# mv -i ./ hello/example/ ./

[root@www hello]# ls

hello　example

该示例中把"hello/example"目录下的所有文件移至当前目录,则原目录下文件被自动删除。

· rm 命令的常见参数见表 8－16。

表 8－16　rm 命令常见参数

选项	参 数 含 义
－ i	进行交互式删除
－ f	忽略不存在的文件,但从不给出提示
－ r	指示 rm 将参数中列出的全部目录和子目录均递归地删除

如：

[root@www hello]# rm -r -i ./ example

rm：descend into directory './ example '? y

rm：remove './ example / hello.c'? y

rm：remove directory './ example '?　y

该示例使用"－r"选项删除"./example"目录下所有内容,系统会进行确认是否删除。

(6)chown 和 chgrp。

· chown 修改文件所有者和组别。

· chgrp 改变文件的组所有权。

chown 和 chgrp 的常见参数意义相同,见表 8－17。

表 8－17　chown 和 chgrp 命令常见参数

选项	参 数 含 义
－ c,－ changes	详尽地描述每个 file 实际改变了哪些所有权
－ f,－－ silent,－－ quiet	不打印文件所有权就不能修改报错信息

如：

[root@www linux]# ls -l

- rwxr - xr - x15 apectellinux40966 月 42005 uClinux - dist.tar

首先使用 chown 将文件所有者改为 root。

[root@www linux]# chown root uClinux - dist.tar

[root@www linux]# ls -l

- rwxr - xr - x15 rootlinux40966 月 42005 uClinux - dist.tar

可以看出,此时,该文件拥有者变为了 root,它所属文件用户组不变。

接着使用 chgrp 将文件用户组变为 root。

[root@www linux]# chgrp root uClinux - dist.tar

［root@www linux］♯ ls －l

－rwxr－xr－x15 rootroot40966 月 42005 uClinux－dist.tar

（7）chmod。chmod 命令的常见参数见表 8－18。

表 8－18　chmod 命令常见参数

选项	参 数 含 义
－c	若该文件权限确实已经更改,才显示其更改动作
－f	即使该文件权限无法被更改也不显示错误信息
－v	显示权限变更的详细资料

如:对于第一种符号连接方式的 chmod 命令中,用加号"＋"代表增加权限,用减号"－"代表删除权限。

［root@www linux］♯ ls －l

－rw－r－－r－1 rootroot79708616 Mar 242005 uClinux20031103.tgz

［root@www linux］♯ chmod a＋rx,u＋w uClinux20031103.tgz

［root@www linux］♯ ls －l

－rwxr－xr－x1 rootroot79708616 Mar 242005 uClinux20031103.tgz

可见,在执行了 chmod 命令之后,文件拥有者除拥有所有用户都有的可读和执行的权限外,还有可写的权限。

（8）grep（ grep 和｜ grep）。

如果要在一个具体存在的文件中查找,用 grep,比如 grep "main" test.c 来搜索 test.c 里是否包含字串 main。

如果要在搜索一个命令的输出中是否包含某个字符串,用 ｜ grep,比如 ls ｜ grep "main"用来搜索 ls 命令执行后的输出中,是否包含 main。

grep 命令的常见参数见表 8－19。

表 8－19　grep 命令常见参数

选项	参 数 含 义
－c	只输出匹配行的计数
－I	不区分大小写(只适用于单字符)
－h	显示权限变更的详细资料
－l	查询多文件时不显示文件名
－n	显示匹配行及行号
－s	不显示不存在或无匹配文本的错误信息
－v	显示不包含匹配文本的所有行

如:可以做一个别名 alias grep＝"grep －－color" 写入到.bashrc 里面;以后输入 grep 命令时查找的关键字符会颜色显示,方便区分。过滤带有某个关键词的行并输出行号,颜色显示关键词。

［root@localhost ～］# grep －n ——color 'root' passwd

1:root:x:0:0:root:/root:/bin/bash

11:operator:x:11:0:operator:/root:/sbin/nologin

［root@localhost ～］# grep －o ——color 'root' passwd ｜ wc －l

4···

加－o 统计包含关键词的个数。

(9)find。find 命令的主要参数如表 8－20 所示。

表 8－20 find 命令常见参数

选　项	选 项 含 义
－ name	按照文件名查找文件
－ perm	按照文件权限来查找文件
－ mount	在查找文件时不跨越文件系统 mount 点
－ depth	使用深度级别的查找过程方式,在某层指定目录中优先查找文件内容
－ atime n	查找系统中最后 n * 24 小时访问的文件

如:查找指定时间内修改过的文件.

［root@peidachang ～］# find － atime － 2.

./logs/monitor

././.bashrc

././.bash_profile

././.bash_history

(10)locate。locate 命令常见参数见表 8－21。

表 8－21 locate 命令常见参数

选　项	参 数 含 义
－ u	从根目录开始建立数据库
－ U	指定开始的位置建立数据库
－ f	将特定的文件系统排除在数据库外,例如 proc 文件系统中的文件
－ r	使用正则运算式作为寻找的条件
－ o	指定数据库的名称

例如,搜索 etc 目录下所有以 sh 开头的文件:

$ locate /etc/sh

(11)ln。为某一个文件在另外一个位置建立一个符号链接。如:

［root@www uclinux］# ln － s ../genromfs－0.5.1.tar.gz ./hello

［root@www uclinux］# ls －l

total 77948

lrwxrwxrwx1 rootroot24 Jan 14 00:25 hello －> ../genromfs－0.5.1.tar.gz

3. 压缩打包相关命令

Linux 中打包压缩的相关命令见表 8 - 22。

表 8 - 22　Linux 中打包压缩的相关命令

命　令	命　令　格　式	命　令　含　义
bzip2	bzip2［选项］压缩（解压缩）的文件名	.bz2 文件的压缩（或解压）程序
bunzip2	bunzip2［选项］.bz2 压缩文件	.bz2 文件的解压缩程序
bzip2recover	bzip2recover .bz2 压缩文件	用来修复损坏的.bz2 文件
gzip	gzip［选项］压缩（解压缩）的文件名	.gz 文件的压缩程序
gunzip	gunzip［选项］.gz 文件名	解压被 gzip 压缩过的文件
unzip	unzip［选项］.zip 压缩文件	解压 winzip 压缩的.zip 文件
compress	compress［选项］文件	早期的压缩或解压程序
tar	tar［选项］［打包后文件名］文件目录列表	对文件目录进行打包或解包

（1）gzip。gzip 根据文件类型可自动识别压缩或解压。命令格式：

gzip［选项］压缩（解压缩）的文件名

gzip 命令常见参数见表 8 - 23。

表 8 - 23　gzip 命令常见参数

选项	参　数　含　义
- c	将输出信息写到标准输出上，并保留原有文件
- d	将压缩文件解压
- l	显示压缩文件的大小、未压缩文件的大小、压缩比、未压缩文件名
- r	查找指定目录并压缩或解压缩其中的所有文件
- t	测试,检查压缩文件是否完整
- v	对每一个压缩和解压的文件,显示文件名和压缩比

如：

［root@www my］# gzip hello.c

［root@www my］# ls

hello.c.gz

［root@www my］# gzip -l hello.c

compressed uncompressed ratio uncompressed_name

6139.3% hello.c

该示例将目录下的"hello.c"文件进行压缩,选项"-l"列出了压缩比。使用 gzip 压缩只能压缩单个文件,而不能压缩目录。

（2）tar。tar 命令对文件目录进行打包或解包。

在 Linux 中,很多压缩程序(如前面介绍的 gzip)只能针对一个文件进行压缩,这样当想要压缩较多文件时,就要借助它的工具将这些文件先打成一个包,然后再用原来的压缩程序进行压缩。

命令格式:

tar［选项］［打包后文件名］文件目录列表

tar 命令常见参数见表 8-24。

表 8-24　tar 命令常见参数

选　项	参　数　含　义
-c	建立新的打包文件
-r	向打包文件末尾追加文件
-x	从打包文件中解出文件
-o	将文件解开到标准输出
-v	处理过程中输出相关信息
-f	对普通文件操作
-z	调用 gzip 压缩打包文件,与-x 联用调用 gzip 完成解压缩
-j	调用 bzip2 压缩打包文件,与-x 联用调用 bzip2 完成解压缩
-Z	调用 compress 压缩打包文件,与-x 联用调用 compress 完成解压缩

例如,将整个 /etc 目录下的文件全部打包成为 /tmp/etc.tar:

［root@linux ～］# 　tar -cvf /tmp/etc.tar /etc ＜== 仅打包,不压缩!

［root@linux ～］# 　tar -zcvf /tmp/etc.tar.gz /etc ＜==打包后,以　gzip　压缩

［root@linux ～］# 　tar -jcvf /tmp/etc.tar.bz2 /etc ＜==打包后,以　bzip2　压缩

4. 网络相关命令

Linux 下的网络相关命令见表 8-25。

表 8-25　Linux 下的网络相关命令

命　令	命　令　格　式	命　令　含　义
netstat	netstat［-an］	网络连接、路由表和网络接口信息
nslookup	nslookup［IP 地址/域名］	查询机器 IP 地址和其对应的域名
finger	finger［选项］［使用者］［用户@主机］	查询用户的信息
ping	finger［选项］［使用者］［用户@主机］	查看网络上的主机是否在工作
ifconfig	ifconfig［选项］［网络接口］	查看和配置网络接口的参数
ftp	在本节中会详细讲述	利用 ftp 协议上传和下载文件
telnet	telent［选项］［IP 地址/域名］	利用 telnet 协议浏览信息
ssh	ssh［选项］［IP 地址］	利用 ssh 登录对方主机

（1）ifconfig。ifconfig 命令用于查看和配置网络接口的地址和参数，包括 IP 地址、网络掩码、广播地址，它的使用权限是超级用户。

ifconfig 命令有两种使用格式，分别用于查看和更改网络接口。

ifconfig［选项］［网络接口］：用来查看当前系统的网络配置情况

ifconfig 网络接口［选项］地址：用来配置指定接口（如 eth0，eth1）的 IP 地址、网络掩码、广播地址等

ifconfig 命令第二种格式常见参数见表 8－26。

表 8－26　ifconfig 命令常见参数

选　项	参　数　含　义
－ interface	指定的网络接口名，如 eth0 和 eth1
up	激活指定的网络接口卡
down	关闭指定的网络接口
broadcast address	设置接口的广播地址
poin to point	启用点对点方式
address	设置指定接口设备的 IP 地址
netmask address	设置接口的子网掩码

第一种格式的 ifconfig 命令用来查看网口配置情况，如图 8－8 所示。

可以看出，图 8－8 的显示结果中详细列出了所有活跃接口的 IP 地址、硬件地址、广播地址、子网掩码、回环地址等。

127.0.0.1 通常被称为本地回环地址（loop back address），不属于任何一个有类别地址类。

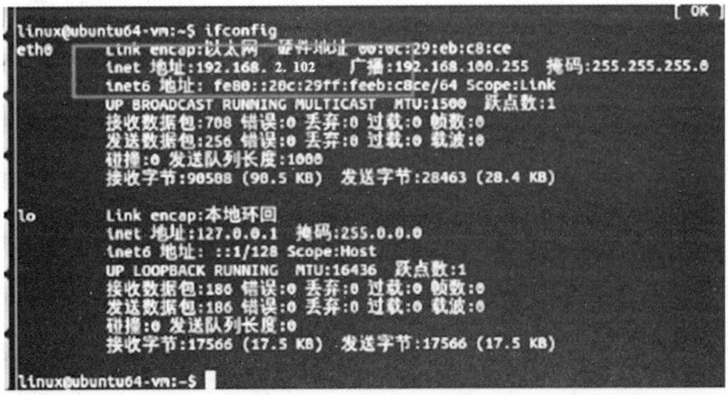

图 8－8　查看网口配置

8.3.3　Ubuntu 常用命令

1. sudo 命令

sudo 是 Linux 下常用的允许普通用户使用超级用户权限的命令,如:

sudo apt－get install apt－file　　　// 安装 apt－file

2. su 命令

su 是登录用户切换命令。例如:

su root // 切换到 "root"

3. ls 命令

ls 就是 list 的缩写,默认情况下 ls 用来打印出当前目录的清单,如果 ls 指定其他目录,那么就会显示指定目录里的文件及文件夹清单。ls 的参数说明如下:

－a:列出目录下的所有文件,包括以".”开头的隐含文件。

－b:把文件名中不可输出的字符用反斜杠加字符编号的形式列出。

－c:输出文件的 i 节点的修改时间,并以此进行排序。

－d:将目录像文件一样显示,而不是显示其下的文件。

－e:输出时间的全部信息,而不是输出简略信息。

－f－U:对输出的文件不排序。

4. cd 命令

cd 命令的功能是改变工作目录,命令格式:

cd［directory］

该命令将当前目录改变至 directory 所指定的目录。

如:

cd:回到主目录。

cd..:回当前目录的上一级目录,".."符可以有多重,以"/"符隔开,之后跟目录名。

cd －:回到上一次所在的目录。

cd ～ 或 cd:回当前用户的宿主目录。

cd !＄:把上个命令的参数作为输入。

5. 文件复制命令

该命令的功能是将给出的文件或目录拷贝到另一文件或目录中,就如同 DOS 下的 copy 命令一样,功能非常强大。命令格式:

cp［选项］源文件或目录目标文件或目录

该命令把指定的源文件复制到目标文件或把多个源文件复制到目标目录中。

6. 删除命令

rm　　文件名:删除一个文件或多个文件。

rm－rf　　非空目录名:删除一个非空目录下的一切内容。

7. 移动命令

mv 路径/文件:移动相对路径下的文件到绝对路径下。

mv　文件名　新名称：在当前目录下改名。

8. fdisk 命令

fdisk 命令的功能是对外存分区。

fdisk /dev/hda　（for the first IDE disk）

或者 fdisk /dev/sdc　（for the third SCSI disk）

或者 fdisk /dev/eda　（for the first PS/2 ESDI drive）

9. 用户管理命令

Useradd：创建一个新的用户。

Groupadd 组名：创建一个新的组。

Passwd 用户名：为用户创建密码。

Passwd － d：用户名：删除用户密码也能登录。

Passwd － S：用户名：查询账号密码。

Usermod － l：新用户名　老用户名：为用户改名。

Userdel － r：用户名：删除用户一切。

10. 压缩包解压命令 tar

tar － c：创建包。

tar － x：释放包。

tar － v：显示命令过程。

tar － z：代表压缩包。

举例：

tar － cvf benet.tar /home/benet // 把/home/benet 目录打包。

tar － zcvf benet.tar.gz /mnt // 把目录打包并压缩。

tar － zxvf benet.tar.gz // 压缩包的文件解压恢复。

tar － jxvf benet.tar.bz2 // 解压缩。

11. 系统关闭命令

reboot Init 6：重启 Linux 系统。

Halt Init 0 Shutdown － h now：关闭 linux 系统。

12. 系统信息命令

uname － a：查看内核版本。

cat /etc/issue：查看 Ubuntu 版本。

lsusb：查看 USB 设备。

sudo ethtool eth0：查看网卡状态。

cat /proc/cpuinfo：查看 cpu 信息。

lshw：查看当前硬件信息。

sudo fdisk － l：查看磁盘信息。

df － h：查看硬盘剩余空间。

free － m：查看当前的内存使用情况。

ps－A：查看当前有哪些进程。

kill　进程号（就是 ps－A 中的第一列的数字）或者 kill all 进程名：关闭一个进程。

8.3.4　Ubuntu 设置环境变量

1. /etc/profile

这是在登录时操作系统定制用户环境时使用的第一个文件，此文件为系统的每个用户设置环境信息，当用户第一次登录时，该文件被执行。并从/etc/profile.d 目录的配置文件中搜集 shell 的设置。

2. /etc/environment

这是在登录时操作系统使用的第二个文件，系统在读取自己的 profile 前，设置环境文件的环境变量。系统环境对于用户的 shell 初始化而言是先执行/etc/profile，再读取文件/etc/environment。对整个系统而言是先执行/etc/environment。

3. ～/profile

在登录时用到的第三个文件是 profile 文件，每个用户都可使用该文件输入自己专用的 shell 信息，当用户登录时，该文件仅仅执行一次。默认情况下，设置一些环境变量，执行用户的.bashrc 文件（这个文件主要保存个人的一些个性化设置，如命令别名、路径等）。

4. /etc/bashrc

为每一个运行 bash shell 的用户执行此文件。当 bash shell 被打开时，该文件被读取，使用修改/etc/profile 文件进行环境变量的编辑，对所有用户有用。

5. ～/.bashrc

使用修改.bashrc 文件进行环境变量的编辑，只对当前用户有用。

6. export

♯export PATH＝＄PATH：/ my_new_path 设置或修改环境变量。

8.3.5　Linux vi 编辑器

Linux 系统提供了一个完整的编辑器家族系列，如 ed，ex，vi 和 emacs 等。按功能它们可以分为两大类：行编辑器（ed，ex）和全屏幕编辑器（vi，emacs）。全屏幕编辑器可以对整个屏幕进行编辑，用户编辑的文件直接显示在屏幕上。

1. vi 编辑器的模式

vi 有 3 种模式，分别为命令行模式、插入模式及末行模式。下面具体介绍各模式的功能。

（1）命令行模式。用户在用 vi 编辑文件时，最初进入的为命令行模式。在该模式中可以通过上下移动光标进行"删除字符"或"整行删除"等操作，也可以进行"复制""粘贴"等操作，但无法编辑文字。

（2）插入模式。用户只有在该模式下进行文字编辑输入，可按［Esc］键回到命令行模式。

（3）末行模式。在该模式下，光标位于屏幕的底行。用户可以进行文件保存或退出操作，也可以设置编辑环境，如寻找字符串、列出行号等。

2. vi 编辑器的操作流程

(1)进入命令行模式。在命令行下键入 vi hello(文件名),此时进入的是命令行模式,光标位于屏幕的上方,如图 8－9 所示。

图 8－9　进入命令行模式

(2)进入插入模式。在命令行模式下键入 i 进入到插入模式,如图 8－10 所示。可以看出,在屏幕底部显示有"插入"表示插入模式,在该模式下可以输入文字信息。

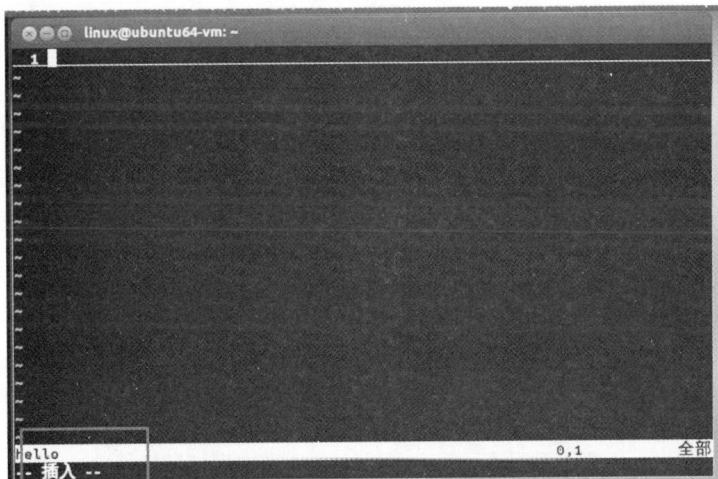

图 8－10　进入插入模式

(3)进入末行模式。最后,在插入模式中,输入"Esc",则当前模式转入命令行模式,并在底行中输入":wq"(存盘退出)进入末行模式,如图 8－11 所示。

这样,就完成了一个简单的 vi 操作流程:命令行模式→插入模式→末行模式。由于 vi 在不同的模式下有不同的操作功能,因此,一定要时刻注意屏幕最下方的提示,分清所在的模式。

3. vi 的各模式功能键

(1)命令行模式常见功能键。命令行模式常见功能键见表 8－27。

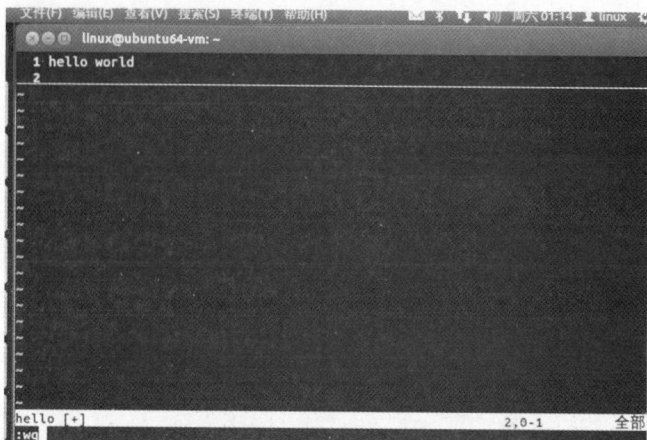

图 8-11 进入 vi 末行模式

表 8-27 vi 命令行模式功能键

功能键	描　　述
I	切换到插入模式,此时光标处于开始输入文件处
A	切换到插入模式,并从目前光标所在位置的下一个位置开始输入文字
O	切换到插入模式,且从行首开始插入新的一行
[Ctrl]+[B]	屏幕往"后"翻动一页
[Ctrl]+[F]	屏幕往"前"翻动一页
[Ctrl]+[U]	屏幕往"后"翻动半页
[Ctrl]+[D]	屏幕往"前"翻动半页
0(数字 0)	光标移到本行的开头
G	光标移动到文章的最后
nG	光标移动到第 n 行
$	移动到光标所在行的"行尾"
n<Enter>	光标向下移动 n 行
/name	在光标之后查找一个名为 name 的字符串
? name	在光标之前查找一个名为 name 的字符串
x	删除光标所在位置的一个字符
X	删除光标所在位置的"前面"一个字符
dd	删除光标所在行
ndd	从光标所在行开始向下删除 n 行
yy	复制光标所在行
nyy	复制光标所在行开始的向下 n 行
p	将缓冲区内的字符粘贴到光标所在位置(与 yy 搭配)
u	恢复前一个动作

（2）插入模式的功能键。只有一个，也就是［Esc］，按下该键退出到命令行模式。

（3）末行模式。常见功能键见表 8－28。

表 8－28　vi 末行模式功能键

功能键	描　　述
:w	将编辑的文件保存到磁盘中
:q	退出 vi(系统对做过修改的文件会给出提示)
:q!	强制退出 vi(对修改过的文件不作保存)
:wq	存盘后退出
:w [filename]	另存一个名为 filename 的文件
:set nu	显示行号，设定之后，会在每一行的前面显示对应行号
:set nonu	取消行号显示

8.4　Linux Shell 编程

Shell 是系统的用户界面，提供了用户与内核进行交互操作的一种接口。它接收用户输入的命令并把它送入内核去执行。

8.4.1　Shell 简介

Shell 是一个命令解释器，它解释由用户输入的命令并且把它们送到内核。不仅如此，Shell 有自己的编程语言，用于对命令的编辑，它允许用户编写由 Shell 命令组成的程序。Shell 编程语言具有普通编程语言的很多特点，比如它也有循环结构和分支控制结构等，用这种编程语言编写的 Shell 程序与其他应用程序具有同样的效果。

8.4.2　Shell 编程

当用户多次执行一组命令时，可以将这组命令存放在一个文件中，然后像在 Linux 系统中执行其他程序一样去执行这个文件，这个命令文件就叫做 Shell 程序或 Shell 脚本程序，在 Shell 提示符下输入文件名就可以执行 Shell 程序。

1. Shell 脚本的建立

编辑 Shell 脚本文件可以使用 Linux 下的普通编辑器，如 vi，Emacs 等。以 Bash 脚本为例，脚本以"♯!"开头，后面将所使用的 Shell 路径明确指出。比如：Bourne Shell 的路径为/bin/sh，而 C Shell 的路径则为/bin/csh，如制定 Bash 脚本的语句：

♯! /bin/sh

该语句说明该脚本文件是一个 Bash 程序，需要由/bin 目录字 SW Bash 程序来解释执行。

2. Shell 变量

Shell 变量主要分为三类：系统变量、环境变量和用户变量。系统变量主要用于对参数和返回值的判断，环境变量主要用于对程序运行的设置，用户变量主要用于编程。

（1）系统变量。常用的 Shell 系统变量及其含义见表 8-29。

表 8-29 常用 Shell 系统变量及其含义

变量	含 义
$0	当前脚本的文件名
$n	传递给脚本或函数的参数。n 是一个数字，表示第几个参数。例如，第一个参数是 $1，第二个参数是 $2
$#	传递给脚本或函数的参数个数
$*	以"参数1 参数2…"形式保存所有参数
$@	以"参数1""参数2"…形式保存所有参数
$?	前一个命令或函数的返回码
$$	当前程序的（进程 ID 号）PID
$!	上一个命令的 PID

（2）环境变量。

PATH：命令搜索路径（决定了 Shell 将到哪些目录中寻找命令或程序）。一个由冒号分隔的目录列表（如：/usr/gnu/bin：/usr/local/bin：/usr/ucb：/usr/bin），Shell 用它来搜索命令。

HOME：当前用户主目录的完全路径名。未指定目录时，cd 命令转向它。

GROUPS：当前用户所属的组。

HISTSIZE：记录在命令行历史文件中的命令数，默认值为 500。

HISTFILE：指定保存命令行历史的文件。默认值是～/.bash_history。如果被复位，交互式 Shell 退出时将不保存命令行历史。

（3）用户变量。Linux 允许用户自己定义变量，并对其进行赋值。这些由用户自己定义的变量叫做用户变量。

1）变量定义的一般形式。

变量名＝字符串/数字

注意，变量名和等号之间不能有空格，变量名的命名须遵循如下规则：

· 首个字符必须为字母（a～z，A～Z）。

· 中间不能有空格，可以使用下画线（_）。

· 不能使用标点符号。

· 不能使用 Bash 里的关键字（可用 help 命令查看保留关键字）。

如：

myname＝Lily

num＝3

2）取消变量名的格式。

unset 变量名

如：

unset myname

unset num

3. Shell 流程控制

(1)条件语句。

1)if 语句。语法格式如下：

if ［ 逻辑表达式 ］

;then

　　　命令 1

　　　命令 2

……

fi

if 语句执行顺序为当条件为真时执行 then 后面的命令,否则执行 fi 后面的命令。

注意:if 和 ［ 之间必须有空格,逻辑表达式与左右两边的"［　］"必须有空格。如果为了简洁,想把 then 和 if 放在一行,书写格式为:if ［ 逻辑表达式 ］;then(即在 then 前加一个";"号)。

2)case 语句。语法格式如下：

case 变量值 in

值 1)

　　　命令 1

　　　;;

值 2)

　　　命令 2

　　　;;

……

 *)

默认命令

　　　;;

esac

case 语句是一个多分支语句。case 语句执行的顺序为首先变量值与值 1 比较,若相同,则执行命令 1,否则变量值与值 2 比较,若相同,则执行命令 2,以此类推,若都不匹配,则执行默认的命令(即" * ")后面的命令。

变量值后面必须为关键字 in,每一值必须以右括号结束。变量值可以为变量或常数。匹配发现变量值与某一值相同后,其间所有命令开始执行直至 ;;。;; 与其他语言中的 break 类似,意思是跳到整个 case 语句的最后。

(2)循环语句。

1)for 语句。语法格式如下：

for 自定义变量 in 变量列表

```
do
    命令
done
```

for 语句的执行顺序为先把变量列表中的第一个变量值赋给自定义变量,然后执行 do 和 done 之间的命令,再把第二个变量赋给自定义变量,然后执行 do 和 done 之间的命令,以此类推,一直到 in 后面的变量值都赋给自定义变量为止,for 语句才结束。

2)while 语句。语法格式如下:

```
while ［条件］
do
    命令
done
```

while 语句执行的顺序为首先对条件进行判断,若条件为真,就执行 do 和 done 之间的命令,否则退出循环。

4. Shell 脚本执行

Linux 下的 Shell 文件默认是有执行权限的。可以用命令 ls－l file_name 来查看用户对文件的权限。如果没有执行权限,可以执行以下命令添加:chmod ＋x file_name。然后运行脚本。当然不同的系统可能不完全相同,需要根据实际情况来操作。概括地来说,Shell 对 Shell 脚本的调用可以采用 3 种方式:

(1)将文件名作为 Shell 命令的参数。其调用格式为:

$ bash script_file

当要被执行的脚本文件没有可执行权限时,只能使用这种调用方式。

(2)将脚本文件的访问权限更改为可执行。具体的方法是:

$ chmod ＋x   script_file
          $PATH＝$PATH:$ PWD
$ script_file

(3)产生父进程。当执行一个脚本文件时,Shell 就产生了一个 Shell 子进程,去执行文件中的命令。因此,脚本文件的变量值不能传递到当前 Shell(即父进程)。为了使脚本文件中的变量值传递到当前 Shell,必须在命令文件名前面加".",即

$./script_file

"."命令的功能是在当前 Shell 中执行脚本文件中的命令,而不是产生一个子 Shell 执行命令文件中的命令。

8.5 GCC 编译

8.5.1 GCC 执行过程

GCC 是一个交叉平台编译器,能够在当前 CPU 平台上为多种不同体系结构的硬件平台开发软件,因此尤其适合在嵌入式领域的开发编译。利用 GCC 可以完成 C,C＋＋,Object C 等源文件向运行在特定 CPU 硬件平台上的目标代码的转换。

GCC 支持编译源文件的后缀及其解释见表 8－30。

表 8－30　GCC 所支持源程序文件

后缀名	所对应的语言	后缀名	所对应的语言
.c	C 原始程序	.s/.S	汇编语言原始程序
.C/.cc/.cxx	C++原始程序	.h	预处理文件(头文件)
.m	Objective－C 原始程序	.o	目标文件
.i	已经过预处理的 C 原始程序	.a/.so	编译后的库文件
.ii	已经过预处理的 C++原始程序		

在使用 GCC 编译程序时,编译过程可以被细分为 4 个阶段:

(1)预处理(Pre－Processing)。在预处理阶段,输入的是 C 语言的源文件,通常为 *.c。通常带有.h 之类头文件的包含文件。这个阶段主要处理源文件中的 ♯ifdef,♯include 和 ♯define 命令。该阶段会生成一个中间文件 *.i,但实际工作中通常不用专门生成这种文件,因为基本上用不到;若非要生成这种文件,可以利用下面的示例命令:

［root@localhost gcc］♯　gcc－E hello.c－o hello.i

(2)编译(Compiling)。在编译阶段,GCC 首先要检查代码的规范性,是否有语法错误等,以确定代码实际要做的工作,在检查无误后,GCC 把代码翻译成汇编语言。用户可以使用－S 选项进行查看,该选项只进行编译而不进行汇编。

［root@localhost gcc］♯ gcc－S hello.i　－o hello.s

(3)汇编(Assembling)。在编译阶段,生成目标代码 *.o 有两种方式:一种是使用 GCC 直接从源代码生成目标代码 gcc－c *.s　－o *.o,另一种是使用汇编器从汇编代码生成目标代码 as *.s－o *.o。

［root@localhost gcc］♯ gcc－c hello.s　－o hello.o

［root@localhost gcc］♯ as hello.s　－o hello.o

也可以直接使用 as *.s 执行汇编、链接过程生成可执行文件 a.out,使用－o 选项指定输出文件的格式。

(4)链接(Linking)。在链接阶段,生成可执行文件。可以生成的可执行文件格式有:a.out/ * /,当然可能还有其他格式。

［root@localhost gcc］♯ gcc hello.o

生成可执行文件 a.out。

［root@localhost gcc］♯ gcc hello.o　－o hello

生成可执行文件 hello。

GCC 编译 C 程序的流程如图 8－12 所示。

下面以一个程序来说明编译过程。程序如下:

/ * sample.c * /

♯include＜stdio.h＞

int　main()

```
{
    Printf("Welcome C World!");
    return();
}
```

这个程序是要打印出一条信息。可以使用下面的命令来编译这个例子：

♯gcc −o sample sample.c

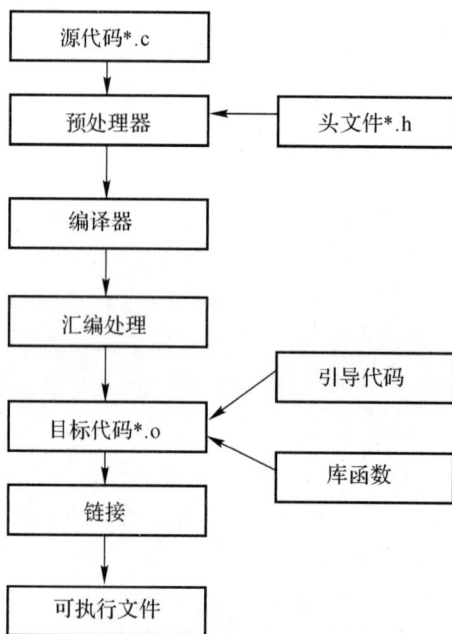

图 8-12 GCC 编译 C 程序的流程

8.5.2 GCC 的基本用法

GCC 编译器有超过 100 个的调用参数，合理地使用参数选项可以有效提高程序的效率。GCC 最基本的使用语法：

GCC 〔options〕〔filenames〕

其中 options 就是编译器所需要的参数，filenames 给出相关的文件名称。

GCC 常用参数选项的用法见表 8-31。

表 8-31 GCC 常用参数选项

参　　数	功　　　　能
−c	只是编译不链接，生成目标文件".o"
−S	只是编译不汇编，生成汇编代码
−E	只进行预编译，不做其他处理
−g	在可执行程序中包含标准调试信息
−o file	把输出文件输出到 file 里

续表

参　数	功　能
– v	打印出编译器内部编译各过程的命令行信息和编译器的版本
– I dir	在头文件的搜索路径列表中添加 dir 目录
– L dir	在库文件的搜索路径列表中添加 dir 目录
– static	链接静态库
– llibrary	链接名为 library 的库文件

例如,将 4 个文件生成可执行文件:

```
#include<stdio.h>
int main()
{   int sum;
 sum = add(1, 2);
    show(sum);
    return 0;
 }
```

f_add.c:

```
int add(int a, int b)
 {
    return a + b;
 }
```

f_show.c:

```
void show(int value)
 {
    printf("sum = %d\n", value);
    stamp();
}
```

f_stamp.c:

```
void stamp()
{
  printf("This is a stamp! \n");
}
```

可直接生成可执行文件 a.out:

```
gcc main.c f_add.c f_show.c f_stamp.c
```

如果想生成可执行文件 calc,可以有如下过程:

首先生成目标文件 * .o:

$ gcc － c main.c f_add.c f_show.c f_stamp.c

没有其他多余文件,可以使用通配符(gcc － c * .c),再链接成为可执行文件:

$ gcc － o calc main.o f_add.o f_show.o f_stamp.o － lm

现在就可以通过./calc 运行 calc 文件了。

8.6 Makefile 文件编写

8.6.1 Makefile 基本结构

一个 Makefile 中通常包含如下内容:

· 由 make 工具创建的目标体(target),通常是目标文件或可执行文件;

· 要创建的目标体所依赖的文件(dependency_file);

· 创建每个目标体时需要运行的命令(command)。

语法格式为:

target:dependency_files

<Tab>command   //前面用 Tab 键

例如,若有一个 C++源文件 test.c,该源文件包含有自定义的头文件 test.h,创建的目标体为 hello.o,执行的命令为 gcc,编译指令:gcc － c hello.c,那么,对应的 Makefile 就可以写为:

♯The simplest example

hello.o:hello.c hello.h

gcc － c hello.c － o hello.o

接着就可以使用 make 了。使用 make 的语法格式为:make target,这样 make 就会自动读入 Makefile(也可以是首字母小写 makefile)并执行对应 target 的 command 语句,并会找到相应的依赖文件。如下所示:

[root@localhost makefile]♯ make hello.o

gcc － c hello.c － o hello.o   //执行的命令

[root@localhost makefile]♯ ls

hello.c hello.h hello.o Makefile   //生成的文件

Makefile 执行了"hello.o"对应的命令语句,并生成了"hello.o"目标体。

当 test.c 或 test.h 文件在编译之后又被修改,而且 test.o 还存在,就没有必要重新编译 test.o。这种依赖关系在多个源文件的程序编译中尤其重要。通过这种依赖关系的定义,make 工具可避免许多不必要的编译工作。通常,makefile 中定义有 clean 目标,可用来清除编译过程中的中间文件,例如:

clean:

    rm － f * .o

运行 make clean 时,将执行 rm － f * o 命令,删除编译过程中产生的中间文件。

上例可以写出如下的 Makefile：

```
calc：main.o f_add.o f_show.o f_stamp.o
        gcc － o calc main.o f_add.o f_show.o f_stamp.o － lm
main.o：main.c f_add.c f_show.c
        gcc － c main.c f_add.c f_show.c
f_add.o：f_add.c
        gcc － c f_add.c
f_show.o：f_show.c f_stamp.c
        gcc － c f_show.c f_stamp.c
f_info：f_info.c
        gcc － c f_stamp.c
clean：
        rm calc main.o f_add.o f_show.o \
        f_stamp.o
```

注意每行需要执行的命令要以＜tab＞开头。反斜杠"\"是换行符。可以用"♯"开头进行注释。

8.6.2　Makefile 变量

在实际中使用的 Makefile 往往包含很多文件和命令。为了进一步简化编辑和维护 Makefile，make 允许在 Makefile 中创建和使用变量。变量是在 Makefile 中定义的名字，用来代替一个文本字符串，该文本字符串称为该变量的值。在具体要求下，这些值可以代替目标体、依赖文件、命令以及 Makefile 文件中其他部分。

如前例可简化为：

```
Objects ＝ main.o f_add.o f_show.o f_stamp.o
calc：$(Objects)
gcc － o calc $(objects)
clean：
        rm calc $(Objects)
```

在 Makefile 中给变量赋值的方式有 4 种：递归展开式、直接展开式、条件赋值和追加赋值。

1. 递归展开式(＝)

例如：

```
    value1 ＝ 5
    value2 ＝ $(value1)
    value1 ＝ 6
```

最终 $(value2)就变成了 6。

2. 直接展开式(:＝)

例如：

      value1 ：＝ 5

      value2 ：＝ ＄(value1)

      value1 ：＝6

最终＄(value2)是 5。

3. 条件赋值(? ＝)

例如：

value ? ＝ xyz

意思是若 value 之前没有使用,就给 value 赋值 xyz;若 value 之前已经使用,就不给 value 赋值。

4. 追加赋值(＋＝)

例如：

      value ＝ filename1.o filename2.o

      value ＋＝ filename3.o

则＄(value)为 filename1.o　filename2.o　filename3.o。

给变量赋值时,如果在一行放不下,可以用"\"符号将它们连接起来。

Makefile 中的变量分为用户自定义变量、预定义变量、自动变量及环境变量。其中部分有默认值,也就是常见的设定值,当然用户可以对其进行修改。预定义变量包含了常见编译器、汇编器的名称及其编译选项。表 8 - 32 列出了 Makefile 中常见预定义变量及其部分默认值。

表 8 - 32　**Makefile 中常见预定义变量**

预定义变量	描　　　述
AR	库文件维护程序的名称,默认值为 ar
AS	汇编程序的名称,默认值为 as
CC	C 编译器的名称,默认值为 cc
CPP	C 预编译器的名称,默认值为 ＄(CC) － E
CXX	C＋＋编译器的名称,默认值为 g＋＋
FC	FORTRAN 编译器的名称,默认值为 f77
RM	文件删除程序的名称,默认值为 rm － f
ARFLAGS	库文件维护程序的选项,无默认值
ASFLAGS	汇编程序的选项,无默认值
CFLAGS	C 编译器的选项,无默认值
CPPFLAGS	C 预编译的选项,无默认值
CXXFLAGS	C＋＋编译器的选项,无默认值
FFLAGS	FORTRAN 编译器的选项,无默认值

CC 是一个 Makefile 变量,用 CC＝cc 定义和赋值,用 ＄(CC)取它的值,其值应该是 cc。表 8－33 列出了 Makefile 中常见自动变量。

表 8－33　Makefile 中常见自动变量

自动变量	描　　述
＄*	不包含扩展名的目标文件名称
＄+	所有的依赖文件,以空格分开,以先后为序,可能包含重复依赖文件
＄<	第一个依赖文件的名称
＄?	所有时间戳比目标文件晚的依赖文件,并以空格分开
＄@	目标文件的完整名称
＄·	所有不重复的依赖文件,以空格分开
＄%	如果目标是归档成员,则该变量表示目标的归档成员名称

另外,在 Makefile 中还可以使用环境变量。使用环境变量的方法相对比较简单,make 在启动时会自动读取系统当前已经定义了的环境变量,并且会创建与之具有相同名称和数值的变量。但是,如果用户在 Makefile 中定义了相同名称的变量,那么用户自定义变量将会覆盖同名的环境变量。

8.6.3　Makefile 规则

Makefile 的规则是 make 进行处理的依据,它包括了目标体、依赖文件及其之间的命令语句。一般的,Makefile 中的一条语句就是一个规则。为了简化 Makefile 的编写,make 定义了隐式规则和模式规则。

1. 隐式规则

隐式规则能够告诉 make 怎样使用传统的技术完成任务,当用户使用它们时就不必详细指定编译的具体细节,而只需把目标文件列出即可。make 会自动搜索隐式规则目录来确定如何生成目标文件。

表 8－34 给出了常见的隐式规则目录。

表 8　34　Makefile 中常见隐式规则目录

对应语言后缀名	规　　则
C 编译:.c 变为.o	＄(CC)－c ＄(CPPFLAGS) ＄(CFLAGS)
C＋＋编译:.cc 或.C 变为.o	＄(CXX)－c ＄(CPPFLAGS) ＄(CXXFLAGS)
Pascal 编译:.p 变为.o	＄(PC)－c ＄(PFLAGS)
Fortran 编译:.r 变为－o	＄(FC)－c ＄(FFLAGS)

2. 模式规则

模式规则是用来定义相同处理规则的多个文件的。不同于隐式规则,隐式规则仅仅能够用 make 默认的变量来进行操作,而模式规则还能引入用户自定义变量,为多个文件建立相同的规则,从而简化 Makefile 的编写。

模式规则的格式类似于普通规则,只是在模式规则中,目标名中需要包含有一个模式字符"％"。包含有模式字符"％"的目标被用来匹配一个文件名,"％"可以匹配任何非空字符串。规则的依赖文件中同样可以使用"％",依赖文件中的模式字符"％"取值情况由目标中的"％"来决定。

8.6.4 Make 管理器的使用

在使用 Make 管理器时,只需在 make 命令的后面键入目标名即可建立指定的目标。如果直接运行 make,则建立 Makefile 中的第一个目标。此外 make 还有丰富的命令行选项,可以完成各种不同的功能。表 8-35 列出了常用的 make 命令行选项。

表 8-35 make 常用命令行选项

命令行选项	含　义
- C dir	读入指定目录下的 Makefile
- f file	读入当前目录下的 file 文件作为 Makefile
- i	忽略所有的命令执行错误
- I dir	指定被包含的 Makefile 所在目录
- n	只打印要执行的命令,但不执行这些命令
- p	显示 make 变量数据库和隐含规则
- s	在执行命令时不显示命令
- w	如果 make 在执行过程中改变目录,则打印当前目录名

- make 默认执行 make all 命令;
- make install 把 hello 程序安装到系统目录中去;
- make clean 是清除之前所编译的可执行文件及目标文件(object file, *.o);
- make dist 是压缩文档以供发布。

习　题　8

1. 简述 Linux 的优点。
2. 简述 Linux 内核结构。
3. 什么是 Shell? 列举几个 Shell。
4. Shell 脚本有哪几种变量?
5. 简述 GCC 命令的基本用法。
6. 什么是 Makefile? 有何功能?

第9章 ARM Boot Loader 简介

本章描述 Boot Loader 的基本概念、分析 Uboot 的功能结构和启动流程、介绍 Uboot 的常用命令及部分启动设置,为嵌入式系统开发所必须进行的 Uboot 移植与分析打下基础。

9.1 Boot Loader 概述

在操作系统内核运行之前,通过一个小程序,可以初始化硬件设备、建立内存空间的映射图等,从而将系统的软硬件环境带到一个合适的状态,以便为最终调用操作系统内核配置好相应的环境,也可以下载文件到系统板上的 SDRAM,对 Flash 进行擦除与编程,这个小程序一般称为 Boot Loader。

9.1.1 Boot Loader 介绍

Boot Loader 作为系统复位或上电后首先运行的代码,一般应写入 Flash 存储器并从起始物理地址 0x0 开始。Boot Loader 是非常依赖于硬件而实现的,而且根据实现的功能不同,其复杂程度也各不相同。

表 9 – 1 列出了 Linux 的开放源码引导程序及其支持的体系结构。表中给出了 X86,ARM,PowerPC 体系结构的常用引导程序,并且注明了每一种引导程序是不是"Monitor"(监视)。

表 9 – 1 开放源码的 Linux 引导程序

Boot Loader	Monitor	描述	X86	ARM	PowerPC
LILO	否	Linux 磁盘引导程序	是	否	否
GRUB	否	GUN 的 LILO 代替程序	是	否	否
Loadlin	否	从 DOS 引导 Linux	是	否	否
ROLO	否	从 ROM 引导 Linux 而不需要 BIOS	是	否	否
Etherboot	否	通过以太网卡启动 Linux 系统的固件	是	否	否
Linux BIOS	否	完全替代 BUIS 的 Linux 引导程序	是	否	否
BLOB	否	LART 等硬件平台引导程序	否	是	否
Uboot	是	通用引导程序	是	是	是
RedBoot	是	基于 eCos 的引导程序	是	是	是

（1）X86。X86 的工作站和服务器上一般使用 LILO 和 GRUB。LILO 是 Linux 发行版的主流 Boot Loader。不过 Redhat Linux 发行版已经使用了 GRUB,GRUB 比 LILO 有更友好的显示界面,使用配置也更加灵活方便。在某些 X86 嵌入式单板机或者特殊设备上,会采用其他 Boot Loader,例如:ROLO。这些 Boot Loader 可以取代 BIOS 的功能,能够从 Flash 中直接引导 Linux 启动。现在 ROLO 支持的开发板已经并入 Uboot,所以 Uboot 也可以支持 X86 平台。

（2）ARM。ARM 处理器的芯片商很多,所以每种芯片的开发板都有自己的 Boot Loader。结果 ARM Boot Loader 也变得多种多样。最早有为 ARM720 处理器的开发板的固件,接着又有了 ARMboot,StrongARM 平台的 blob 等。现在 ARMboot 已经并入了 Uboot,Uboot 已经成为 ARM 平台事实上的标准 Boot Loader。

（3）PowerPC。PowerPC 平台的处理器有标准的 Boot Loader,就是 PPCboot。在合并 ARMboot 等之后,创建了 Uboot,成为各种体系结构开发板的通用引导程序。

9.1.2　Boot Loader 的操作模式

大多数 Boot Loader 都包含两种不同的操作模式:启动加载模式和下载模式。

1. 启动加载(Boot Loading)模式

这种模式也称为"自主"模式,也即 Boot Loader 从目标机上的某个固态存储设备上将操作系统加载到 RAM 中运行,整个过程并没有用户的介入。这种模式是 Boot Loader 的正常工作模式。

2. 下载模式

在这种模式下目标机上的 Boot Loader 将通过串口或网络连接等通信手段从主机下载文件。从主机下载的文件通常首先被 Boot Loader 保存到目标机的 RAM 中,然后再被 Boot Loader 写到目标机上的固态存储设备中。

9.2　Uboot 引导程序分析

9.2.1　Uboot 介绍

Uboot(Universal Boot Loader)是遵循 GPL 条款的开放源码项目。Uboot 的作用是系统引导。Uboot 从 FADSROM,8xxROM,PPCboot 逐步发展演化而来。

Uboot 不仅支持嵌入式 Linux 系统,还支持 NetBSD, VxWorks, QNX, RTEMS, ARTOS,LynxOS,Android 嵌入式操作系统。Uboot 除了支持 PowerPC 系列的处理器外,还能支持 MIPS,X86,ARM,NIOS,XScale 等诸多常用系列的处理器。这两个特点正是 Uboot 项目的开发目标,即支持尽可能多的嵌入式处理器和嵌入式操作系统。

Uboot 的特点:

·开放源码;

·支持多种嵌入式操作系统内核,如 Linux,NetBSD, VxWorks, QNX, RTEMS, ARTOS,LynxOS;

- 支持多个处理器系列,如 PowerPC,ARM,X86,MIPS,XScale;
- 较高的可靠性和稳定性;
- 高度灵活的功能设置,适合 Uboot 调试、操作系统不同引导要求、产品发布等;
- 丰富的设备驱动源码,支持的设备包括串口、以太网、SDRAM、FLASH、LCD、NVRAM、EEPROM、RTC、键盘等;
- 较为丰富的开发调试文档;
- 强大的网络技术支持。

9.2.2　Uboot 的功能与结构

1. Uboot 主要功能

(1)系统引导。Uboot 支持 NFS 挂载、RAMDISK(压缩或非压缩)形式的根文件系统,以及从 Flash 中引导压缩或非压缩系统内核。

(2)辅助功能。强大的操作系统接口功能;可灵活设置、传递多个关键参数给操作系统,适合系统在不同开发阶段的调试要求与产品发布,尤其是对 Linux。

(3)支持目标板环境参数多种存储方式。Uboot 支持多种存储方式,如 Flash,NVRAM(非易失性随机),EEPROM。

(4)CRC32 校验。Uboot 可校验 Flash 中内核、RAMDISK 镜像文件是否完好。

(5)设备驱动。Uboot 提供串口、SDRAM、Flash、以太网、LCD、NVRAM、EEPROM、键盘、USB、PCMCIA、PCI、RTC(带补偿的高精度实时时钟)等驱动支持。

(6)上电自检功能。SDRAM,Flash 大小自动检测;SDRAM 故障检测;CPU 型号检测。

(7)特殊功能。XIP 内核引导。XIP(eXecute In Place)即芯片内执行,指应用程序可以直接在 Flash 闪存内运行,不必再把代码读到系统 RAM 中。Flash 内执行是指 Nor Flash 不需要初始化,可以直接在 Flash 内执行代码。但只执行部分代码,比如初始化 RAM。

2. Uboot 目录结构

Uboot 主要目录内容说明见表 9-2。

表 9-2　Uboot 目录内容说明

目录	说明
api	Uboot 导入的 API 接口
arch	与处理器体系结构有关的文件,每种处理器一个目录
board	目标板相关文件,主要包含 SDRAM、FLASH 驱动
common	独立于处理器体系结构的通用代码,如内存大小探测与故障检测
disk	disk 驱动器分区的相关代码
doc	UBoot 的说明文档
drivers	通用设备驱动,如 CFI FLASH(Nor Flash 芯片初始化及驱动)
examples	可在 UBoot 下运行的示例程序,如 hello_world.c,timer.c
fs	支持文件系统的文件

续表

目录	说　　明
include	Uboot 头文件
nand_spl	支持 Nand Flash 启动的文件
lib	通用库文件
net	与网络功能相关的文件目录,如 bootp,nfs,tftp
post	上电自检程序
tools	用于创建 UBoot S-RECORD 和 BIN 镜像文件的工具

9.2.3　Uboot 常用命令

Uboot 上电启动后,按任意键即可退出启动加载模式,进入到下载模式,在下载模式下可以使用 Uboot 的命令。Uboot 为嵌入式系统的开发和调试提供了丰富的命令,通过这些命令可以实现对开发板的调试、引导操作系统内核、擦写 Flash 等。

1. bootm

bootm [addr [arg ...]]

　　- boot application image stored in memory

passing arguments ′arg ...′; when booting a Linux kernel,

　　　　′arg′ can be the address of an initrd image

bootm 命令可以引导启动存储在内存中的程序映像。这些内存包括 RAM 和可以永久保存的 Flash。

第 1 个参数 addr 是程序映像的地址,这个程序映像必须转换成 Uboot 格式。

第 2 个参数 arg 对于引导 Linux 内核有用,通常作为 Uboot 格式的 RAMDISK 映像存储地址;也可以是传递给 Linux 内核的参数(缺省情况下传递 bootargs 环境变量给内核)。

2. bootp

bootp [loadAddress] [bootfilename]

bootp 命令通过 bootp 请求,要求 DHCP 服务器分配 IP 地址,然后通过 TFTP 协议下载指定的文件到内存。

第 1 个参数 LoadAddress 是下载文件存放的内存地址。

第 2 个参数 bootfilename 是要下载的文件名称,这个文件应该在开发主机上准备好。

3. cmp

cmp [.b, .w, .l] addr1 addr2 count

　　- compare memory

cmp 命令可以比较两块内存中的内容。.b 以字节为单位;.w 以字为单位;.l 以长字为单位。注意:cmp.b 中间不能保留空格,需要连续敲入命令。

第 1 个参数 addr1 是第一块内存的起始地址。

第 2 个参数 addr2 是第二块内存的起始地址。

第 3 个参数 count 是要比较的数目,单位为字节、字或者长字。

4. cp

cp [.b, .w, .l] source target count

　　　　 - copy memory

cp 命令可以在内存中复制数据块,包括对 Flash 的读写操作。

第 1 个参数 source 是要复制的数据块起始地址。

第 2 个参数 target 是数据块要复制到的地址。这个地址如果在 Flash 中,那么会直接调用写 Flash 的函数操作。所以 Uboot 写 Flash 就使用这个命令,当然需要先把对应 Flash 区域擦净。

第 3 个参数 count 是要复制的数目,根据 cp.b,cp.w,cp.l 分别以字节、字、长字为单位。

5. crc32

crc32 address count [addr]

　　　　 - compute CRC32 checksum [save at addr]

crc32 命令可以计算存储数据的校验和。

第 1 个参数 address 是需要校验的数据起始地址。

第 2 个参数 count 是要校验的数据字节数。

第 3 个参数 addr 用来指定保存结果的地址。

6. echo

echo [args..]

　　　　 - echo args to console; c suppresses newline

echo 命令回显参数。

用法:echo $(bootcmd)

7. erase

erase start end

　　　　 - erase FLASH from addr 'start' to addr 'end'

erase N:SF[-SL]

　　　　 - erase sectors SF-SL in FLASH bank # N

erase bank N

　　　　 - erase FLASH bank # N

erase all

　　　　 - erase all FLASH banks

erase 命令可以擦除 Flash。

参数必须指定 Flash 擦除的范围。

按照起始地址和结束地址,start 必须是擦除块的起始地址;end 必须是擦除末尾块的结束地址。这种方式最常用。例如,擦除 0x20000-0x3ffff 区域,命令为 erase 20000 3ffff。

8. cp.b

拷贝数据,从指定源地址到目标地址,地址可以是 RAM,也可以是 Nor Flash。

用法:

cp.b 0x＊＊＊＊＊＊＊＊ 0x＃＃＃＃＃＃＃＃ 0xYYYYYYYY

说明：拷贝源0x＊＊＊＊＊＊＊＊到目标0x＃＃＃＃＃＃＃＃，共拷贝0xYYYYYYYY字节。

如：

＃ cp.b 0x200000 0xc4040000 0x180000

Copy to Flash... done

9. flinfo

flinfo

    – print information for all FLASH memory banks

flinfo N

    – print information for FLASH memory bank ＃ N

flinfo命令打印全部Flash组的信息，也可以只打印其中某个组。一般嵌入式系统的Flash只有一个组。

10. go

go addr [arg ...]

    – start application at address 'addr'

passing 'arg' as arguments

go命令可以执行应用程序。

第1个参数addr是要执行程序的入口地址。

第2个可选参数arg是传递给程序的参数，可以不用。

11. iminfo

iminfo addr [addr ...]

    – print header information for application image starting at address 'addr' in memory; this includes verification of the image contents (magic number, header and payload checksums)

iminfo可以打印程序映像的开头信息，包含了映像内容的校验（序列号、头和校验和）。

第1个参数addr指定映像的起始地址。

可选的参数addr是指定更多的映像地址。

12. loadb

loadb [off] [baud]

    – load binary file over serial line with offset 'off' and baudrate 'baud'

loadb命令可以通过串口Kermit协议下载二进制数据。

13. loads

loads [off]

    – load S–Record file over serial line with offset 'off'

loads命令可以通过串口线下载S–Record格式文件。

14. mw

mw [.b, .w, .l] address value [count]

－ write memory

mw 命令可以按照字节、字、长字写内存,.b,.w,.l 的用法与 cp 命令相同。

第 1 个参数 address 是要写的内存地址。

第 2 个参数 value 是要写的值。

第 3 个可选参数 count 是要写单位值的数目。

如:

mw 32000000 ff 10000　　//把内存 0x32000000 开始的 0x10000 字节设为 0xFF

15. nm

nm [.b，.w，.l] address

　　　－ memory modify，read and keep address

nm 命令可以修改内存,可以按照字节、字、长字操作。

16. Md

显示内存区的内容。

17. Mm

读或修改内存,地址自动递增。

18. nfs

nfs [loadAddress] [host ipaddr:bootfilename]

nfs 命令可以使用 NFS 网络协议通过网络启动映像。

如:

nfs 32000000 192.168.0.2:aa.txt

把 192.168.0.2(linux 的 NFS 文件系统)中的 NFS 文件系统中的 aa.txt 读入内存 0x32000000 处。

19. printenv

printenv

　　　－ print values of all environment variables

printenv name ...

　　　－ print value of environment variable 'name'

printenv 命令打印环境变量。可以打印全部环境变量,也可以只打印参数中列出的环境变量。

20. protect

protect on start end

　　　－ protect Flash from addr 'start' to addr 'end'

protect on N:SF[-SL]

　　　－ protect sectors SF-SL in Flash bank # N

protect on bank N

　　　－ protect Flash bank # N

protect on all

        – protect all Flash banks

protect off start end

        – make Flash from addr ′start′ to addr ′end′ writable

protect off N:SF[-SL]

        – make sectors SF-SL writable in Flash bank ♯ N

protect off bank N

        – make Flash bank ♯ N writable

protect off all

        – make all Flash banks writable

protect 命令是对 Flash 写保护的操作,可以使能和解除写保护。

第 1 个参数 on 代表使能写保护;off 代表解除写保护。

第 2,3 参数是指定 Flash 写保护操作范围,跟擦除的方式相同。

如:

protect on 1:0-3　　//对第一块 Flash 的 0～3 扇区进行保护

protect off 1:0-3　　//取消写保护

protect off bank 1　　//解除/使能第 N 块 Flash 的写保护

21. rarpboot

rarpboot [loadAddress] [bootfilename]

rarboot 命令可以使用 TFTP 协议通过网络启动映像,也就是把指定的文件下载到指定地址,然后执行。

第 1 个参数 loadAddress 是映像文件下载到的内存地址。

第 2 个参数 bootfilename 是要下载执行的映像文件。

22. run

run var [...]

  – run the commands in the environment variable(s) ′var′

run 命令可以执行环境变量中的命令,后面参数可以跟几个环境变量名。

如:

Uboot＞setenvflashittftp 20000000 mycode.bin\; erase 10020000 1002FFFF\;
cp.b 20000000 10020000 8000

Uboot＞saveenv

Uboot＞ run flashit

23. setenv

setenv name value ...

      – set environment variable ′name′ to ′value ...′

setenv name

      – delete environment variable ′name′

setenv 命令可以设置环境变量。

第 1 个参数 name 是环境变量的名称。

第 2 个参数 value 是要设置的值,如果没有第 2 个参数,表示删除这个环境变量。

如:

Uboot>setenvmyboard AT91RM9200DK

Uboot>printenv

baudrate=115200

ipaddr=192.168.1.1

ethaddr=12:34:56:78:9A:BC

serverip=192.168.1.5

myboard=AT91RM9200DK

Environment size: 102/8188 bytes

24. saveenv

该命令的功能是保存环境变量。

命令将当前定义的所有的变量及其值存入 Flash 中。用来存储变量及其值的空间只有 8KB,不能超过。

25. sleep

sleep N

  – delay execution for N seconds (N is _decimal_ !!!)

sleep 命令可以延迟 N 秒钟执行,N 为十进制数。

26. tftpboot

tftpboot [loadAddress] [bootfilename]

tftpboot 命令可以使用 TFTP 协议通过网络下载文件。按照二进制文件格式下载。另外使用这个命令,必须配置好相关的环境变量,例如 serverip 和 ipaddr。

第 1 个参数 loadAddress 是下载到的内存地址。

第 2 个参数 bootfilename 是要下载的文件名称,必须放在 TFTP 服务器相应的目录下。

27. ping

只能开发板 ping 别的机器。

28. usb

启动 usb 功能:

usb start

列出设备:

usb info

扫描 usb storage(u 盘)设备:

usb scan

29. kgo

kgo 命令启动没有压缩的 Linux 内核。

kgo 32000000

30. fatls

fatls 命令列出 DOS FAT 文件系统。

fatlsusb 0 //列出第一块 U 盘中的文件

31. fatload

fatload 命令读入 FAT 中的一个文件。

fatloadusb 0:0 32000000 aa.txt//把 USB 中的 aa.txt 读到物理内存 0x32000000 处

Uboot 还提供了更加详细的命令帮助,可以通过"?"显示支持的命令列表,通过 help [CommandName]命令还可以查看每个命令的参数说明。使用各种命令时,可以使用其开头的若干个字母代替它。比如 tftpboot 命令,可以使用 t,tf,tft,tftp 等字母代替,只要其他命令不以这些字母开头即可。当运行一个命令之后,如果它是可重复执行的,若想再次运行可以直接输入回车。

9.2.4 Uboot 总体工作流程

系统加电或复位后,所有 CPU 都会从某个地址开始执行。嵌入式系统的开发板都要把板上 ROM 或 Flash 映射到这个地址。因此,必须把 Boot Loader 程序存储在相应的 Flash 位置,系统加电后,CPU 将首先执行它。一个同时装有 Boot Loader、内核的启动参数、内核映像和文件系统映像的固态存储设备的典型空间分配结构图如图 9-1 所示。

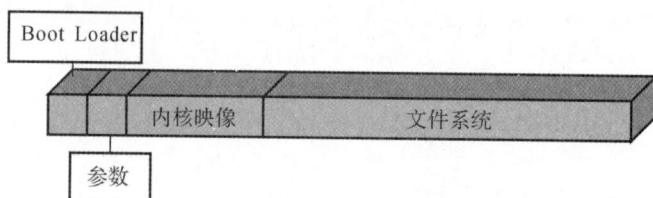

图 9-1 固态存储设备的典型空间分配结构图

大多数 Boot Loader 都分为 stage1 和 stage2 两个阶段,Uboot 也不例外。依赖于 CPU 体系结构的代码(如设备初始化代码等)通常都放在 stage1 且可以用汇编语言来实现,而 stage2 则通常用 C 语言来实现,这样可以实现复杂的功能,而且有更好的可读性和移植性。

1. stage1(start.s 代码结构)

Uboot 的 stage1 代码通常放在 start.s 文件中,它用汇编语言写成,其主要完成如下操作:

· 基本的硬件初始化,包括屏蔽所有的中断、设置 CPU 的速度和时钟频率、RAM 初始化、LED 初始化、关闭 CPU 内部指令和数据 Cache 灯。

· 为加载 stage2 准备 RAM 空间。通常为了获得更快的执行速度,把 stage2 加载到 RAM 空间中来执行,因此必须为加载 Boot Loader 的 stage2 准备好一段可用的 RAM 空间。

· 拷贝 stage2 到 RAM 中,在这里要确定两点:一是 stage2 的可执行映像在固态存储设备的存放起始地址和终止地址;二是 RAM 空间的起始地址。

· 设置堆栈指针 sp,这是为执行 stage2 的 C 语言代码做好准备。

2. stage2(C 语言代码部分)

为了实现更复杂的功能和取得更好的代码可读性和可移植性,stage2 的代码通常用 C 语言来实现。在 ARM 平台,lib_arm/board.c 中的 start_armboot( )是 C 语言开始的函数,也是

整个启动代码中 C 语言的主函数,同时还是整个 Uboot(armboot)的主函数,该函数主要完成如下操作:

•用汇编语言跳转到 main 入口函数。stage2 的代码通常用 C 语言来实现,目的是实现更复杂的功能和取得更好的代码可读性和可移植性。但是与普通 C 语言应用程序不同的是,在编译和链接 Boot Loader 这样的程序时,不能使用 glibc 库中的任何支持函数。

•初始化本阶段要使用到的硬件设备,包括初始化串口、初始化计时器等。在初始化这些设备之前,可以输出一些打印信息。

•检测系统的内存映射,所谓内存映射就是指在整个 4GB 物理地址空间中指出哪些地址范围被分配用来寻址系统的 RAM 单元。

•加载内核映像和根文件系统映像,这里包括规划内存占用的布局和从 Flash 上拷贝数据。

•设置内核的启动参数。

Uboot 启动流程图如图 9 - 2 所示。

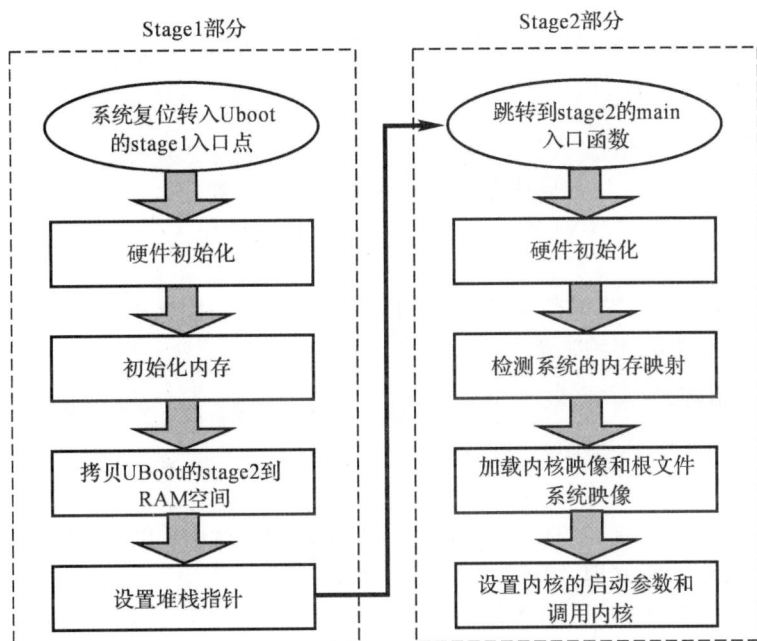

图 9 - 2　Uboot 启动流程图

9.3　Uboot 启动举例

9.3.1　几个常见的启动设置

1. 系统复位代码

```
ldr pc, _start_armboot
    _start_armboot：.word start_armboot
```

表示 Uboot 完成 CPU 初始化,将跳转到 C 程序中。start_armboot 完成设备初始化过程,进入 main_loop 循环。start_armboot 存在于 lib_arm/board.c 中。

2. 进入 supervisor 32 位模式(管理模式)

```
movr0,cpsr
bicr0,r0,♯0x1f      //位清零
orrr0,r0,♯0xd3      //逻辑或 0xd3＝ 1101 0011
movcpsr,r0
```

以上代码将 CPU 的工作模式位设置为管理模式,并将中断禁止位和快中断禁止位置 1,从而屏蔽了 IRQ 和 FIQ 中断。

3. 关闭看门狗

```
ldr      r0, ＝pWTCON
movr1, ♯0x0
str      r1, [r0]
```

以上代码将看门狗控制寄存器写入 0,关闭看门狗。否则在 Uboot 启动过程中,CPU 将不断重启。

4. 屏蔽中断

```
movr1, ♯0xffffffff  //某位被置 1 则对应的中断被屏蔽
ldrr0, ＝INTMSK    //INTMSK 是一个 32 位中断寄存器
strr1, [r0]
```

INTMSK 是主中断屏蔽寄存器,每一位对应 SRCPND(中断源引脚寄存器)中的一位,表明 SRCPND 相应位代表的中断请求是否被 CPU 所处理。

5. 频率设定(分频)

```
/* FCLK:HCLK:PCLK ＝ 1:2:4 */
/* default FCLK is 120 MHz ! */
ldr  r0, ＝CLKDIVN // 将 CLKDIVN 这个变量的值所代表的地址装载到 r0 寄存器中
mov  r1, ♯3 // 将立即数 0x3＝11 放入 r1 寄存器
str  r1, [r0] // 对 CLKDIVN 寄存器的最低两位置 1,查看数据手册可知
                //HCLK＝FCLK/2,PCLK＝HCLK/2
```

6. 设置 RAM

```
mov ip, lr //LR(r14)存放的是当前程序的返回地址
bllowlevel_init
mov   lr, ip//将刚临时保存在 IP 寄存器中的地址返回到 LR 中
mov   pc, lr
```

7. lowlevel_init(初始化内存控制器)

lowlevel_init 完成内存初始化工作,由于内存初始化是依赖于开发板的,因此 lowlevel_init 的代码一般放在 board 下面相应的目录中。设置 SDRAM,flash ROM 存储器连接和工作时序的程序,片选定义的程序如下:

```
.globllowlevel_init：
lowlevel_init：
    ldr r0，=SMRDATA
    ldr r1，_TEXT_BASE
    sub r0，r0，r1                //得到相对起始地址,读取配置信息
    ldr r1，=BWSCON
    add r2，r0，♯13 * 40：
0b： ldr r3，[r0]，♯4           //循环,各个配置的值送到寄存器
    str r3，[r1]，♯4
    cmp r2，r0
    bne 0b                       //否则向后跳转到 0b 处执行
```

8. 初始化堆栈

```
/*  Set  up  the  stack  */
stack_setup://初始化堆栈
    ldr    r0，_TEXT_BASE               // 向上是 128 KB：重定位的 Uboot
    sub    r0，r0，♯CFG_MALLOC_LEN      // 向下是内存分配空间
    sub    r0，r0，♯CFG_GBL_DATA_SIZE   // bdinfo 结构体地址空间
♯ifdef CONFIG_USE_IRQ
    sub    r0，r0，♯(CONFIG_STACKSIZE_IRQ+CONFIG_STACKSIZE_FIQ)
♯endif
    sub    sp，r0，♯12// 为 abort-stack 预留 3 个字
clear_bss：
    ldr    r0，_bss_start// 找到 bss 段的首地址
    ldr    r1，_bss_end// 找到 bss 段的尾地址
    mov    r2，♯0x00000000
clbss_l：strr2，[r0]// 对 bss 段清零...
    addr0，r0，♯4
    cmpr0，r1
    bleclbss_l
    ldrpc，_start_armboot       //转到_start_armboot 执行,进入 stage2 C 语言部分
                                //_start_armboot：.word  start_armboot
```

9.3.2　Uboot 移植简介

1. 移植过程

在宿主机上建立交叉编译开发环境；

修改 cpu/armv7 目录中的文件内容；

将 sdfuse_q,CodeSign4SecureBoot,build.sh 拷贝到目标板目录下(u-boot-2013.01)；

为编译脚本添加执行权限 $ chmod777u-boot-2013.01/ build.sh；

在 include/configs 目录下创建 leopard2a.h；

打开 u－boot 目录下 Makefile 文件，加入如下两行：

leopard2a_config ： unconfig

@./mkconfig $(@:_config＝) arm arm926ejs leopard2a

· 编译。运行命令：

make leopard2a_config

make

编译成基本的 u－boot。

· 烧写。烧写新的 u－boot.bin。

2. Uboot 移植主要修改的文件

· ＜目标板＞.h 头文件，如 include/configs/RPXlite.h(RPXlite 板作为 Uboot 移植参考板)。可以是 Uboot 源码中已有的目标板头文件，也可以是新命名的配置头文件；大多数的寄存器参数都是在这一文件中设置完成的。

· ＜目标板＞.c 文件，如 board/RPXlite/RPXlite.c。是 SDRAM 的驱动程序，主要完成 SDRAM 的 UPM 表设置，上电初始化。

· Flash 的驱动程序，如 board/RPXlite/flash.c，或 common/cfi_flash.c。可在参考已有 Flash 驱动的基础上，结合目标板 Flash 数据手册，进行适当修改。

习 题 9

1. Boot Loader 有哪两种操作模式？

2. Uboot 支持哪些操作系统？

3. Uboot 的主要功能有哪些？

4. Uboot 的启动流程分为哪几个阶段？

5. 列出几种 Uboot 常用命令并说明其功能。

第 10 章　嵌入式系统开发环境搭建

要想实现嵌入式系统的开发,首先要搭建一个完备的开发环境,Linux＋ARM 开发环境是嵌入式系统最主要的开发环境之一,该环境由 Linux PC 机和嵌入式硬件系统所构成。

通常的嵌入式系统的软件开发采用一种交叉编译调试的方式。交叉编译调试环境建立在宿主机(即一台 PC 机)上,对应的开发板叫做目标板。运行 Linux 的 PC 机(宿主机)开发时使用宿主机上的交叉编译、汇编及链接形成可执行的二进制代码,然后把可执行文件下载到目标机上运行。调试时的方法很多,可以使用串口、网线、并口、JTAG 接口等,通常采用网络服务器 NFS 实现下载。这些内容在本章进行举例介绍。

10.1　嵌入式系统硬件平台及常用接口

10.1.1　Cortex - A9 开发板平台

1. Cortex - A9 介绍

Cortex - A9 是目前性能最高的 ARM 处理器,具有 ARMv7 体系结构的丰富功能。Cortex - A9 处理器的设计旨在打造先进高效率、指令长度动态可变及多指令执行的超标量体系结构。提供采用乱序猜测方式执行的 8 阶段管道处理器等技术。Cortex - A9 凭借其先进的技术,强大的功能,迅速地成为网络、移动通信、企业和消费类等领域的前沿应用产品。

Cortex - A9 微体系结构既可用于可伸缩的多核处理器(MPCore™多核处理器),也可用于更传统的处理器(Cortex - A9 单核处理器)。可伸缩的多核处理器和单核处理器支持 16KB,32KB 或 64KB 4 路关联的 L1 高速缓存配置,对于可选的 L2 高速缓存控制器,最多支持 8MB 的 L2 高速缓存配置,具有极高的灵活性,均适用于特定应用领域和市场。

2. 基于 Cortex - A9 核的 CPU 介绍

Exynos 4412 四核处理器为 Cortex - A9 处理器的一种产品。Exynos 4412 内部集成了 GPU 为 Mali - 400 MP 的高性能图形引擎,支持 3D 图形流畅运行,并可播放 1080P 大尺寸高清视频,流畅运行 Android 等高级操作系统,适合开发物联网终端、广告多媒体终端、智能家居、高端监控系统、游戏机控制板等设备。

Exynos 4412 四核处理器对应的目标板为 FS4412 开发板,可执行文件下载到目标机上运行。

10.1.2　Exynos 4412 实验平台主要资源介绍

1. 平台基本组成

- 中央处理器：CPU：Samsung Exynos 4412 四核处理器，主频 1.4GMHz；
- 外部存储器：DDR2：1GMB；NAND Flash：1GMB；
- 总线：I^2C 接口（两根双向信号线）的 MPU6050 AXIS-3 Sensor；SPI 接口（串行外围设备接口）的 MCP2515 CAN 控制器；
- 串口：3 个五线异步串行口，波特率高达 115200 b/s；
- 网络接口：一个 10/100M 网口，采用 DM9000，带连接和传输指示灯；
- USB 接口：三个 USB HOST 接口；一个 USB OTG 2.0 接口；
- 红外通信口：一个 IRDA 红外线数据通信口；
- 音频接口：WM9714；
- 存储接口：一个 SD 卡接口；
- LCD 和触摸屏接口；
- 其他：4 个小按键；4 个高亮 LED；1 个可调电阻接到 ADC 引脚上用来验证模/数转换。

开发实验箱如图 10-1 所示。

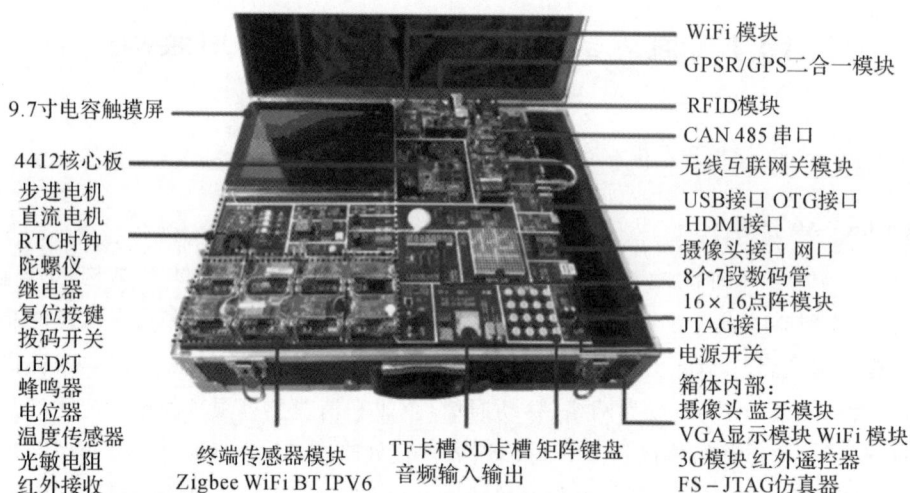

图 10-1　开发实验箱

2. ARM 常见接口

- GPIO 接口；
- UART 接口；
- 中断接口；
- 实时时钟；
- 看门狗；
- PWM（脉冲宽度调制）；
- A/D 转换；

- SPI 总线；
- I^2C 总线。

3. Exynos 4412 GPIO 接口简介

GPIO 为通用输入/输出接口。简单来说，就是通过这个 I/O 口（引脚）来输出高低电平或者读入引脚电平为高电平或者低电平。

Exynos 4412 拥有 304 个多功能输入/输出的引脚和 164 个内存相关的管脚，总共 37 组通用的 GPIO 和 2 组内存相关的管脚。

(1)Exynos 4412 的 GPA,GPB,…,GPX 端口。

- 大部分管脚都是复用的；
- 可通过相应的寄存器配置 I/O 入出模式；
- 大部分 I/O 可以选择是否配置内部上拉，以加强对外接口的驱动能力。

(2)GPIO 的寄存器。通用 GPIO 口除了可以设置输入或输出外，还可以设置其他功能如方向、电压、驱动能力、输入阻抗——输入电流等。以 GPA0 口为例（所有的 GPIO 寄存器设置都类似），其寄存器初始状态见表 10-1。

表 10-1　GPA0 口的寄存器初始状态

寄存器	地址	描述	初始值
GPA0CON	0x0000	GPA0 引脚配置寄存器	0x0000 0000
GPA0DAT	0x0004	GPA0 数据入出配置寄存器	0x00
GPA0PUD	0x0008	GPA0 上拉（电阻）配置寄存器	0x5555
GPA0DRV	0x000C	GPA0 驱动设置寄存器	0x00 0000
GPA0CONPDN	0x0010	GPA0 电源关闭模式设置	0x0000
GPA0PUDPDN	0x0014	GPA0 高电平设置寄存器	0x0000

(3)UART（异步通信）接口。Exynos 4412 UART 接口有专用的功能模块。在 Exynos 4412 UART 中有相关的控制寄存器：

- UART 行控制寄存器 ULCONn；
- UART 模式控制寄存器 UCONn；
- UART FIFO 控制寄存器 UFCONn；
- UART MODEM 控制寄存器 UMCONn；
- 发送寄存器 UTXH 和接收寄存器 URXH；
- 波特率分频寄存器 UBRDIV 和 UDIVSLOT。

各个的具体位含义见 Exynos 4412 芯片手册。

(4)中断接口。在程序运行中，出现了某种紧急事件，CPU 必须中止现行程序，转去处理此紧急事件（执行中断服务程序），并在处理完毕后再返回运行程序。

Exynos 4412 中断控制器包含 160 个中断控制源，这些中断源来自软中断（SGI）、私有外部中断（PPI）和公共外部中断（SPI）。Exynos 4412 采用 GIC(Generic Interrupt Controller)中

断控制器。

这里提到的中断和 ARM 本身的 7 个向量中断是不一样的。ARM 本身的中断是 CPU 上的,这些外部的中断都是通过 GIC 处理之后,再交给 CPU 的 IRQ 或 FIQ。

中断控制器,必不可少的是总的中断使能、各个子中断使能、优先级排序,在多核系统中对于中断发往哪个 CPU 核等都要通过寄存器来编程实现。

下面列出 Exynos 4412 中断相关的寄存器,具体位含义见 Exynos 4412 手册。

- ICCICR_CPU0;
- ICCPMR_CPU0;
- ICCIAR_CPU0;
- ICCEOIR_CPU0;
- ICDISR1;
- ICDICER1;
- ICDICPR1;
- ICDIPTR8。

(5)实时时钟。实时时钟(REAL TIME CLOCK)英文缩写也叫 RTC。计算机系统通常需要一个能够记录时间的功能单元,在系统关闭后依然可以记录时间,这个功能单元就叫实时时钟单元。

实时时钟通常可以提供年、月、日、时、分、秒等信息。有些还可以提供定时等功能。

下面列出 Exynos 4412 实时时钟相关的寄存器,具体功能见 Exynos 4412 手册。

- RTC 控制寄存器 RTCCON;
- Tick 时钟数值寄存器 TICNT;
- RTC 警报控制寄存器;
- RTCRST 复位控制寄存器;
- 时间寄存器 BCDSEC,BCDMIN,MINDATA,BCDHOUR,BCDDATE,BCDDA,BCD-MON,BCDYEAR。

(6)看门狗。看门狗(WDT)是一个定时器电路。在正常工作的时候,每隔一段时间输出一个信号给 WDT 清零。如果超过规定时间(一般在程序跑飞时,就是 WDT 定时超过)就给出一个复位信号到 CPU,从而起到防止程序发生死循环或者程序跑飞的作用。

下面列出 Exynos 4412 看门狗的相关寄存器,具体位含义参见 Exynos 4412 手册。

- 看门狗的控制寄存器 WTCON;
- 看门狗的数据寄存器 WTDAT;
- 看门狗的当前定时计数值寄存器 WTCNT。

(7)PWM。PWM 是 Pulse Width Modulation 的缩写,即脉冲宽度调制。

占空比:就是输出的 PWM 中,高电平保持的时间与该 PWM 的时钟周期的时间之比。如图 10-2 所示。

PWM 脉冲宽度调制是利用微处理器的数字输出来对模拟电路进行控制的一种非常有效的技术,广泛应用于测量、通信、功率控制与变换等许多方面。PWM 是一种对模拟信号电平进行数字编码的方法。通过高分辨率计数器的使用,方波的占空比被调制用来对一个具体模拟信号的电平进行编码。常见应用有:电机控制,DAC 输出等。

Exynos 4412 的 PWM 定时器有 5 个 32 位定时器,其中定时器 0、定时器 1、定时器 2、定时器 3 具有脉冲宽度调制(PWM)功能。定时器 4 仅供内部定时而没有输出引脚。定时器 0 具有死区生成器,可以控制大电流设备。

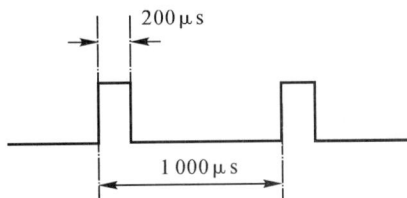

图 10-2　PWM 的占空比示意图

Exynos 4412 控制器共用 18 个 PWM 寄存器:
- 定时器配置寄存器 0(TFCG0);
- 定时器配置寄存器 1(TCFG1);
- 定时器控制寄存器(TCON);
- 定时器 n 计数缓冲寄存器(TCNTBn);
- 定时器 n 比较缓冲寄存器(TCMPBn)。

(8)A/D 转换。A/D 转换是将模拟信号转换为数字信号,被广泛应用于控制领域。

常见 A/D 转换器分类:

1)积分型。积分型 A/D 工作原理是将输入电压转换为时间(脉冲宽度信号)或频率(脉冲频率)信号,然后由定时器/计数器获得数字值。其优点是用简单电路就能获得高分辨率,但缺点是由于转换精度依赖于积分时间,因此转换速率极低。适合于信号变化缓慢,模拟量输入速率要求低,转换精度要求较高且干扰较严重的场合。

2)逐次比较型。逐次比较型 A/D 由一个比较器和 D/A 转换器通过逐次比较逻辑构成,从 MSB 开始,顺序地对每一位输入的电压与内置 D/A 转换器输出进行比较,经 n 次比较而输出数字值。其电路规模属于中等。其优点是速度较高、功耗低,在低分辨率(<12 位)时价格便宜,但高精度(>12 位)时价格很高。

3)并行比较型/串并行比较型。并行比较型 A/D 采用多个比较器,仅作一次比较而实行转换,又称 FLash(快速)型。由于转换速率极高,n 位的转换需要 $2n-1$ 个比较器,因此电路规模也极大,价格也高,只适用于视频 A/D 转换器等速度特别高的领域。

4)A/D 转换器的主要技术指标。

- 分辨率(Resolution):是数字量变化一个最小量时模拟信号的变化量;
- 转换速率(Conversion Rate):是完成一次从模拟转换到数字的 A/D 转换所需的时间的倒数。积分型 A/D 的转换时间是毫秒级低速 A/D,逐次比较型 A/D 是微秒级中速 A/D,全并行/串并行型 A/D 可达到纳秒级。
- 量化误差(Quantizing Error):由于 A/D 的有限分辨率而引起的误差;
- 偏移误差(Offset Error):输入信号为零时输出信号不为零的值;
- 满刻度误差(Full Scale Error):满度输出时对应的输入信号与理想输入信号值之差。
- 线性度(Linearity):实际转换器的转移函数与理想直线的最大偏移,不包括以上三种误差。

5)Exynos 4412 A/D 转换器。

- 精度:10 位或 12 位;
- 集成的线性误差:±1.0 LSB;
- 最大转换率:1MSPS;
- 低功耗;
- 电压:3.3V;
- 模拟量输入信号范围:0~3.3V;
- 片上采样-保持电路;
- 10 通道。

下面列出 Exynos 4412 A/D 转换器相关的寄存器,具体位含义参见 Exynos 4412 手册。

- A/D 控制寄存器 ADCCON;
- ADC 间隔时间寄存器 ADCDLY;
- ADC 转换结果寄存器 ADCDAT0;
- ADC 通道选择 ADCMUX。

(9)SPI 总线。SPI(Serial Peripheral Interface)是串行外围设备接口,是一种高速的、全双工、同步的通信总线。并且在芯片的管脚上只占用 4 根线,节约了芯片的管脚,同时为 PCB 的布局节省了空间。

SPI 接口共有 4 个引脚信号:

- 串行时钟 SCK(SPICLK0,1);
- 主机输入/从机输出 MISO(SPICLK0,1)数据线;
- 主机输出/从机输入 MOSI(SPIMOSI0,1)数据线;
- 低电平有效引脚/SS(nSSO,1)。

SPI 的工作模式有两种:主模式和从模式,无论哪种模式,都支持 3Mb/s 的速率。

Exynos 4412 有 3 个 SPI 口,可以实现串行数据的传输。每个 SPI 接口各有 2 个移位寄存器分别负责接收和发送数据。在传送数据期间,发送数据和接收数据是同步进行的,传送的频率可由相应的控制寄存器设定。如果只想发送数据,则接收数据为"0xff";如果只想接收数据,则需发送"0xff"。

(10)I²C 总线。I²C(Inter - Integrated Circuit)使用两根双向信号线来传递数据。

Serial Clock Line (SCL);

Serial Data Address (SDA)。

总线速度分为标准速度 100kb/s,快速模式 400kb/s,高速模式 3.4Mb/s。

特点是:半双工,仅需要两根线(所以又被称为 2 线总线)。

I²C 总线是通信控制领域广泛采用的一种总线标准,是同步通信的一种特殊形式,具有接口线少、控制方式简单、器件封装形式小、通信速率较高等优点。

10.2　目标板的 Android 系统应用

Cortex - A9 开发实验箱中的目标板也支持 Android 开发。下面主要介绍开发板在 Android 环境下的主要功能演示。

10.2.1 Android 系统应用功能测试

如图 10 - 3 所示,将实验箱中的 5V 电源适配器与 220VAC 连接,然后打开电源开关。

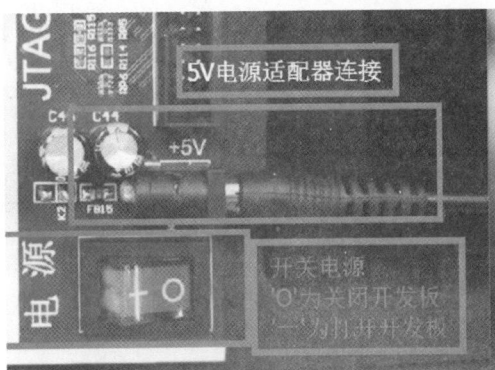

图 10 - 3 实验箱电源连接

实验箱通电后,系统进入启动过程,屏幕会分别显示华清远见开机 Logo 和 Android 启动界面,最终显示如图 10 - 4 所示。

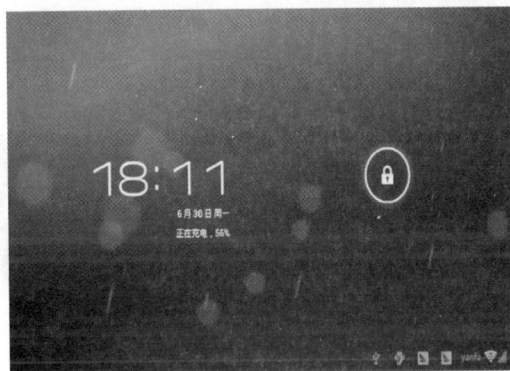

图 10 - 4 LCD 触摸屏显示

解锁后,LCD 上显示各种功能图标,如图 10 - 5 所示。

图 10 - 5 LCD 上的各种功能图标

在 LCD 上显示的功能图标中选择功能测试图标后进入功能测试实验。

1. LED\蜂鸣器\继电器

在 LCD 屏幕上直接点击 LED 灯的图标、蜂鸣器图标和继电器图标，就会在实验箱上的各自位置出现 LED 灯点亮、蜂鸣器开启和继电器被激励，如图 10-6～图 10-8 所示。这一组属于开关类型的实验，通过 LCD 屏上操作非常便捷和直观。

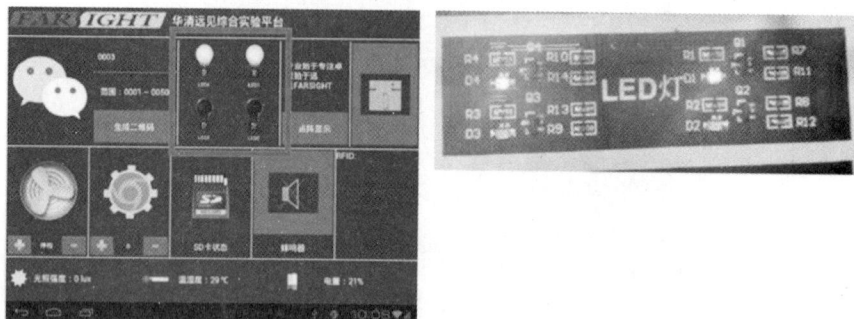

图 10-6　LED 显示图

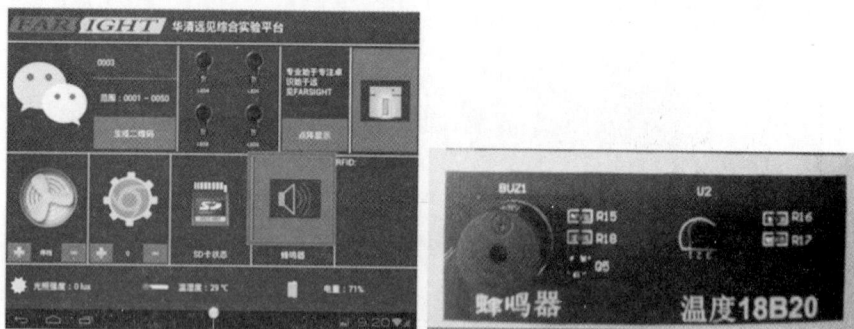

图 10-7　蜂鸣器开启

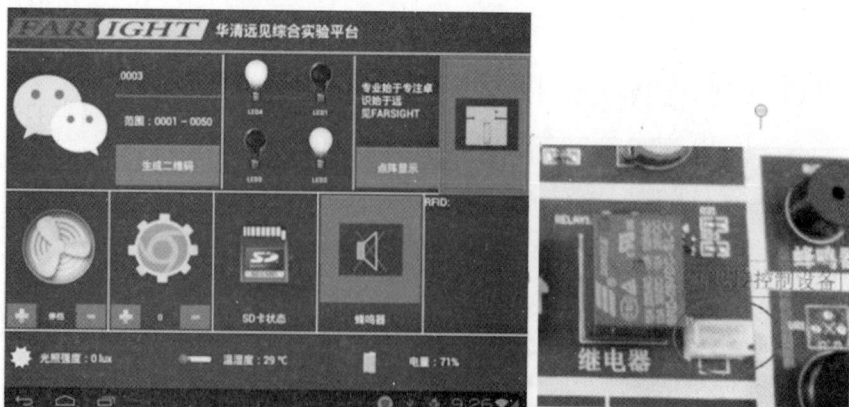

图 10-8　继电器驱动

如果在继电器旁边的插座位置接上被控制设备，就会带动设备运行。

2. 温度\光强\模拟量显示

在实验箱上的温度传感器(热敏电阻)改变温度,就会在 LCD 屏幕上显示温度值的变化。在实验箱上的光照传感器位置上对感光传感器进行遮挡,就会在 LCD 屏幕上显示光强度的变化。转动实验箱上的电位器,就会在 LCD 屏幕上显示模拟量值的变化。这一组实验在 LCD 屏上非常直观地反映了模拟量输入变化。如图 10-9~图 10-11 所示。

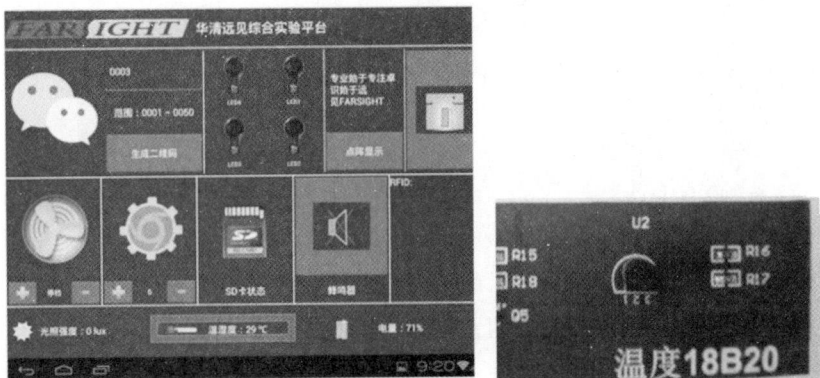

图 10-9　温度变化观察

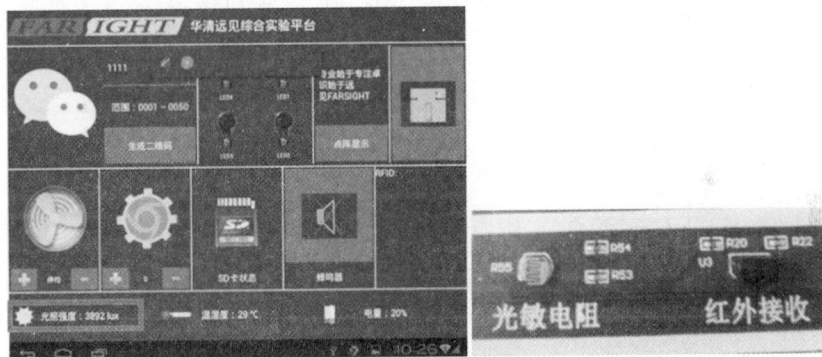

图 10-10　光强变化观察

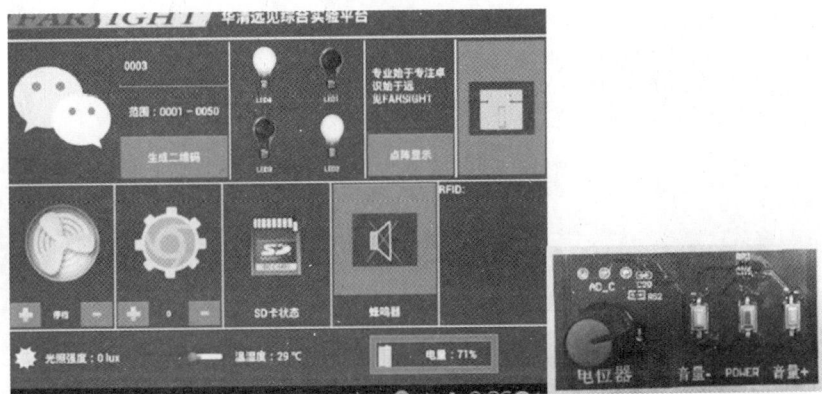

图 10-11　模拟量值的改变

3. 直流电机\步进电机

按下 LCD 屏幕上直流电机图标下的＋、－号和步进电机图标下的＋、－号，就会在实验箱上的各自位置出现转速的变化，如图 10－12 和图 10－13 所示。

图 10－12　直流电机转速变化

图 10－13　步进电机速度变化

4. 汉字点阵

在 LCD 屏上的汉字"点阵显示"功能图标处点击后,按照汉字拼音输入法写出要显示的汉字,就可以在实验箱 LED 屏上把内容显示出来,如图 10－14 所示。

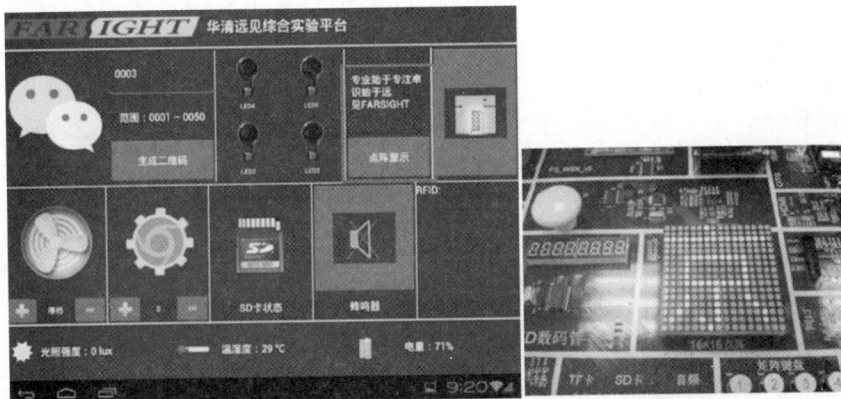

图 10－14　汉字点阵功能

10.2.2　媒体播放及照相

在 LCD 上显示了各种功能图标,其中分别有媒体播放和照相功能。当点击媒体播放图标后,可以进一步选择具体的播放内容进行播放。如图 10－15 所示。

图 10－15　媒体播放功能

在试验照相功能前,首先要连接好照相的镜头硬件模块,然后在功能图标处操作,如图 10－16所示。

10.2.3　语音通话、短信和定位系统(GPRS/GPS/BD)

GPRS 是通用分组无线业务(General Packet Radio Service)的英文简称,不再需要现行无线应用所需要的中介转换器,所以连接及传输更方便容易。GPS是全球卫星定位系统(Global Positioning System,GPS),BD就是中国的北斗导航。在机箱上连接相关硬件设备后就可以进行语音通话、短信发送和定位等实验,就如同使用手机一样,如图 10 - 17 所示(由 5 幅图组成)。

图 10 - 16　照相功能试验

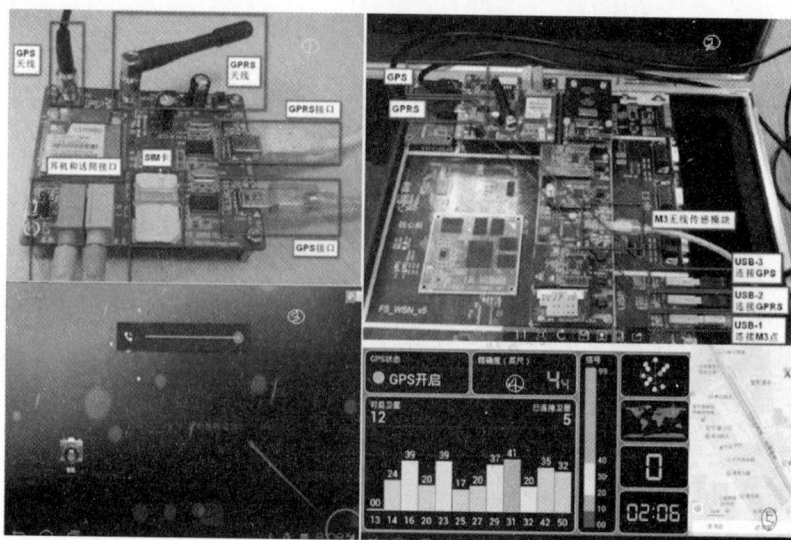

图 10 - 17　语音通话、短信和定位系统(GPRS/GPS/BD)

10.3　嵌入式 Linux 开发环境搭建

Cortex - A9 的 Linux 系统开发环境是基于 Ubuntu 12.04 LTS 64 - bit 操作系统搭建的,使用 VMware Player(免费版)作为虚拟机工具软件。开发环境可用作 Linux 和 Android 的编译与开发。

10.3.1　VMware Player 创建

在 Ubuntu 12.04 LTS 64 - bit 上安装了编译调试 Bootloader,Linux,Android 系统所需

要的工具和依赖的库,因此,直接使用开发环境进行嵌入式的学习、工作和研发。

在 Ubuntu 12.04 LTS 64－bit 基础上安装配置如下工具:

- 将 GCC,G＋＋编译器版本从 4.6 降至 4.4;
- 安装 Android 编译所需要的工具和库(source.android.com);
- 安装 SUN JAVA JDK 6;
- 安装内核编译所依赖的工具包;
- 解决 libncurses 32 位和 64 位不能同时安装导致编译 Android 和配置内核软件冲突的问题;
- 安装 Android 文件系统 yaffs2 格式 mkyaffs 工具;
- 添加常用的 arm－linux 交叉工具链,版本号为 4.3.2,4.4.6,4.5.1;
- 安装 Vim,Ctags(文本编辑器、C 代码的 tags 文件);
- 安装 Vim 常用插件;
- 安装配置 TFTP;
- 安装配置 NFS 网络文件系统服务;
- 安装 SSH 工具网络服务程序;
- 安装 Kermit 串口调试工具;
- 安装 Sogou 输入法;
- 关闭 Ubuntu 更新提示。

10.3.2　VMware Player 打开

在虚拟机上的开发环境文件夹中打开 Ubuntu_12.04_64－bit_farsight,按照步骤对虚拟机进行安装,如图 10－18 所示。

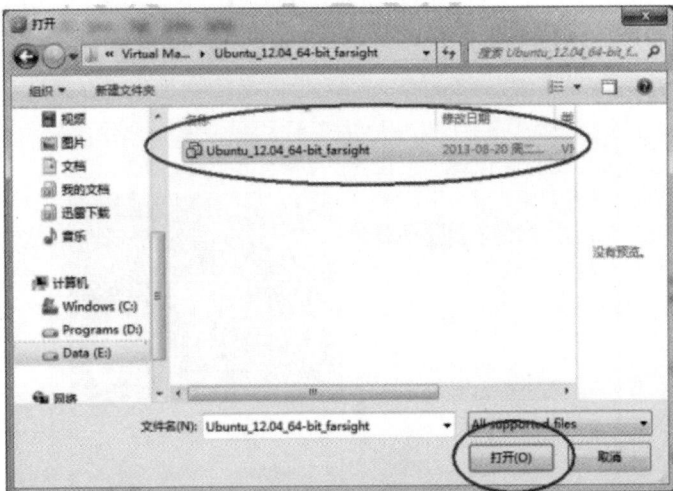

图 10－18　打开 Ubuntu_12.04_64－bit_farsight

1. 打开 VMware Player

点击桌面"VMware Player"图标进入打开界面,如图 10－19 所示。

图 10-19　点击桌面"VMware Player"图标

点击"打开虚拟机"，如图 10-20 所示。

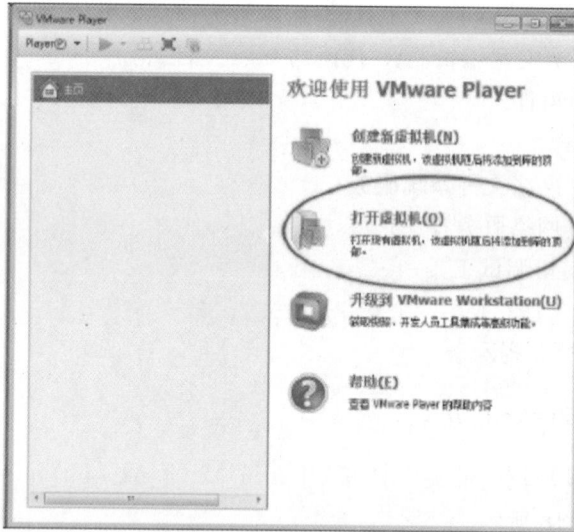

图 10-20　打开虚拟机

点击"播放虚拟机"，如图 10-21 所示。

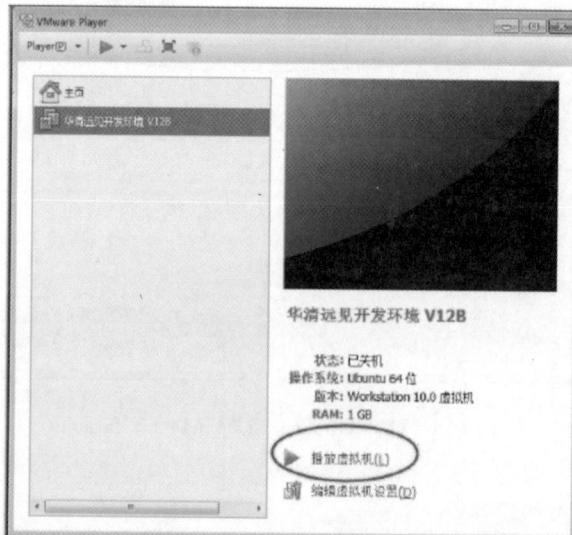

图 10-21　播放虚拟机

选择"我已复制该虚拟机",如图 10 - 22 所示。

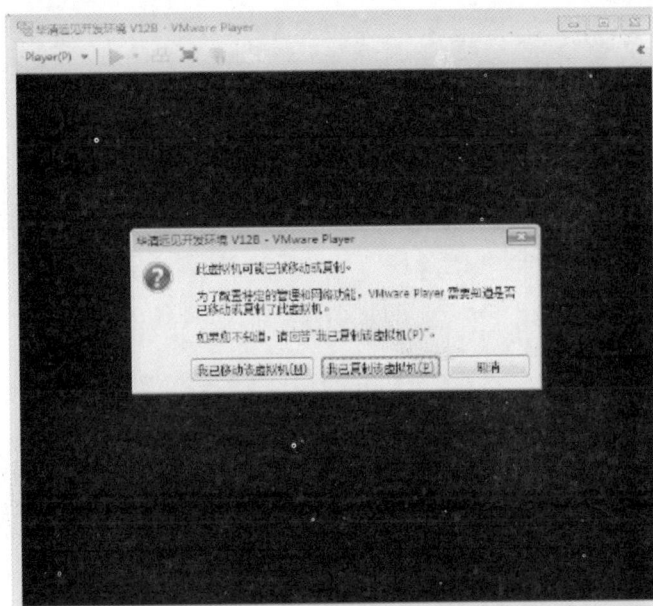

图 10 - 22　选择"我已复制该虚拟机"

2. 输入密码

密码是 1,但是在界面无密码显示,如图 10 - 23 所示。

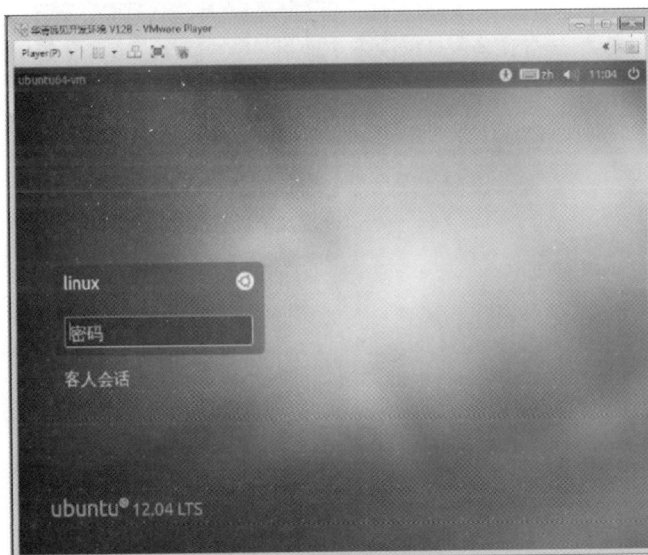

图 10 - 23　输入密码

出现"终端"显示,如图 10 - 24 所示。

嵌入式 Linux 开发环境至此搭建完毕。

需要注意的是,在初次搭建时,还要对虚拟机优化配置进行设置。

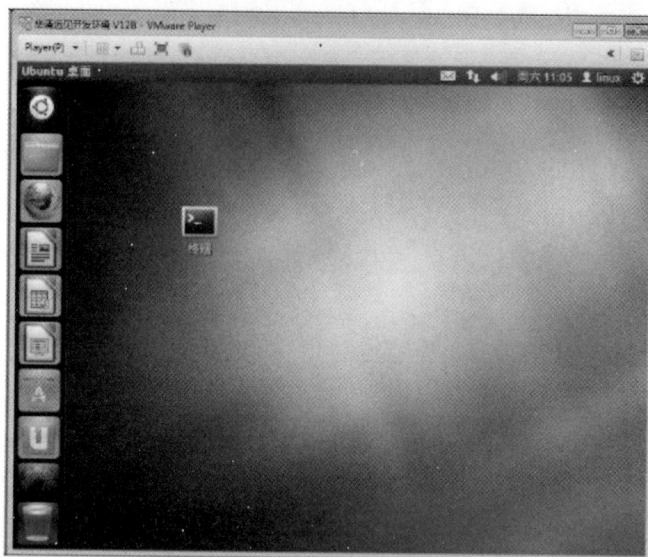

图 10-24　虚拟机开发环境搭建完毕

3. 编辑虚拟机设置

点击"编辑虚拟机设置",如图 10-25 所示。

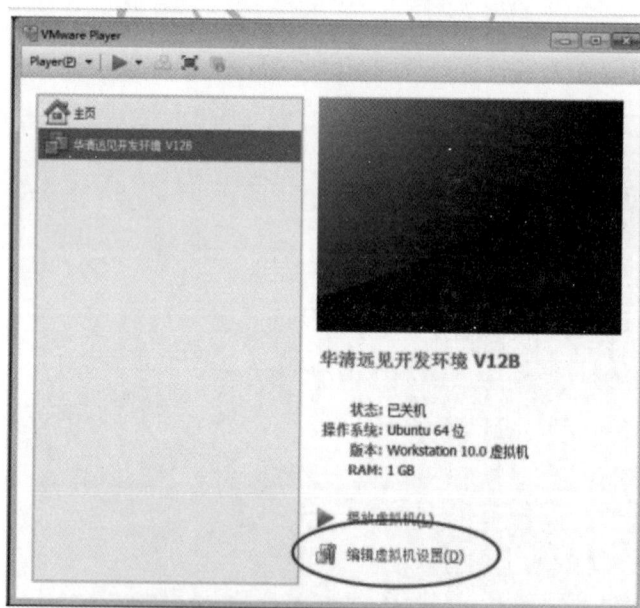

图 10-25　编辑虚拟机设置

（1）设置内存大小。根据主机配置修改虚拟机内存大小。例如主机内存 1GB,分配虚拟机的内存大小应该小于 512MB,否则物理机（主机）操作系统运行会卡;如果主机内存大于 4GB（足够大）,那可以根据 VMware Player 的提示和自己的需求修改内存大小。注意:如果需要编译 Android,那内存大小最好大于 1GB。如图 10-26 所示。

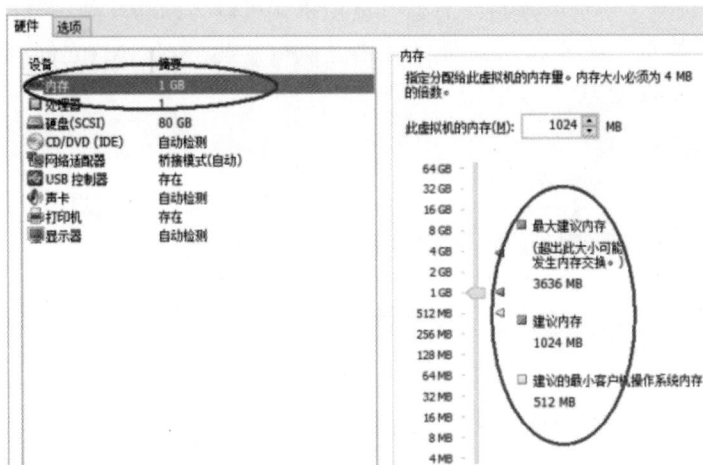

图 10 - 26　设置内存大小

（2）设置 CPU 数量。根据主机 CPU 配置修改虚拟机 CPU 数量。例如 CPU 为 Intel Core - i3 M380（双核四线程），那处理器数量设置为 1，每个处理器的核数设置为 4。需要注意的是设置的总核数不要超过 CPU 核数。如图 10 - 27 所示。

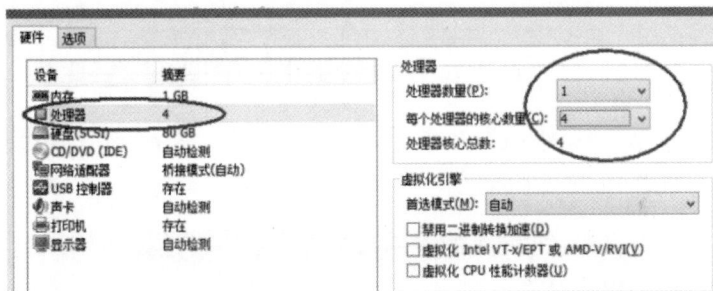

图 10 - 27　设置 CPU 数量

（3）设置网络连接。确保网络连接为桥接模式，如图 10 - 28 所示。

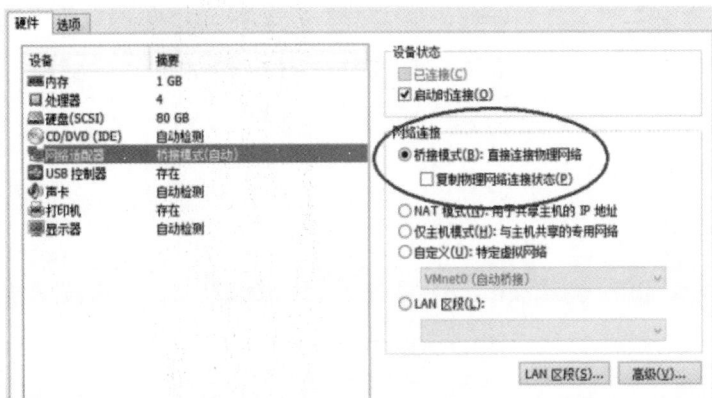

图 10 - 28　设置网络连接

(4)增加共享目录。增加共享目录后通过虚拟机就可以访问物理硬盘分区的内容,也可以将虚拟机里的文件拷贝至物理机。共享目录是虚拟机和物理机(PC)之间很好的交流桥梁。这里的文件夹一定要设置为"总是启用",如图 10 - 29 所示。

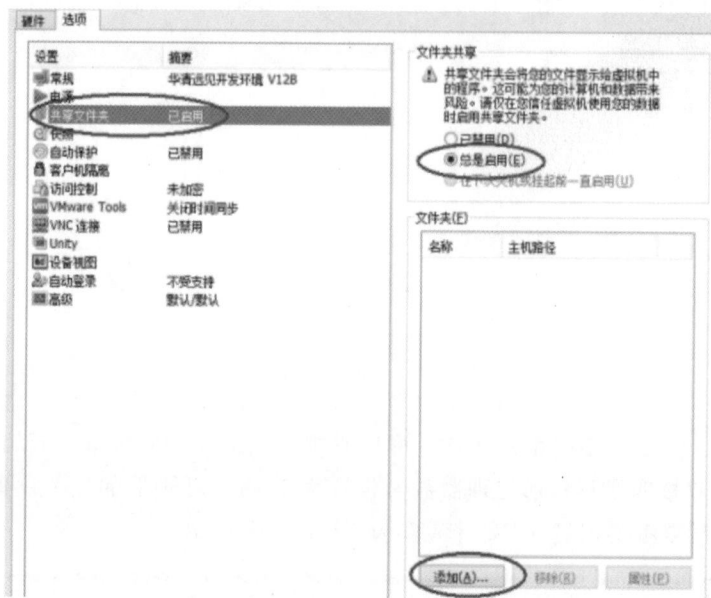

图 10 - 29　增加共享目录

(5)设置共享文件夹。在图 10 - 29 中点击"添加"后进入设置,如在主机的 D 盘上设置了共享文件夹 share,如图 10 - 30 所示。

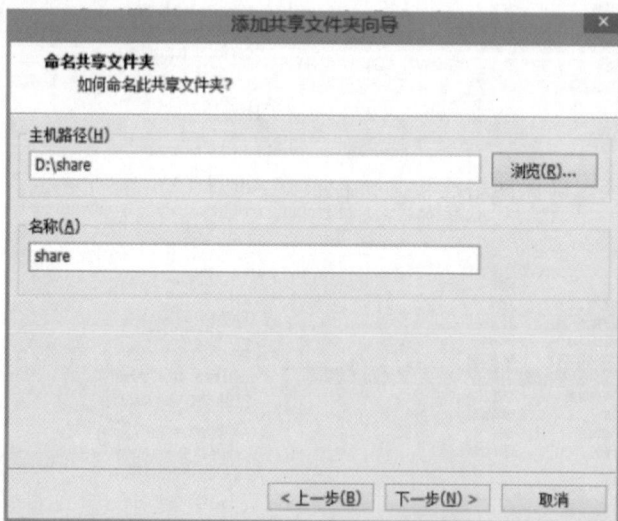

图 10 - 30　设置共享文件夹

设置完成后,将开发环境中所提供的需要共享的文件拷贝到这个共享文件夹。关于文件的拷贝方法在后续的内容中进行介绍。

10.4　嵌入式 Linux 调试环境搭建

TFTP(Trivial File Transfer Protocol,简单文件传输协议)是 TCP/IP 协议族中的一个用来在客户机与服务器之间进行简单文件传输的协议,常被用于开发测试。

NFS 方式是开发板通过 NFS 挂载放在主机(PC)上的根文件系统。建立了 NFS 挂载后,主机在文件系统中进行的操作同步反映在开发板上;反之,在开发板上进行的操作同步反映在主机中的根文件系统上。

实际工作中,经常使用 TFTP 方式来调试内核,NFS 方式挂载文件系统对于系统的调试非常方便。

10.4.1　Linux 系统配置 TFTP

1. TFTP 设置目的

熟悉 Linux TFTP 配置,为后续 Linux 底层开发做准备。TFTP 协议是简单文件传输协议,基于 UDP 协议,没有文件管理和用户控制功能。TFTP 分为服务器端程序和客户端程序,在主机上通常同时配置有 TFTP 服务端和客户端,达到应用 TFTP 从宿主机传输镜像到 FS4412 开发板的目的。

2. 具体步骤

打开虚拟机后运行 Ubuntu 12.04 系统,打开命令行终端(系统桌面上默认有)。一般情况下开发环境中已经包含 TFTP 服务,不必进行安装操作。直接进行配置 TFTP 实验的测试部分。

(1)步骤一:显示网络启动文件。在打开的终端界面上输入如下命令,显示如图 10 - 31 所示。

```
$    cd   / tftpboot
$    ls
$    cat    test
```

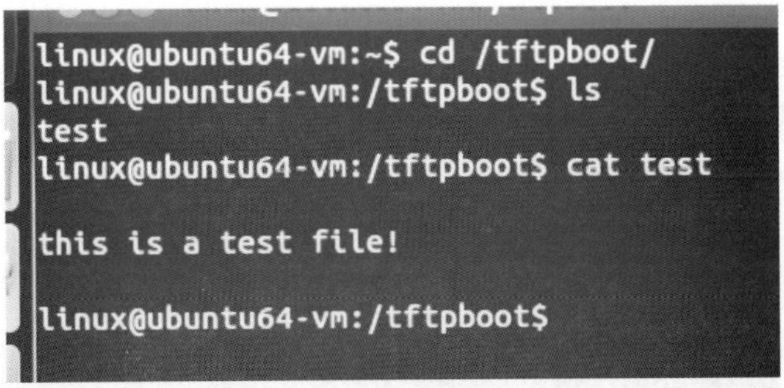

```
linux@ubuntu64-vm:~$ cd /tftpboot/
linux@ubuntu64-vm:/tftpboot$ ls
test
linux@ubuntu64-vm:/tftpboot$ cat test

this is a test file!

linux@ubuntu64-vm:/tftpboot$
```

图 10 - 31　网络文件启动

(2)步骤二:回到 home 目录下建立 TFTP 服务。

```
$   cd   ～ // Linux 下波浪线【～】是用户 home 目录,称主目录或者 home 目录
```

```
$    tftp    127.0.0.1
   > get  test
   > q
$     ls
```

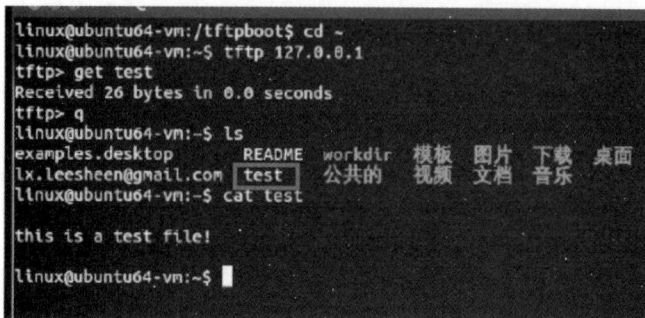

图 10 - 32　在 home 目录下建立 TFTP 服务

如图 10 - 32 所示,没有出现错误代码,且在 home 目录(/home/linux)下出现 test 文件,则证明 TFTP 服务建立成功。

10.4.2　Linux 系统配置 NFS

1. Linux NFS 配置目的

使用 NFS 方式挂载对于系统的调试非常方便。熟悉 Linux NFS 文件系统的配置过程,为后续 Linux 底层开发实验做好准备。

2. 具体步骤

打开虚拟机,运行 Ubuntu 12.04 系统,打开命令行终端。

配置/etc/exports(sudo 获取权限。输入密码,默认为 1;如不会使用 vim,命令行 vim 字段用 gedit 代替)。

(1)步骤一:安装配置。

```
$    sudo   vim   /etc/exports
```

NFS 允许挂载的目录及权限在文件/etc/exports 中进行定义。例如,要将/source/rootfs 目录共享出来,就需要在/etc/exports 文件末尾添加如下一行,如图 10 - 33 所示。

/source/rootfs * (rw,sync,no_root_squash,no_subtree_check)

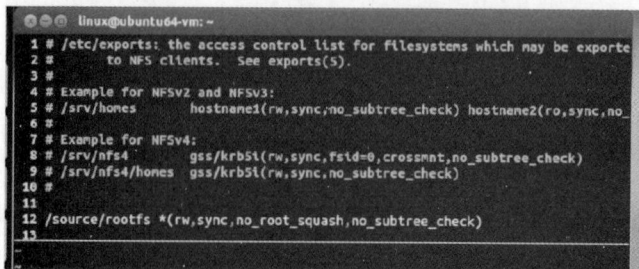

图 10 - 33　NFS 挂载及权限设置

其中:/source/rootfs 是要共享的目录,＊代表允许所有的网络段访问,rw 是可读写权限,sync 是资料同步写入内存和硬盘,no_root_squash 是 NFS 客户端分享目录使用者的权限,no_subtree_check 检测权限。如果客户端使用的是 root 用户,那么该客户端就具有 root 权限。

注意这里的设置步骤,首先在终端界面进行命令编辑;然后进入编辑器,按 I 进行编辑;按 Esc 切换返回到命令模式;Shift＋:切到末行模式;Q:退出;Q!:强制退出;WQ:保存退出。

(2)步骤二:重启服务。

在根目录下输入:

$　sudo　/etc/init.d/nfs－kernel－server　restart

重启服务成功后,有如下显示(4 个 OK 中间有提示,是因为设置的路径没有相应的内容,会提示错误,可以先忽略这个问题),如图 10－34 所示。

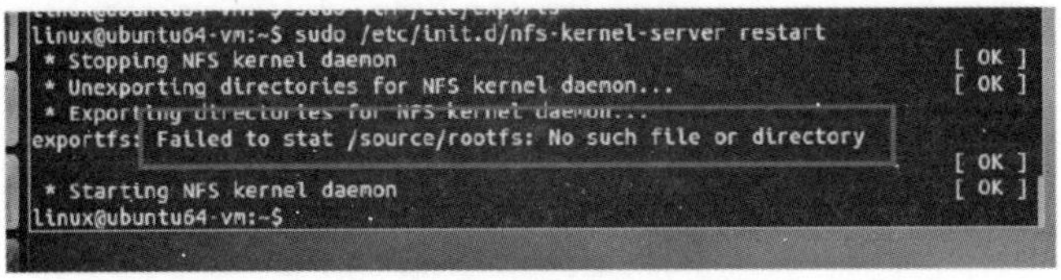

图 10－34　重启挂载服务

如果要使设置的路径没有相应的内容问题(无 rootfs),就要做如下工作:

$　cd　/source/

source　$　ls

source　$　sudo　mkdir　rootfs

$　sudo　/etc/init.d/nfs－kernel－server　restart

重启服务成功,如图 10－35 所示。

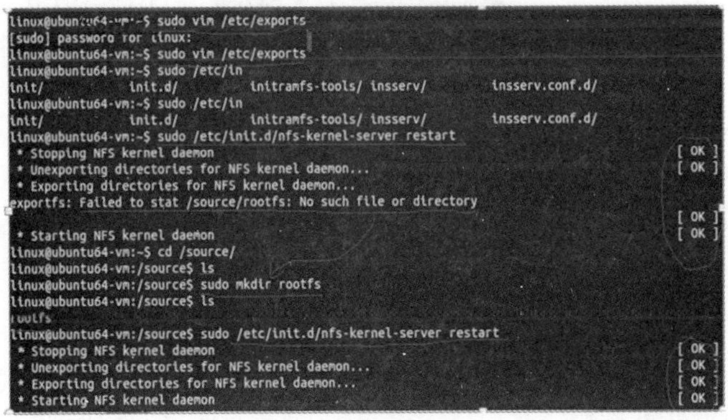

图 10－35　重启服务正确

10.5　交叉开发环境搭建

交叉开发是指先在一台通用 PC 上进行软件的编辑、编译与链接,然后下载到嵌入式设备中运行调试的开发过程。通用 PC 成为宿主机,嵌入式设备成为目标机。使用 TFTP 的方式下载内核,运行到开发板上,使用 NFS 方式挂载文件系统。此外,还需要配置开发环境网络和交叉工具链及拷贝共享文件等工作,为后续的开发建立好环境。

10.5.1　配置开发环境网络

1. 网络配置目的

使用桥接模式的虚拟系统和宿主机的关系就像连接在同一个 Hub 上的两台电脑,想让它们相互通信,就需要为虚拟系统配置 IP 地址和子网掩码,否则就无法通信。虚拟机下的操作系统和主机操作系统为平级状态。为了调试方便,给虚拟机的 Ubuntu 一个静态的 IP 地址。假设使用的网络地址为 192.168.2.x 段的,那么可以给 Ubuntu 分配一个 IP 为 192.168.2.102,下面是配置过程。

2. 网络配置步骤

(1)步骤一:配置虚拟机网络环境。输入命令:

$　sudo　vim　/etc/network/interfaces

密码　1,不显示。

修改文件,如图 10 - 36 所示。保存退出(环境默认是加【♯】注释掉的内容,修改前删除4~11 行的注释)。

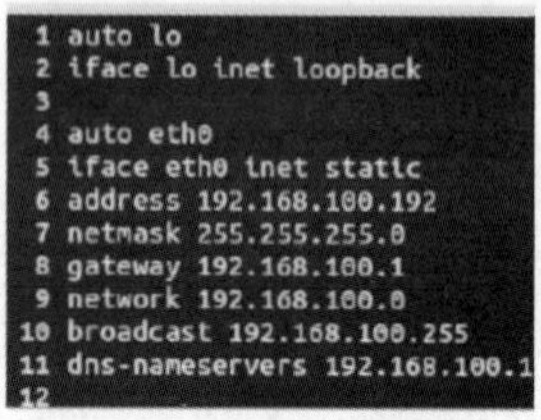

```
1 auto lo
2 iface lo inet loopback
3
4 auto eth0
5 iface eth0 inet static
6 address 192.168.100.192
7 netmask 255.255.255.0
8 gateway 192.168.100.1
9 network 192.168.100.0
10 broadcast 192.168.100.255
11 dns-nameservers 192.168.100.1
12
```

图 10 - 36　配置网络环境

把 6~9 行修改:

  address　　　192.168.2.102

  netmake　　　255.255.255.0

  gatewayip　192.168.2.254

  serverip　　192.168.2.202

(2)第二步:应用网络修改。输入命令:

$　sudo　/etc/init.d/networking　restart

当命令执行后,会延时一会儿后出现 OK,如图 10 - 37 所示。

(3)第三步:查看网络连通状况。输入查看命令:

  $　ifconfig

出现修改后的 IP,如图 10 - 38 所示。使用【ifconfig】命令查看修改的结果。如果没有修改成功,重复上述步骤,或者重新启动虚拟机的 Ubuntu 系统。

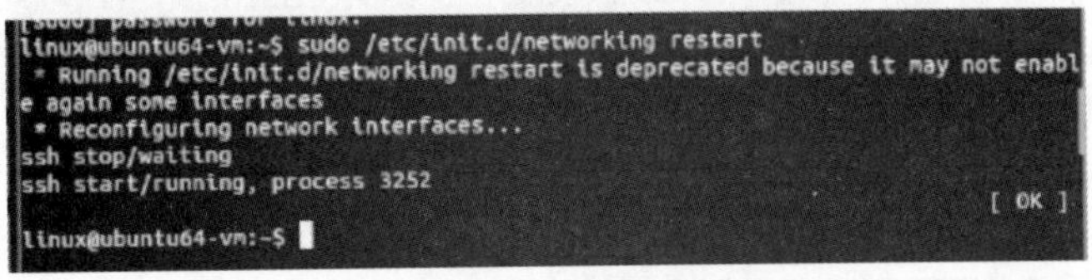

图 10 - 37　网络参数修改

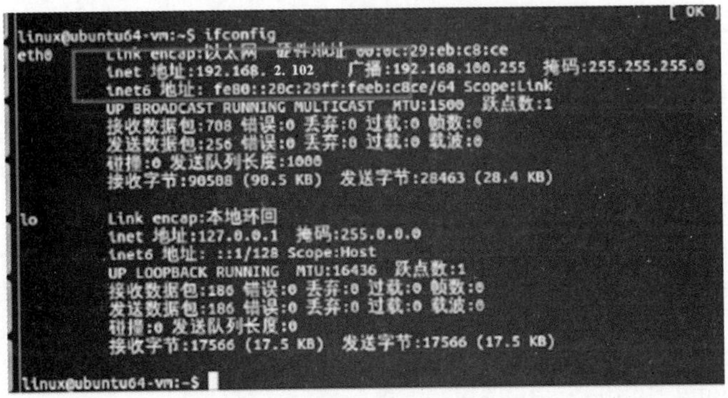

图 10 - 38　查看网络连通

(4)第四步:配置交叉工具链。交叉工具链也就是交叉工具的集合,在虚拟机上编写程序,然后再进行编译、链接等操作,最后生成一个可执行程序在 ARM 架构上运行。所以进行 ARM 的裸机程序开发要有一套自己的工具。

开发环境包含了 3 个版本的交叉工具链,放在/usr/local/toolchain/路径下。用【ls】命令文件在【/bin】这个目录中查看,为了方便使用需要将经常使用的交叉工具链添加到环境变量中。

1)首先进行查看。

$　cd　/usr/ local/toolchain/

/usr/local/toolchain $　ls

显示有:toolchain - 4.3.2　4.4.6　4.5.1　4.6.4 等文件。

/usr/local/toolchain $　cd　toolchain - 4.5.1　然后 ls 显示;

/usr/local/toolchain/ toolchain - 4.5.1 $　cd　bin 然后 ls 显示;

显示有 arm - none - linux - gnueabi 等文件。

2)修改文件 ~/.bashrc,添加内容

$　vim　　~/.bashrc　//　注意 bashrc 前面有句点

添加下面一行代码到文件的末尾,如图 10 - 39 所示。

　　exprot　　PATH= $ PATH:/usr/local/toolchain/toolchain - 4.6.4/bin/

3)重启配置文件。如果已经有文件配置时就不必重新设置,可以越过这一步,直接进行第五步测试即可。

$　cat　.bashrc　|　grep　export

＃　exprot　　PATH＝$PATH:/usr/local/toolchain/toolchain－4.6.4/bin/

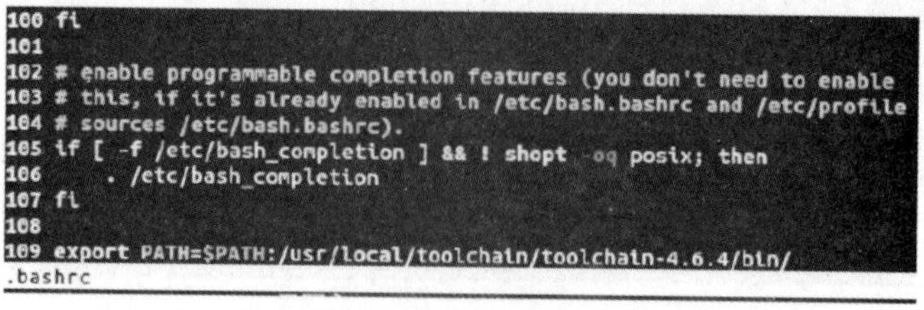

图 10-39　配置交叉工具链

(5)第五步:重启配置文件并测试。　　　　.bashrc 是 linux 的隐藏文件,需要进行启动。

　　$　source ～/.bashrc

source ～/.bashrc 下 arm 文件应该会有很多,如果没有文件就需要重启。

　　$　sudo　apt－get install tor－arm

密码 1 开始读 0%－100%并继续 Y 连接。

　　$　arm－none－linux－gnueabi

这里按 Tab 键会显示 arm 的很多文件。

接下来直接输入工具链的测试命令进行测试:

　　$　arm－none－linux－gnueabi－gcc　　－v

如图 10-40 所示,说明交叉工具链安装并配置完成。

图 10-40　交叉工具链配置测试

10.5.2　拷贝文件

1. 将文件拷贝到宿主机的共享文件夹中

将"光盘资料\实验资料\3. Linux 操作系统移植部分\交叉开发环境搭建\3. Boot Loader (Uboot)开发实验\镜像文件\"中的所有文件拷贝到 Ubuntu 共享目录(E:\share)下。文件内容如图 10 - 41 所示。

图 10 - 41　拷贝到共享文件夹中的文件

2. 将共享文件夹中的文件拷贝到 Ubuntu /tftpboot 目录下

将共享目录中需要下载的文件拷贝到 tftpboot 目录中。这里主要是把 u - boot - fs4412.bin,uImage,exynos4412 - fs4412.dtb 文件拷贝到虚拟机 Ubuntu 的 /tftpboot 目录下。

$　cp　/mnt/hgfs/share/u - boot - fs4412.bin　　/tftpboot

$　cp　/mnt/hgfs/share/uImage　　　/tftpboot

$　cp　/mnt/hgfs/share/exynos4412 - fs4412.dtb　　　/tftpboot

还有另一种比较简单的拷贝方法:将文件拖曳到当前目录下,按键盘上 Home 键,输入 CP 拷贝命令和空格,再按 End 键到后面加空格和 ./ 后确认。

$　cd　/tftpboot /

/tftpboot / $　CP　u - boot - fs4412.bin　　./

/tftpboot / $　CP　uImage　./

/tftpboot / $　CP　exynos4412 - fs4412.dtb　　./

结果如图 10 - 42 所示(图中的 share 可以是 workspace,根据自己建的共享文件夹名称来决定)。

图 10 - 42　拷贝共享文件夹中文件到虚拟机

3. 拷贝并解压文件系统

将 rootfs.tar.bz2 文件拷贝到虚拟机 Ubuntu 的 /source 目录。

$　cd /source

source $　CP　rootfs.tar.xz　　./

拷贝文件如图 10 - 43 所示。

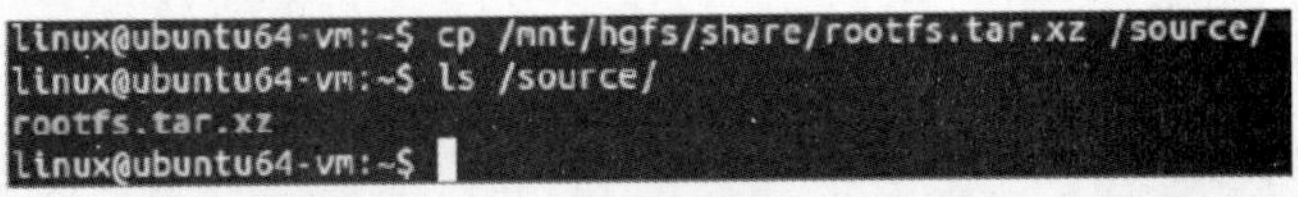

图 10 - 43　拷贝共享文件夹中文件到 source 目录

解压文件:

source $　tar　xvf　rootfs.tar.xz

解压文件如图 10 - 44 所示。

图 10 - 44　解压文件到 source 目录下

在根目录下的解压文件显示如图 10 - 45 所示。

图 10 - 45　根目录下的解压文件显示

10.5.3　开发板连接

1. PC 与开发板连线

PC 与开发板连线：网线、USB 线、USB - OTG 线连接如图 10 - 46 所示。

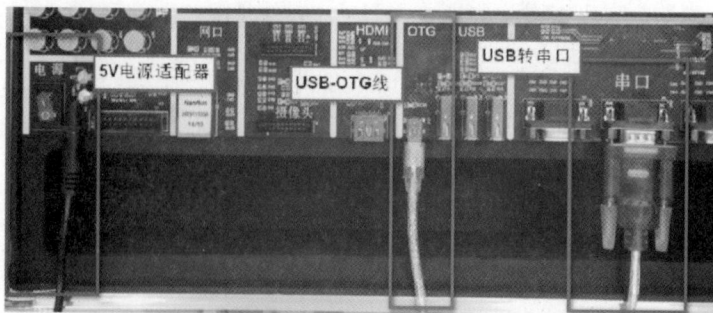

图 10 - 46　PC 与开发板连线

注意:先找好 USB－OTG 线的位置和 USB 转串口线的位置(串口必须接中间的 COM),再连接(一定要在机箱断电下连接)。

2. 设置串口调试工具

打开"光盘\工具软件\Windows\串口调试工具\putty.exe"文件执行(已安装好 putty 就不执行了,直接点击打开)。

3. 连接设置

首先在 PC 机管理处查看与机箱的端口连接位置。步骤:

(1)我的电脑－设备管理－端口－CH340 默认连接的是哪个 COM 口(如 COM4);

(2)点击桌面的 PUTTY 设置 COM,选择串口(serial)连接方式;

(3)设置 COM4;波特率按照开发板的 115200 设置;flow control 选 None;

(4)然后打开。

如图 10－47 所示。

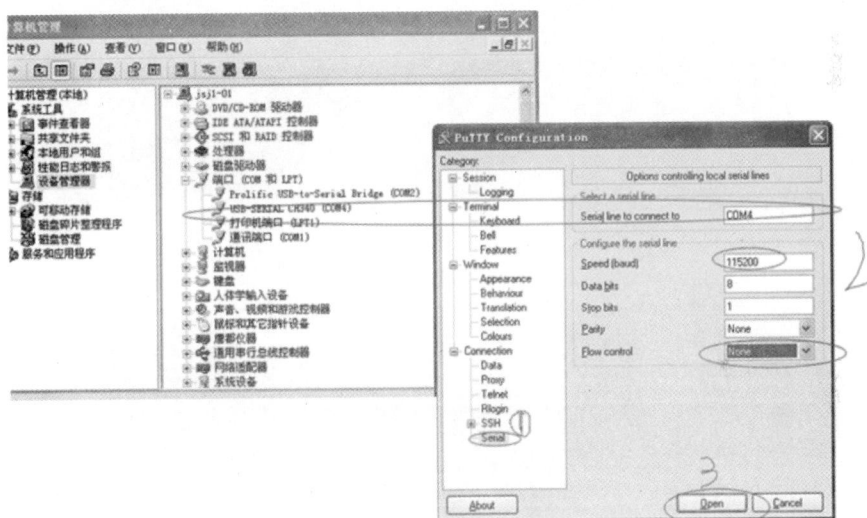

图 10－47　开发板连线设置

4. 启动开发板

开启开发板的电源,在 PUTTY 屏幕上 5 秒倒计时结束前,按任意键停止在 Uboot 处。串口终端显示如图 10－48 所示。

注意,图 10－48 所示是开发板操作的 Linux 2013.01 Uboot 版本,如果开发板中 Uboot 版本为 2010,则无法烧写成功。如果此处 Uboot 版本不正确,需要重新烧写 Uboot 版本。关于版本转换方法在 10.5.4 小节介绍。

5. 修改开发板的环境变量

在 PUTTY 修改开发板的环境变量(命令框内开头为【＃】一般是需要在串口终端对开发进行的操作,【＄】一般是在虚拟机下对 Ubuntu 进行的操作)。尽量手动输入,不去复制 pdf,避免非法字符。

＃　setenv serverip 192.168.2.102 //主机 IP 地址设置与 Ubuntu(虚拟机) IP 地址

一致

  # setenv ipaddr 192.168.2.202 //开发板 IP 不要和 Windows 或 Ubuntu 冲突

  # saveenv   //保存环境变量

  # ping 192.168.2.102   //使用【print】命令查看修改后的环境变量

  使用 ping 命令尝试 ping 一下 Ubuntu 主机,如图 10 - 49 所示,表示网络已经连通。

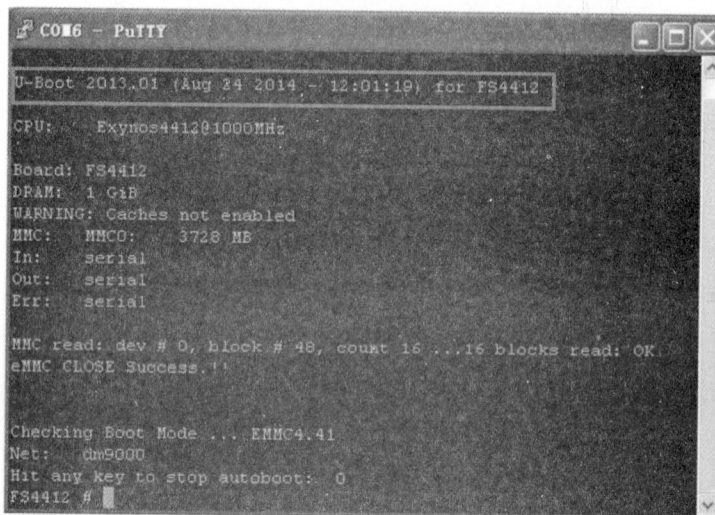

图 10 - 48 启动开发板界面

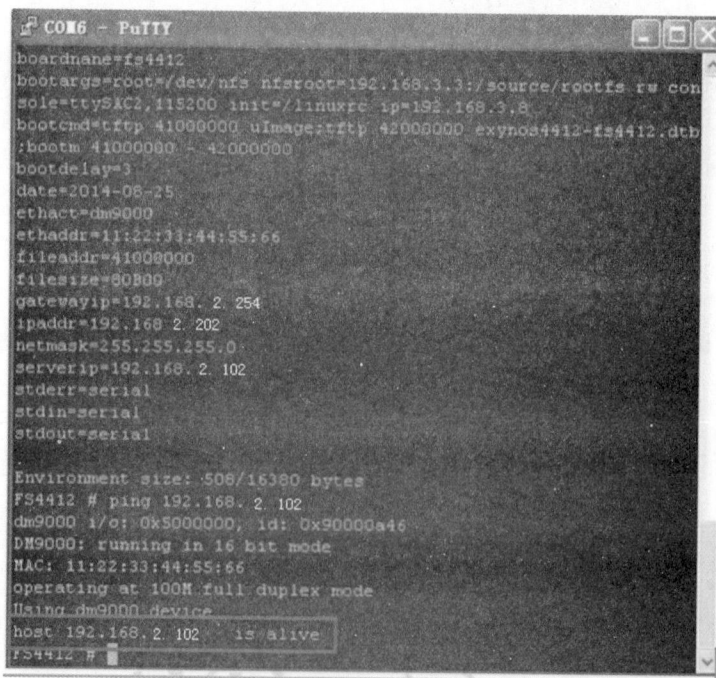

图 10 - 49 主机与 Ubuntu IP

6. Uboot 启动参数修改

在主机与 Ubuntu IP 连通的情况下,还必须保证和开发板的网络连通,因此要对开发板的启动参数进行修改。如图 10 - 50 所示,在 PUTTY 上把原来的 IP 修改为和虚拟机上 Ubuntu 的网络相匹配。

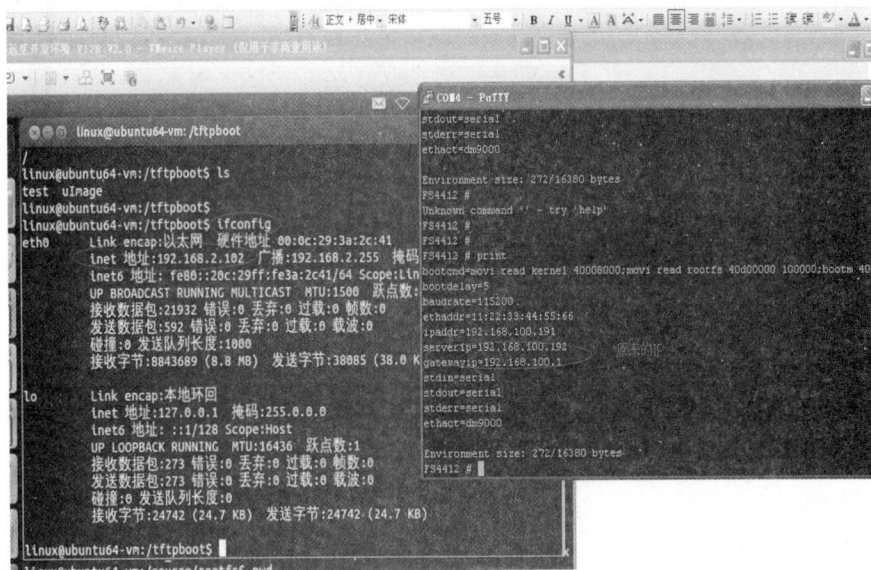

图 10 - 50　Uboot 参数修改

在 PUTTY 上使用以下两条命令进行修改:

第一条:

setenv　bootargs　root＝/dev/nfs　nfsroot＝192.168.2.102:/source/rootfs　rw console＝ttySAC2,115200 init＝/linuxrc ip＝192.168.2.202

第二条:

setenv　bootcmd　tftp 41000000 uImage\;tftp 42000000 exynos4412 - fs4412.dtb\; bootm 41000000 - 42000000

这两条命令必须各写成一行,并注意字母的大小写,如图 10 - 51 所示。

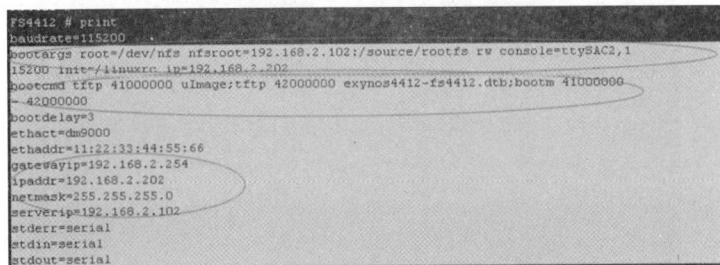

图 10 - 51　Uboot 修改命令书写格式

在主机与 Ubuntu IP 连通的情况下须保证和开发板的网络连通,这样网络才能真正连通。如图 10 - 52 所示。

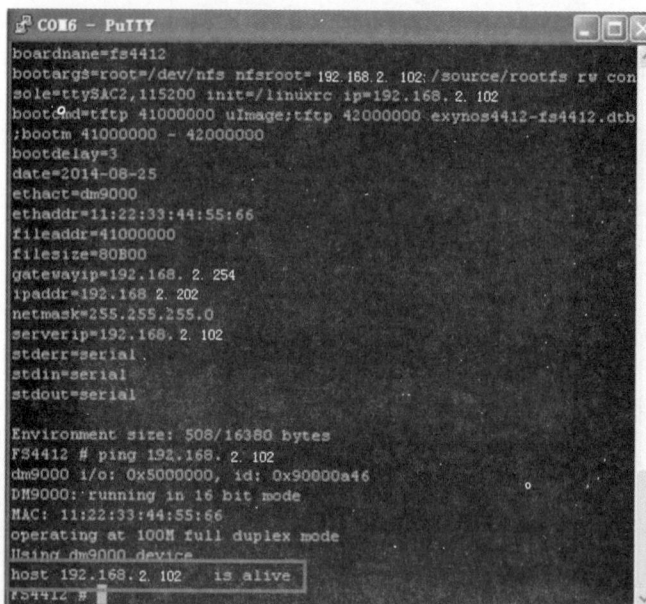

图 10 - 52　主机与 Ubuntu 及开发板之间的网络连通

7. NFS 挂载方式启动

　　在参数修改完成后，重启开发板（机箱通电），开始启动 NFS 挂载，如图 10 - 53 所示。这表明内核从主机的 /tftpboot 处下载数据，文件系统为 NFS 网络文件系统，位置在主机的/source/rootfs/处，如图 10 - 54 所示。

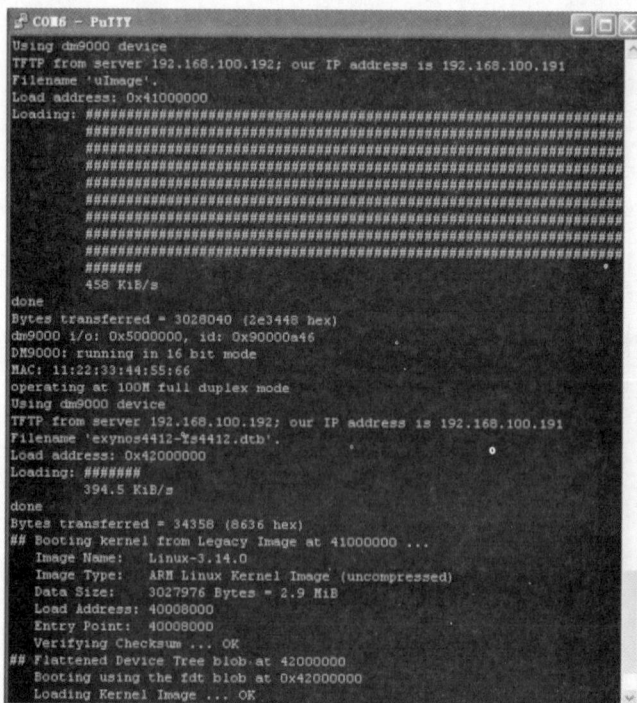

图 10 - 53　启动修改参数

图 10 - 54　NFS 挂载方式启动

10.5.4　Android 版本的 Uboot 与 Linux 版本的 Uboot 版本转换

Android 使用的 bootloader 版本是 2010 的,而 Linux(Ubuntu)是 2013 版本,因此在实验与开发过程中须进行版本转换。

1. Android 的 Uboot 转为 Linux 的 Uboot

在开发设备中,初始启动是 Android 的系统,而实际应用开发编程时常常需要 Linux 操作系统平台。Android 的 Uboot 版本是 2010.03,必须烧写为 Linux 2013.01 版本。

(1)烧写方法。一般采用 fastboot 烧写。

· 正确连接 USB - OTG 线和 USB 转串口线(必须接中间的 COM)。

· 使用 putty 串口工具(设置波特率、端口号),上电后进行烧写。注意:必须在 5 秒倒计时结束前按任意键。

如图 10 - 55 显示的是旧版本 2010.03。

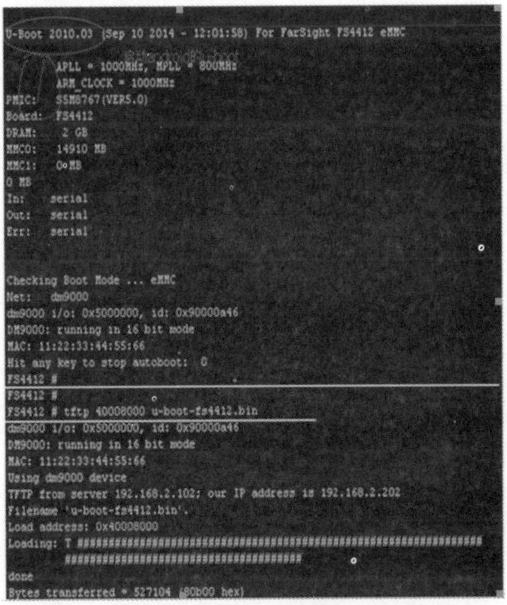

图 10 - 55　Android Uboot 2010.03 版本

（2）烧写命令。

tftp 40008000 u－boot－fs4412.bin　　//表示读出 linux 2013 版本

movi　write　u－boot 40008000　　　//烧写到内核的 40008000 处

两条命令输入完毕后，接着输入烧写命令：fastboot，如图 10－56 所示。

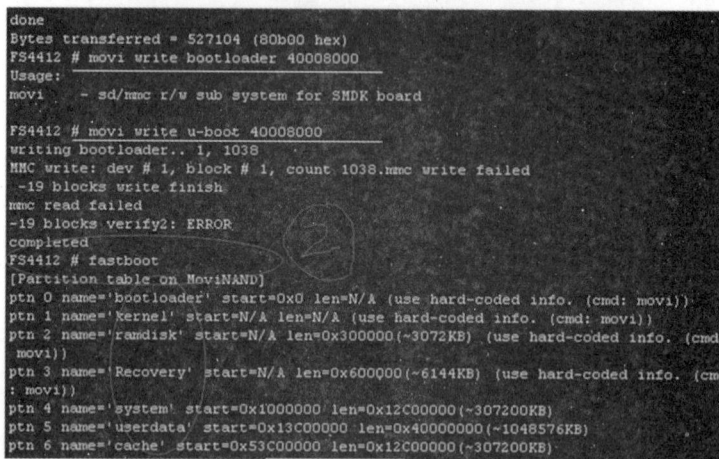

```
done
Bytes transferred = 527104 (80b00 hex)
FS4412 # movi write bootloader 40008000
Usage:
movi    - sd/mmc r/w sub system for SMDK board

FS4412 # movi write u-boot 40008000
writing bootloader.. 1, 1038
MMC write: dev # 1, block # 1, count 1038.mmc write failed
-19 blocks write finish
mmc read failed
-19 blocks verify2: ERROR
completed
FS4412 # fastboot
[Partition table on MoviNAND]
ptn 0 name='bootloader' start=0x0 len=N/A (use hard-coded info. (cmd: movi))
ptn 1 name='Kernel' start=N/A len=N/A (use hard-coded info. (cmd: movi))
ptn 2 name='ramdisk' start=N/A len=0x300000(~3072KB) (use hard-coded info. (cmd
movi))
ptn 3 name='Recovery' start=N/A len=0x600000(~6144KB) (use hard-coded info. (cmd
: movi))
ptn 4 name='system' start=0x1000000 len=0x12C00000(~307200KB)
ptn 5 name='userdata' start=0x13C00000 len=0x40000000(~1048576KB)
ptn 6 name='cache' start=0x53C00000 len=0x12C00000(~307200KB)
```

图 10－56　版本烧写命令

　　（3）拷贝 Fastboot 工具。在 Fastboot 命令烧写前，必须先拷贝 Fastboot 工具。拷贝"光盘资料：\实验代码\2、Linux 移植驱动及应用\2、Linux 系统移植\实验代码\第一天\镜像\"u－boot 镜像到 Fastboot 目录下。这里首先在 C 盘上建立相关文件夹，根据工具的存放位置拷贝过来。工具 Fastboot 的路径根据资料的存放位置，目前是在 D 盘的 ARM 资料中，如图10－57 所示。

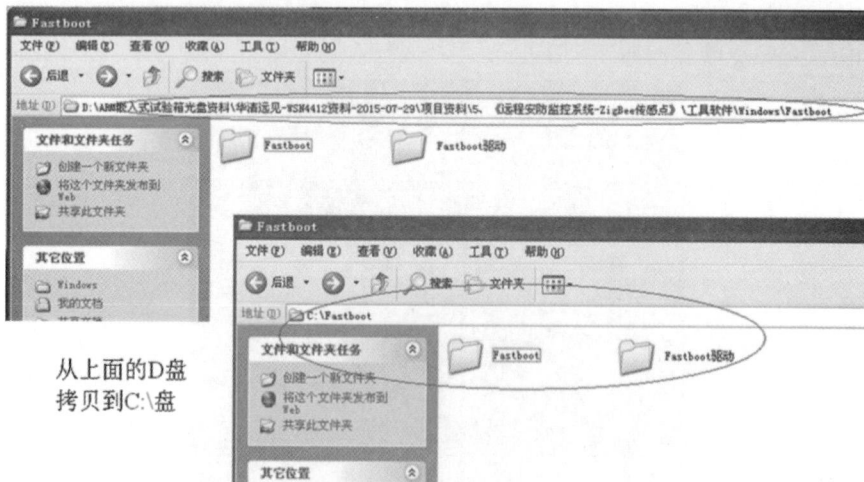

图 10－57　拷贝 Fastboot 工具

　　目的是把 u－boot 镜像拷贝到 Fastboot 目录下（在 CMD 下烧写）。

　　（4）在 Windows 命令行（cmd）中操作。在 Windows 命令行（cmd）输入如下命令。如图10－58 所示。

　　fastboot　flash　bootloader　u－boot－fs4412.bin

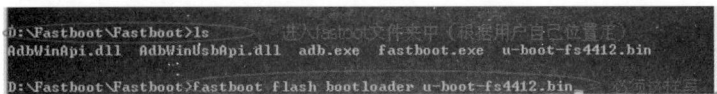

图 10－58　cmd 下的操作命令

　　这里要强调的是,烧写 Uboot 必须同时在 putty 和 Windows 命令行(cmd)中的两个界面操作完成版本烧写(2010.03 改为 2013.01 版本)。

　　(5)重新启动设备。烧写完之后,重新启动设备(开发板)。在 putty 界面查看 Uboot 的版本是否为 2013.01。在 5 秒倒计时结束前按任意键,界面最上面有日期,如图 10－59 所示。

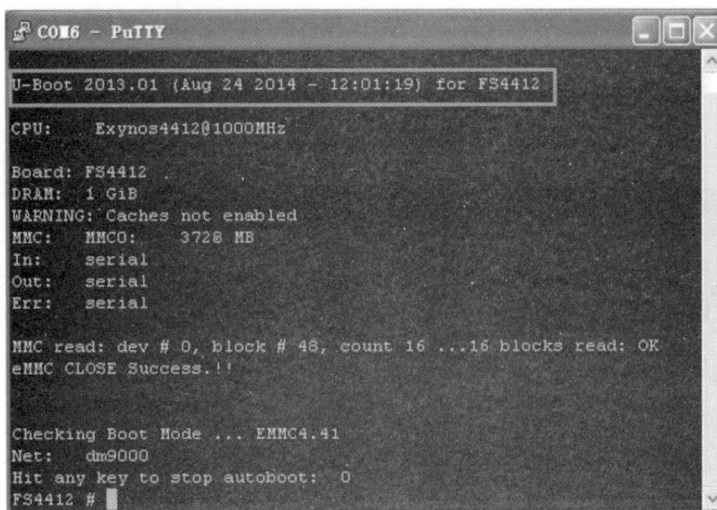

图 10－59　Linux 的 2013.01 版本 Uboot

　　(6)Uboot 启动参数设置。

　　setenv ipaddr 192.168.2.202

　　setenv serverip 192.168.2.102

　　setenv gatewayip 192.168.2.254

　　setenv bootargs root＝/dev/nfs nfsroot＝192.168.2.102:/source/rootfs rw console＝ttySAC2,115200 init＝/linuxrc ip＝192.168.2.202

　　setenv bootcmd tftp 41000000 uImage\;tftp 42000000 exynos4412－fs4412.dtb\;bootm 41000000－42000000

　　saveenv

　　(7)再次启动设备。这时版本转换结束,可以进行相关的设计和实验。

　　2. Linux 版本的 Uboot 转为 Android 的 Uboot

　　由于开发板的功能测试以及功能演示操作(机箱演示)都是在 Android 版本的 Uboot 下操作的,因此需要再把 Linux 转换成 Android 的 Uboot 启动。下面就版本转换方法进行介绍。

(1)打开 putty 界面。打开 putty 之前还是要查看设备管理 COM 口后,进行串口设置(设置波特率,端口号)。

(2)使用 putty 串口工具,开启设备电源。使用 putty 串口工具,开启设备电源,必须在 5 秒倒计时结束前按任意键。

(3)通过 tftp 方式烧写 Uboot(2010.03 版本)。在 putty 界面上输入下面两条命令:

tftp　40008000　uboot－fs4412.bin

movi　write u－boot 40008000

然后重启设备(机箱)进行参数修改。

(4)重新设置 Uboot 启动参数。输入如下命令:

setenv　bootargs

setenv bootcmd movi read kernel 40008000\;movi read rootfs 40d00000 100000\;bootm 40008000 40d00000

saveenv

这时就转换为 Android 版本了,如图 10－60 所示。

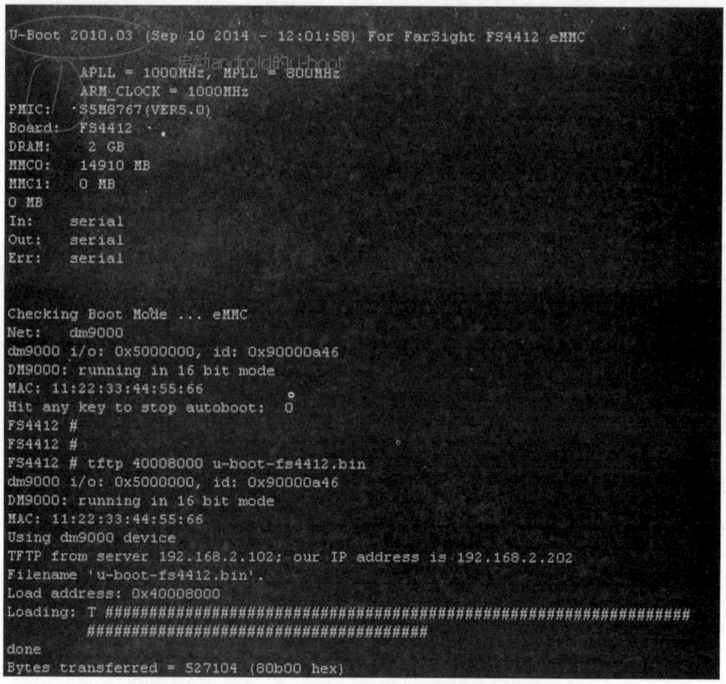

图 10－60　Android 的 2010.03 版本 Uboot

(5)关于版本转换注意事项。要清楚在什么状况下用什么版本,Android 的 Boot Loader 是 2010 版本,而 Lunux3.14 使用的是 2013 版本。

· 2010 版本(Android)。从上面的烧写方法可以看出:2010 版的 Boot Loader 是 tftp 模式直接向 emmc 中烧写的方法。

· 2013 版本(Linux)。2013 版的 Boot Loader 是 Fastboot 在线烧写方式。事实上 2013 版的 Boot Loader 也可以使用 tftp 模式,直接向 emmc 中烧写。

之所以推荐使用 tftp 模式进行 2010 版本烧写,毕竟可以统一在 Linux 环境下完成,而 2013 版使用 Fastboot 烧写只能是在已经集成了 Fastboot 驱动的 Uboot 中使用。

其实最好的版本转换方式都使用 tftp 模式,需要用哪个 Uboot,tftp 目录下就放哪个 Uboot,movi 到 emmc 中就可以了。还有只是 movi 需要写具体地址,Fastboot 使用了有意义的字符串来表示分区地址了。

· 输入命令 setenv 的时候要仔细一点,尽量不要出错。

setenv bootargs root＝/dev/nfs nfsroot＝192.168.2.102:/source/rootfs rw console＝ttySAC2,115200 init＝/linuxrc ip＝192.168.2.202

凡涉及 SETENV 命令尽量不使用回车键或其他可转移字符。退格键都是单行设置的,回车键只在输入完成的时候使用一次。因为命令很长,输入比较麻烦,可以使用 print 来检查书写是否正确。

· 还要强调的是在版本转换时的命令看似都是这两条:

tftp 40008000 uboot－fs4412.bin

movi write u－boot 40008000

实际上是不同的 uboot－fs4412.bin 工具,Linux 的是来自于"光盘资料:\实验代码\2、Linux 移植驱动及应用\2、Linux 系统移植\实验代码\第一天\镜像\ "的 uboot－fs4412.bin。而 Android 是来自于"光盘资料:\烧写镜像\GPRS \"下的 uboot－fs4412.bin,是不同的位置文件工具。在共享文件夹中也可以改变该文件名。

· 在做版本转换实验的时候,设置开发板实验平台的 IP 地址要与 Ubuntu 的 IP 处于同一网段;同时还要保证 Ubuntu 和电脑也是同一网段的。

习 题 10

1. 简述 Cortex－A9 开发板平台的基本组成。

2. 简述 FS4412 Android 系统应用的几类实验步骤和现象。

3. 简述 Linux 系统配置 TFTP 的步骤。

4. 简述 Linux 系统配置 NFS 的步骤。

5. 简述 Linux 交叉开发环境搭建的步骤。

第 11 章　基本实验编程举例及驱动程序分析

本章介绍在嵌入式系统开发过程中必须做的几个实验,对 Cortex - A9 在 Linux 系统的基本实验原理、实验过程以及实验代码进行描述和分析。

11.1　Boot Loader(Uboot)移植实验

11.1.1　Boot Loader 实验原理

Boot Loader 是硬件启动的引导程序,是运行操作系统的前提。它是在操作系统内核或用户应用程序运行之前运行的一小段代码,对软硬件进行相应的初始化设定,为运行操作系统准备好环境。在嵌入式系统中,整个系统的启动和任务加载通常由 Boot Loader 来完成。

1. Boot Loader 的特点

· Boot Loader 不属于操作系统,一般采用汇编语言编写,因此针对不同的 CPU 体系结构这一部分代码不具有可移植性。在移植操作系统时,这部分代码必须加以改写。

· Boot Loader 不但依赖于 CPU 的体系结构,而且还依赖于嵌入式系统板级设备的配置。

2. Boot Loader 的操作模式

· 自启动模式:在这种模式下,Boot Loader 从目标机上的某个固态存储设备上将操作系统加载到 RAM 中运行,整个过程并没有用户的介入。

· 交互模式:在这种模式下,目标机上的 Boot Loader 将通过串口或网络通信从开发主机(Host)上下载内核映像和根文件系统映像等到 RAM 中。然后再被 Boot Loader 写到目标机上的固态存储设备中。或者直接进行系统的引导。

3. Boot Loader 的基本功能

· 初始化相关硬件。

· 将操作系统内核从 Flash 拷贝到 SDRAM 中,如果是压缩格式的内核,还要解压。

· 改写系统内存映射。

· 加载并执行内核。

· 设置堆栈指针并将 bss 段清零,为后续执行 C 代码做准备。

· 改变 PC 值,使得 CPU 开始真正执行操作系统内核。

4. Boot Loader 的启动

系统加电或复位后,所有 CPU 都会从某个地址开始执行,嵌入式系统的开发板通常把板上 ROM 或 Flash 映射到这个地址。把 Boot Loader 程序存储在相应的 Flash 位置。系统加电后,CPU 将首先执行 Boot Loader 程序,如图 11-1 所示。

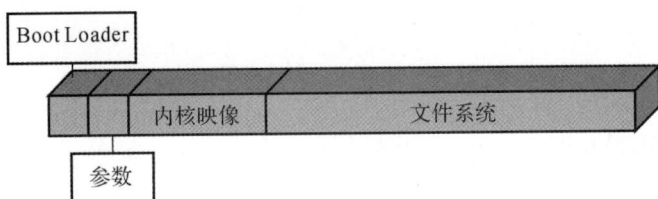

图 11-1　Boot Loader 映射

(1)Boot Loader 启动的第一阶段。

· 初始化基本的硬件。

· 把 Boot Loader 自搬运到内存中。

· 设置堆栈指针并将 bss 段清零,为后续执行 C 代码做准备。

· 跳转到第二阶段代码中。

(2)Boot Loader 启动的第二阶段。

· 初始化本阶段要使用到的硬件,包括初始化串口、初始化计时器等。

· 检测系统的内存映射。所谓内存映射就是指在整个 4GB 物理地址空间中指出哪些地址范围被分配用来寻址系统的 RAM 单元。

· 读取环境变量,如果是自启动模式,从 Flash 或通过网络加载内核并执行;如果是下载模式,接收到用户的命令后执行;加载内核映像和根文件系统映像,这里包括规划内存占用的布局和从 Flash 上拷贝数据。

· 设置内核的启动参数。

11.1.2　Boot Loader(Uboot)移植实验

1. 实验目的

熟悉交叉工具链的使用、Uboot 常用命令、Uboot 的代码结构和移植方法。

2. 实验平台

FS4412 开发环境平台。

3. 实验步骤

(1)建立自己的平台。建立自己的平台就是要把 Uboot(版本:u-boot-2013.01)进行解压、编译修改等。只要开发板是 FS4412 平台(Exynos 4412,可以根据自己的板子修改),过程都是一样的。

· 拷贝源码。

 $　mkdir　～/workdir/uboot　-p

 $　cd　～/workdir/uboot

将"光盘实验资料\2.Linux 移植驱动及应用\2 Linux 移植\实验代码\第二天\编译好的 \uboot 源码"目录下的"u-boot-2013.01.tar.bz2"拷贝到共享目录下,如图 11-2 所示。

图 11-2 共享文件中的源码文件

· 解压 Uboot 源码并进入目录。源码解压输入命令：

$ tar xvf u-boot-2013.01.tar.bz2

$ cd u-boot-2013.01

u-boot-2013.01 $ ls

解压后会显示很多文件，如图 11-3 所示。

图 11-3 拷贝解压源码文件

· 指定交叉编译工具链。这里主要关心的板级相关文件或目录。例如：

u-boot-2010.03/Makefile

u-boot-2010.03/include/configs/origen.h

u-boot-2010.03 /arch/arm/cpu/armv7/start.S

u-boot-2010.03 /board/samsung/origen

u-boot-2010.03 /arch/arm/lib

origen 是使用 Exynos 4412 芯片的参考板，在其基础之上移植 fs4412。

· 指定产品 BOARD。找一个最类似的 board 配置修改：这里参考的是 board/samsung/origen/。修改 board/samsung/ 板级相关文件夹，复制 board/samsung/origen/，重命名为 fs4412。

$ cp -rf board/samsung/origen / board/samsung /fs4412

$ mv board/samsung/fs4412/origen.c board/samsung/fs4412/fs4412.c

修改 board/samsung/fs4412/Makefile 信息。

$ vim board/samsung /fs4412//Makefile ;修改 origen.o 为 fs4412.o

修改 include/configs/fs4412.h 配置文件：

同样先复制 inlcude/configs/origen.h，生成 inlcude/configs/fs4412.h

$ cp include/configs/origen.h include/configs/fs4412.h

打开 fs4412.h，修改以下文件：

$ vim include/configs/fs4412.h

将

define CONFIG_SYS_ PROMPT "ORIGEN # "

修改为

define CONFIG_SYS_ PROMPT "fs4412 # "

将

＃　define　CONFIG_IDENT_ STRING　for　ORIGEN

修改为

＃　define　CONFIG_ IDENT_ STRING　for　fs4412

打开 Uboot 根目录下的 boards.cfg,配置 boards.cfg:

$　vim　boards.cfg

在 origen 后新增文件:fs4412 arm armv7 fs4412 samsung exynos,如图 11 - 4 所示。

图 11 - 4　根目录下的板级相关文件

• 编译 Uboot 指定交叉工具链。

$　cd　/home/linux/uboot/u - boot - 2013.01/

$　vim　Makefile

在

　ifeq($(HOSTARCH),$(ARCH))

　　CROSS_COMPILE ? ＝

　endif

下添加:

　ifeq($(HOSTARCH),$(ARCH))

　CROSS_COMPILE ? ＝ arm－none－linux－gnueabi－

　endif

编译 u - boot - 2013.01:

$　make distclean

$　make fs4412_config

$　make

编译完成后生成的 u - boot.bin 就是可执行镜像文件。但是该文件只能在 origen 平台上运行,需要对 Uboot 源代码进行相应的修改。

(2)Uboot 移植。确认第一条指令运行,用从串口终端信息能看到的点灯法来试验。

1)确定代码执行。在 arch/arm/cpu/armv7/start.S 134 行后添加点灯程序,如图 11 - 5 所示。

这部分代码是一段点灯程序。通过机箱板子上 LED2 的状态确定 Uboot 的第一行代码是否实行。

• 拷贝文件。首先将"光盘:实验资料\实验代码\2.linu 移植驱动及应用\linux 移植\实验代码\第二天\移植相关文件\"目录下的 sdfuse_q,Code Sign4SecureBoot,build.sh 拷贝到 u - boot - 2013.01 源码目录下。这些文件是板级初始化代码。sdfuse_q 是三星提供的加密处理,CodeSign4SecureBoot 是安全启动方式,build.sh 是编译脚本。(文件的拷贝方法按照前面介绍,可以在 u - boot - 2013.01 源码目录下直接拖曳拷贝这 3 个文件。)

然后为编译脚本添加执行权限:

$ chmod 777 u-boot-2013.01/build.sh

·修改 Makefile。

$ vim Makefile

修改实现 sdfuse_q 的编译。

在如图 11-6 所示位置添加图 11-7 所示内容。

```
136 #if 1
137     ldr r0, =0x11000c40 @GPK2_7 led2
138     ldr r1, [r0]
139     bic r1, r1, #0xf0000000
140     orr r1, r1, #0x10000000
141     str r1, [r0]
142
143     ldr r0, =0x11000c44
144     mov r1,#0xff
145     str r1, [r0]
146 #endif
```

图 11-5 添加点灯程序

```
442 $(obj)u-boot.bin:    $(obj)u-boot
443         $(OBJCOPY) ${OBJCFLAGS} -O binary $< $@
444         $(BOARD SIZE CHECK)
```

图 11-6 修改 Makefile

```
@./mkuboot
@split -b 14336 u-boot.bin bl2 此处bl2 是字母 '1'，不是数字1
@+make -C sdfuse_q/
@#cp u-boot.bin u-boot-4212.bin
@#cp u-boot.bin u-boot-4412.bin
@#./sdfuse_q/add_sign
@./sdfuse_q/chksum
@./sdfuse_q/add_padding
@rm bl2a*
@echo
```

图 11-7 Makefile 修改内容

注意：这里是用 Tab 键缩进的，否则 makefile 编译报错。如果执行了 make dist clean，需重新拷贝 CodeSign4SecureBoot。

·编译。

$ ./build.sh

编译生成所需文件 u-boot_fs4412.bin,烧写新的 u-boot_fs4412.bin(烧写 uboot 命令：tftp 41000000 u-boot.bin;movi write uboot 41000000)。复位，发现灯被点亮，说明 Uboot 运行了。

2)实现串口输出。修改 lowlevel_init.S 文件。

$ vim board/samsung/fs4412/lowlevel_init.S

·添加临时栈。在

lowlevel_init：

后添加：

　　ldr　sp，＝0x2060000 @use iRom stack in bl2

· 添加关闭看门狗代码。在

　　$　beq　wakeup_reset

后添加如图 11－8 所示代码。

```
68        beq wakeup_reset
69
70 #if 1 /*for close watchdog */
71        /* PS-Hold high */
72        ldr r0, =0x1002330c
73        ldr r1, [r0]
74        orr r1, r1, #0x300
75        str r1, [r0]
76        ldr r0, =0x11000c08
77        ldr r1, =0x0
78        str r1, [r0]
79        /* Clear MASK_WDT_RESET_REQUEST */
80        ldr r0, =0x1002040c
81        ldr r1, =0x00
82        str r1, [r0]
83 #endif
```

图 11－8　添加关闭看门狗代码

· 添加串口初始化代码。在

　　$　uart_asm_init：

　　str　r1，[r0，♯EXYNOS4_GPIO_A1_CON_OFFSET]

后添加 ldr　r0，＝0x10030000 等，如图 11－9 所示。

```
353        str r1, [r0, #EXYNOS4_GPIO_A1_CON_OFFSET]
354
355        ldr r0, =0x10030000
356        ldr r1, =0x666666
357        ldr r2, =CLK_SRC_PERIL0_OFFSET
358        str r1, [r0, r2]
359        ldr r1, =0x777777
360        ldr r2, =CLK_DIV_PERIL0_OFFSET
361        str r1, [r0, r2]
```

图 11－9　添加串口初始化代码

　　注释掉 trustzone(系统范围的安全方法)初始化。注释掉 $　　bl　uart_asm_init 下的 bl tzpc_init，如图 11－10 所示。

```
105        /* for UART */
106        bl uart_asm_init
107 #if 0
108        bl tzpc_init
109 #endif
110        pop {pc}
```

图 11－10　注释掉 trustzone 初始化

　　重新编译 Uboot。

$ ./build.sh bl

烧写新的 u-boot_fs4412.bin,复位会看到串口信息,如图 11-11 所示。

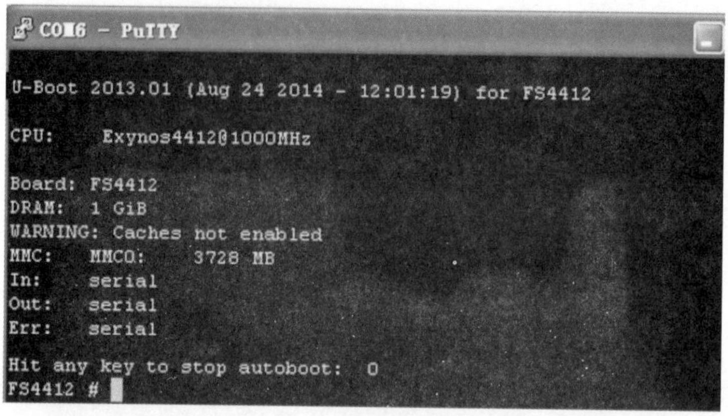

图 11-11 重新编译 Uboot

3)网卡移植。

·添加网络初始化代码。

$ vim board/samsung/fs4412/fs4412.c

在 struct exynos4_gpio_part2 * gpio2 后添加:

```
# ifdef CONFIG_DRIVER_DM9000
# define EXYNOS4412_SROMC_BASE 0X12570000

# define DM9000_Tacs    (0x1)    // 0clk          address set-up
# define DM9000_Tcos    (0x1)    // 4clk          chip selection set-up
# define DM9000_Tacc    (0x5)    // 14clk         access cycle
# define DM9000_Tcoh    (0x1)    // 1clk          chip selection hold
# define DM9000_Tah     (0xC)    // 4clk          address holding time
# define DM9000_Tacp    (0x9)    // 6clk          page mode access cycle
# define DM9000_PMC     (0x1)    // normal(1data)page mode configuration

struct exynos_sromc {
        unsigned int bw;
        unsigned int bc[6];
};

/*
 * s5p_config_sromc()-select the proper SROMC Bank and configure the
 * band width control and bank control registers
 * srom_bank    -SROM
 * srom_bw_conf -SMC Band witdh reg configuration value
```

```
 *    srom_bc_conf  - SMC Bank Control reg configuration value
 */
void exynos_config_sromc(u32 srom_bank, u32 srom_bw_conf, u32 srom_bc_conf)
{
    unsigned int tmp;
    struct exynos_sromc * srom = (struct exynos_sromc *)(EXYNOS4412_SROMC_
BASE);
    /* Configure SMC_BW register to handle proper SROMC    * bank */
    tmp = srom->bw;
    tmp &= ~(0xF << (srom_bank * 4));
    tmp |= srom_bw_conf;
    srom->bw = tmp;

    /* Configure SMC_BC    * register */
    srom->bc[srom_bank] = srom_bc_conf;
}
static void dm9000aep_pre_init(void)
{
    unsigned int tmp;
    unsigned char smc_bank_num = 1;
    unsigned int    smc_bw_conf=0;
    unsigned int    smc_bc_conf=0;

    /* gpio configuration */
    writel(0x00220020, 0x11000000 + 0x120);
    writel(0x00002222, 0x11000000 + 0x140);
    /* 16 Bit bus width */
    writel(0x22222222, 0x11000000 + 0x180);
    writel(0x0000FFFF, 0x11000000 + 0x188);
    writel(0x22222222, 0x11000000 + 0x1C0);
    writel(0x0000FFFF, 0x11000000 + 0x1C8);
    writel(0x22222222, 0x11000000 + 0x1E0);
    writel(0x0000FFFF, 0x11000000 + 0x1E8);
    smc_bw_conf &= ~(0xf<<4);
    smc_bw_conf |= (1<<7) | (1<<6) | (1<<5) | (1<<4);
    smc_bc_conf = ((DM9000_Tacs << 28)
            | (DM9000_Tcos << 24)
            | (DM9000_Tacc << 16)
            | (DM9000_Tcoh << 12)
```

```
                    | (DM9000_Tah << 8)
                    | (DM9000_Tacp << 4)
                    | (DM9000_PMC));
        exynos_config_sromc(smc_bank_num,smc_bw_conf,smc_bc_conf);
}
# endif
```

在 gd->bd->bi_boot_params = (PHYS_SDRAM_1 + 0x100UL)；后添加：

```
# ifdef CONFIG_DRIVER_DM9000
        dm9000aep_pre_init();
# endif
```

在文件末尾添加：

```
# ifdef  CONFIG_CMD_NET
int   board_eth_init(bd_t  * bis)
{
        int rc = 0;
# ifdef CONFIG_DRIVER_DM9000
        rc = dm9000_initialize(bis);
# endif
     return rc;
}
# endif
```

·修改配置文件，添加网络相关配置。

```
$    vim   include/configs/fs4412.h
```

修改

```
#   undef CONFIG_CMD_PING
```

为

```
#   def ine CONFIG_CMD_PING
```

修改

```
#   undef CONFIG_CMD_NET
```

为

```
#   def ine CONFIG_CMD_NET
```

在文件末尾(#   endif /* __CONFIG_H */)添加如图 11－12 所示代码。

·重新编译 Uboot。

```
$    ./build.sh
```

烧写新的 u-boot_fs4412.bin，重启复位后，查看网是否连通了。

```
#   ping 192.168.2.102
```

如图 11－13 所示。

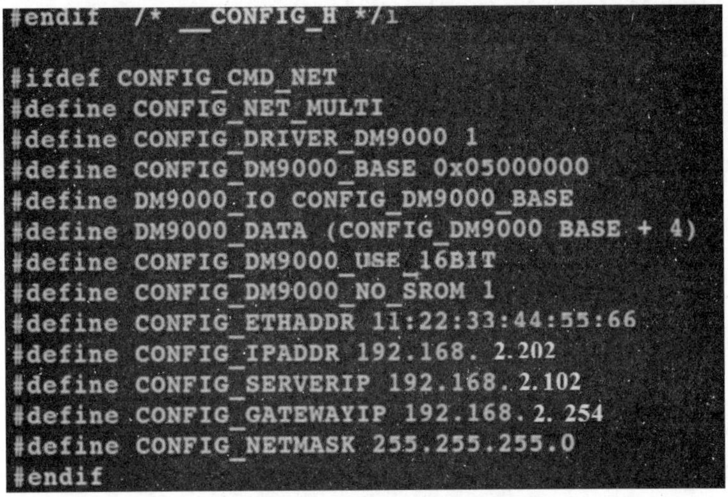

```
#endif /* __CONFIG_H */1

#ifdef CONFIG_CMD_NET
#define CONFIG_NET_MULTI
#define CONFIG_DRIVER_DM9000 1
#define CONFIG_DM9000_BASE 0x05000000
#define DM9000_IO CONFIG_DM9000_BASE
#define DM9000_DATA (CONFIG_DM9000_BASE + 4)
#define CONFIG_DM9000_USE_16BIT
#define CONFIG_DM9000_NO_SROM 1
#define CONFIG_ETHADDR 11:22:33:44:55:66
#define CONFIG_IPADDR 192.168. 2.202
#define CONFIG_SERVERIP 192.168. 2.102
#define CONFIG_GATEWAYIP 192.168. 2. 254
#define CONFIG_NETMASK 255.255.255.0
#endif
```

图 11 - 12　网络相关文件配置

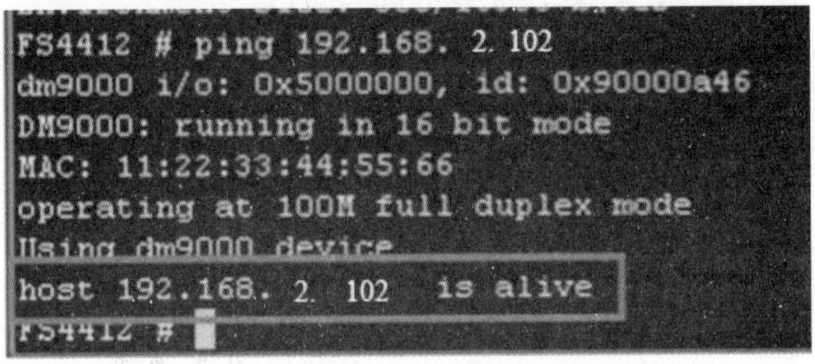

```
FS4412 # ping 192.168. 2. 102
dm9000 i/o: 0x5000000, id: 0x90000a46
DM9000: running in 16 bit mode
MAC: 11:22:33:44:55:66
operating at 100M full duplex mode
Using dm9000 device
host 192.168. 2. 102   is alive
FS4412 #
```

图 11 - 13　虚拟机与开发板之间网已经连通

4)Flash 移植（EMMC）。

・初始化 EMMC。

$ 　cp　movi.c　　arch/arm/cpu/armv7/exynos/

$ 　vim　 arch/arm/cpu/armv7/exynos/Makefile

在 pinmux.o 后添加 movi.o。

修改板级文件：

$ 　vim　board/samsung/fs4412/fs4412.c

在

　include 　＜asm/arch/mmc.h＞

后面添加

　include 　＜asm/arch/clk.h＞

　include 　"origen_setup.h"

在

　ifdef CONFIG_GENERIC_MMC

后面添加

u32 sclk_mmc4；　/ * clock source for emmc controller * /

```
#define __REGMY(x) (*((volatile u32 *)(x)))
#define CLK_SRC_FSYS  __REGMY(EXYNOS4_CLOCK_BASE + CLK_SRC_
FSYS_OFFSET)
#define CLK_DIV_FSYS3 __REGMY(EXYNOS4_CLOCK_BASE + CLK_DIV_
FSYS3_OFFSET)


int emmc_init()
{
        u32 tmp;
        u32 clock;
        u32 i;
        /* setup_hsmmc_clock */
        /* MMC4 clock src = SCLKMPLL */
        tmp = CLK_SRC_FSYS & ~(0x000f0000);
    CLK_SRC_FSYS = tmp | 0x00060000;
        /* MMC4 clock div */
        tmp = CLK_DIV_FSYS3 & ~(0x0000ff0f);
        clock = get_pll_clk(MPLL)/1000000;

  for(i=0 ; i<=0xf; i++)  {
   sclk_mmc4=(clock/(i+1));

        if(sclk_mmc4 <= 160) //200
    {
        CLK_DIV_FSYS3 = tmp | (i<<0);
          break;
      }
    }
    emmcdbg("[mjdbg] sclk_mmc4:%d MHZ; mmc_ratio: %d\n",sclk_mmc4,i);
    sclk_mmc4 *= 1000000;

  /*
      * MMC4 EMMC GPIO CONFIG
      *
      * GPK0[0]  SD_4_CLK
      * GPK0[1]  SD_4_CMD
      * GPK0[2]  SD_4_CDn
      * GPK0[3:6]   SD_4_DATA[0:3]
      */
```

```
writel(readl(0x11000048)&~(0xf),0x11000048);
                        //SD_4_CLK/SD_4_CMD pull-down enable
writel(readl(0x11000040)&~(0xff),0x11000040);//cdn set to be output
writel(readl(0x11000048)&~(3<<4),0x11000048); //cdn pull-down disable
writel(readl(0x11000044)&~(1<<2),0x11000044);
                        //cdn output 0 to shutdown the emmc power
writel(readl(0x11000040)&~(0xf<<8)|(1<<8),0x11000040);
                        //cdn set to be output
udelay(100 * 1000);
writel(readl(0x11000044)|(1<<2),0x11000044); //cdn output 1

writel(0x03333133, 0x11000040);

writel(0x00003FF0, 0x11000048);
writel(0x00002AAA, 0x1100004C);

# ifdef CONFIG_EMMC_8Bit
  writel(0x04444000, 0x11000060);
  writel(0x00003FC0, 0x11000068);
  writel(0x00002AAA, 0x1100006C);
# endif

# ifdef USE_MMC4
    smdk_s5p_mshc_init();
# endif
}
```

将 int board_mmc_init(bd_t ＊bis)函数内容改写为

```
int board_mmc_init(bd_t ＊bis)
{
        int i, err;
# ifdef CONFIG_EMMC
        err = emmc_init();
# endif
        return err;
}
```

在末尾添加

```
# ifdef CONFIG_BOARD_LATE_INIT
# include <movi.h>
int  chk_bootdev(void)//mj for boot device check
```

```
{
        char run_cmd[100];
        struct mmc * mmc;
        int boot_dev = 0;
        int cmp_off = 0x10;
        ulong  start_blk，blkcnt;

        mmc = find_mmc_device(0);

        if (mmc == NULL)
        {
        printf("There is no eMMC card，Booting device is SD card\n");
        boot_dev = 1;
        return boot_dev;
            }
        start_blk = (24 * 1024/MOVI_BLKSIZE);
        blkcnt = 0x10;

        sprintf(run_cmd,"emmc open 0");
        run_command(run_cmd, 0);

        sprintf(run_cmd,"mmc read 0 %lx %lx %lx",CFG_PHY_KERNEL_BASE,
start_blk,blkcnt);
        run_command(run_cmd, 0);

        /* switch mmc to normal paritition */
        sprintf(run_cmd,"emmc close 0");
        run_command(run_cmd, 0);

        return 0;
    }
    int board_late_init(void)
    {
        int boot_dev =0;
        char boot_cmd[100];
        boot_dev =chk_bootdev();
        If(! boot_dev)
        {
            Printf("\n\nChecking Boot Mode … EMMC4.41\n");
```

```
        }
    return 0;
}
# endif
```
·添加相关命令。

```
$  cp cmd_movi.c common/
$  cp cmd_mmc.c common/
$  cp cmd_mmc_fdisk.c common/
```

修改 Makefile：

```
$  vim  common/Makefile
```

在

```
COBJS-$(CONFIG_CMD_MMC) += cmd_mmc.o
```

添加

```
COBJS-$(CONFIG_CMD_MMC) += cmd_mmc_fdisk.o
COBJS-$(CONFIG_CMD_MOVINAND) += cmd_movi.o
```

添加驱动：

```
$  cp mmc.c drivers/mmc/
$  cp s5p_mshc.c drivers/mmc/
$  cp mmc.h include/
$  cp movi.h include/
$  cp s5p_mshc.h include/
```

修改 Makefile：

```
$  vim  drivers/mmc/Makefile
```

添加：

```
$  COBJS-$(CONFIG_S5P_MSHC) += s5p_mshc.o
```

·添加 EMMC 相关配置。

```
$  vim  include/configs/fs4412.h
```

添加：

```
# define CONFIG_EVT1      1      /* EVT1 */
# ifdef CONFIG_EVT1
# define CONFIG_EMMC44_CH4 //eMMC44_CH4 (OMPIN[5:1] = 4)

# ifdef CONFIG_SDMMC_CH2
# define CONFIG_S3C_HSMMC
# undef DEBUG_S3C_HSMMC
# define USE_MMC2
# endif


# ifdef CONFIG_EMMC44_CH4
```

```
# define CONFIG_S5P_MSHC
# define CONFIG_EMMC                    1
# define USE_MMC4
/ *  # define CONFIG_EMMC_8Bit  * /
# define CONFIG_EMMC_EMERGENCY
/ *   # define emmcdbg(fmt,args...) printf(fmt , # # args)   * / //   # define em-
mcdbg(fmt,args...)
# define emmcdbg(fmt,args...)
# endif


# endif / * end CONFIG_EVT1 * /
# define CONFIG_CMD_MOVINAND
# define CONFIG_CLK_1000_400_200
# define CFG_PHY_UBOOT_BASE  CONFIG_SYS_SDRAM_BASE + 0x3e00000
# define CFG_PHY_KERNEL_BASE   CONFIG_SYS_SDRAM_BASE + 0x8000


# define BOOT_MMCSD          0x3
# define BOOT_EMMC43         0x6
# define BOOT_EMMC441        0x7
# define CONFIG_BOARD_LATE_INIT
```

• 重新编译 Uboot。

```
$    ./build.sh
```

烧写新的 u-boot_fs4412.bin。

复位后：

```
# mmcinfo
```

如图 11-14 所示。

5)2GB 内存适配。确定板子内存大小,如果是 2GB 的,那么需要修改如下代码:

```
$    vim   include/configs/fs4412.h
```

将

```
# define SDRAM_BANK_SIZE  (256UL  <<  20UL)
```

修改为

```
# define SDRAM_BANK_SIZE  (512UL  <<  20UL)
```

重新编译内核即可。

如果要在 fs4412.h 中添加注释,必须用"/ * … * /"注释,不能用双斜杠"//"。

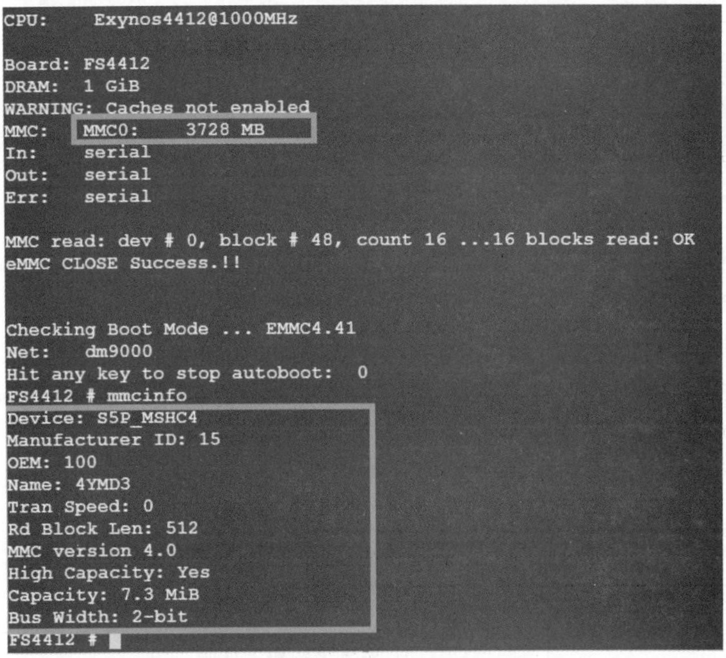

```
CPU:     Exynos4412@1000MHz

Board: FS4412
DRAM:  1 GiB
WARNING: Caches not enabled
MMC:   MMC0:      3728 MB
In:    serial
Out:   serial
Err:   serial

MMC read: dev # 0, block # 48, count 16 ...16 blocks read: OK
eMMC CLOSE Success.!!


Checking Boot Mode ... EMMC4.41
Net:   dm9000
Hit any key to stop autoboot:  0
FS4412 # mmcinfo
Device: S5P_MSHC4
Manufacturer ID: 15
OEM: 100
Name: 4YMD3
Tran Speed: 0
Rd Block Len: 512
MMC version 4.0
High Capacity: Yes
Capacity: 7.3 MiB
Bus Width: 2-bit
FS4412 #
```

图 11 - 14　重新编译的 Uboot

4. 实验现象

实验现象如图 11 - 15 所示。

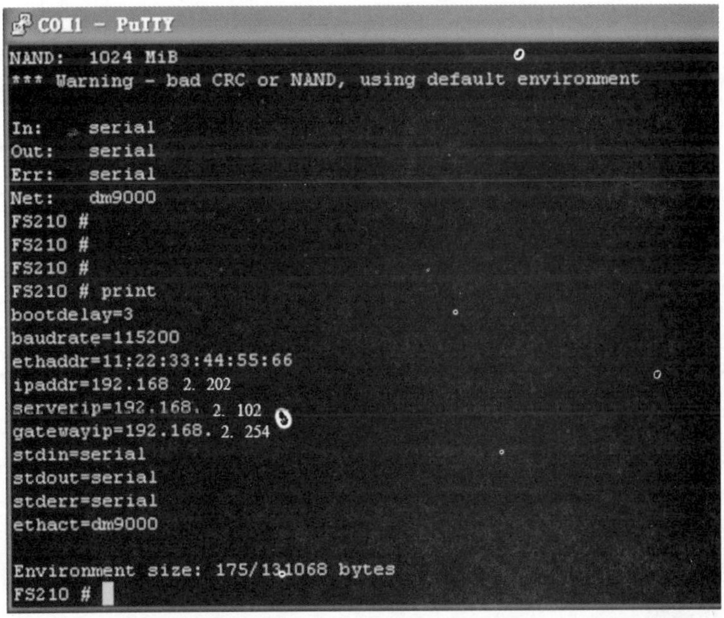

```
COM1 - PuTTY
NAND:  1024 MiB                             0
*** Warning - bad CRC or NAND, using default environment

In:    serial
Out:   serial
Err:   serial
Net:   dm9000
FS210 #
FS210 #
FS210 #
FS210 # print
bootdelay=3
baudrate=115200
ethaddr=11:22:33:44:55:66
ipaddr=192.168.2.202
serverip=192.168.2.102
gatewayip=192.168.2.254
stdin=serial
stdout=serial
stderr=serial
ethact=dm9000

Environment size: 175/131068 bytes
FS210 #
```

图 11 - 15　Boot Loader(Uboot)移植

11.2 Linux 系统移植实验

11.2.1 内核配置过程分析

Linux 内核是 Linux 操作系统的核心,有五大功能,分别是进程管理(CPU)、内存管理(内存)、设备管理(驱动)、网络管理(网络协议 TCP/IP)、文件系统(VFS)。Linux 内核源代码非常庞大,采用目录树结构,并且使用 Makefile 组织配置编译。

1. 编译的相关文件

顶层 Makefile 是整个内核配置编译的核心文件,负责组织目录树中子目录编译管理。还有子目录下的 Makefile 和各级目录 Kconfig。

内核源码顶层的子目录分别组织存放各种内核子系统或者文件。具体的目录说明见表 11-1。

表 11-1 Linux 内核源码顶层目录说明

源码	说明
arch/	体系结构相关代码
ipc/	进程调度相关代码
mm/	内存管理
documentation/	内核文档
net/	网络协议
lib/	各种库子程序
scripts/	编译相关脚本工具
tools/	编译相关工具
drivers/	设备驱动
fs/	文件系统实现
include/	内核头文件
init/	Linux 初始化
kernel/	Linux 内核核心代码
sound	声音驱动支持
usr/	用户的代码

各级子目录的 Makefile 会被上一级的 Makefile 所调用。内核移植过程中涉及的头文件,包括处理器相关的头文件和处理器无关的头文件。

2. 内核的使用流程

• 清除命令:一般在第一次编译时使用 make mrproper 进行清除。

• 在内核根目录中导入默认配置信息。

方法 1: make exynos_deconfig

方法 2：　cp　arch/arm/configs/exynos_deconfig　.config

・详细配置：　make　menuconfig

・编译：

make　uImage　—生成内核镜像　/arch/arm/boot/uImag

make　dtbs　—生成设备树文件　/arch/arm/boot/dtb/exynos4412 – fs4412.dtb

可以看出,内核编译主要包括两部分:一部分是内核配置;另一部分是内核编译。

11.2.2　内核的配置和编译

1. 解压内核

$　cd　~

$　mkdir　kernel

$　cd　kernel

将"光盘:实验资料\实验代码\2.linux 移植驱动与应用\ linux 系统移植\实验代码\第三天\编译好的\linux – 3.14 – fs4412.tar.xz"拷贝到该目录下,并进行解压。

$　tar　xvf　linux – 3.14 – fs4412.tar.xz

$　cd　linux – 3.14 – fs4412

解压内核后,需要先修改内核顶层目录下的 Makefile,配置好交叉编译工具。

2. 修改内核顶层目录下的 Makefile

$　vim　Makefile

将

ARCH　　?　= $ (SUBARCH)

CROSS_COMPILE　　?　= $ (CONFIG_CROSS_COMPILE：" % " = %)

修改为

ARCH　　?　=arm

CROSS_COMPILE　　?　=arm – none – linux – guneabi –

3. 拷贝标准板配置文件

$　cp　arch/arm/configs/exynos_deconfig　.config

4. 配置文件

$　make　menuconfig

　　System Type　—>

　　　　　(2) S3C UART　to use for　low – level messages

可以看到,该命令会将配置信息写入 .config 中,.config 是内核根目录下的隐藏文件,Makefile 会根据里面的内容进行编译。

5. 编译内核

$　make　uImage

重新编译后,能够在 arch/arm/boot 目录下生成一个 uImage 文件,就是经过压缩的内核镜像。

如果编译过程中提示缺少 mkimage 工具,需要将编译好的 Uboot 源码中的 tools/mkimage 拷贝到 Ubuntu 的/use/bin 目录下。

```
$  cp  u-boot-2013.01/tools/mkimage  /use/bin
```

6. 修改设备树文件

· 生成设备树文件,以参考板 origen 的设备树文件为例:

```
$  cp  arch/arm/boot/dts/exynos4412-origen.dts
arch/arm/boot/dts/exynos4412-fs4412.dts
```

添加新文件需修改 Makefile 才能编译。

```
$  vim  arch/arm/boot/dts/Makefile
```

在 exynos4412-origen.dtb \下添加如下内容:

```
exynos4412-fs4412.dtb \
```

· 编译设备树文件。

```
$  make  dtbs
```

根据上述操作可以得到文件 Linux 内核镜像 arm/arm/boot/uImage 和设备树镜像 arch/arm/boot/dts/exynos4412-fs4412.dtb。

拷贝内核和设备树文件到/tftpuboot 目录下。

```
$  cp  arm/arm/boot/uImage      /tftpuboot
$  cp  arch/arm/boot/dts/exynos4412-fs4412.dtb      /tftpuboot/
```

· 修改 Uboot 启动参数。

重新启动开发板,在系统倒计时结束前按任意键,输入如下内容修改 Uboot 环境变量。192.168.2.102 对应的是 Ubuntu 的 IP,192.168.2.202 对应的是开发板的 IP,这两个 IP 应根据自己的实际情况适当修改。

```
#  setenv serverip 192.168.2.102
#  setenv ipaddr 192.168.2.202
#  setenv bootcmdtftp 41000000 uImage\;tftp 42000000 exynos4412-fs4412.dtb\;bootm 41000000 - 42000000
#  setenv bootargs root=/dev/nfs nfsroot=192.168.9.102:/source/rootfs rw console=ttySAC2,115200 init=/linuxrcip=192.168.9.202
#  saveenv
```

setenv 命令是用来设置或删除某个环境变量的。当 setenv 后面只带一个参数时,该参数必须为已有的变量名,输入命令回车后该变量即被删除;当 setenv 后面有多个参数时,将把其后第一个参数作为环境变量,后面其他参数作为该变量的值或内容(因此命令最好单行书写)。

11.2.3 以太网卡驱动移植

1. 实验目的

网卡是嵌入式产品最常用的设备,也需要完成网卡驱动的移植。FS4412 使用 DM9000 网卡,通过实验了解如何在内核中添加网卡驱动及网络功能的基本配置。

2. 实验平台

FS4412 开发环境平台。

3. 实验步骤

运行 Ubuntu12.04 系统,打开命令行终端。

```
$   cd   ~/kernel/boot/lunx - 3.14
```

设备树文件修改:

```
$   vim    arch/arm/boot/dts/exynos4412 - fs4412.dtb
```

添加内容如下:

```
srom - cs1@5000000 {
compatible = "simple - bus";
#address - cells = <1>;
#size - cells = <1>;
reg = <0x5000000 0x1000000>;
ranges;


    ethernet@5000000 {
    compatible = "davicom,dm9000";
    reg = <0x5000000 0x2 0x5000004 0x2>;
    interrupt - parent = <&gpx0>;
    interrupts = <6 4>;
  davicom,no - eeprom;
  mac - address = [00 0a 2d a6 55 a2];
    };
  };
```

• 修改文件 driver/clk/clk.c。

将

```
static   bool clk_ignore_unused;
```

修改为

```
static   bool clk_ignore_unused=true;
```

• 配置内核。

```
Makemenuconfig
    //网卡相关选项
  [*] Networking support ———>
          Networking options ———>
              <*> Packet socket
              <*>Unix domain sockets
              [*] TCP/IP networking
              [*] IP: kernel level autoconfiguration
    //DM9000网卡相关选项
  Device Drivers ———>
              [*] Network device support ———>
```

〔＊〕　Ethernet driver support（NEW）－－－＞

＜＊＞　DM9000 support

//NFS 相关选项

　　File systems －－－＞

〔＊〕Network File Systems（NEW）－－－＞

　　＜＊＞ NFS client support

　　〔＊〕　NFS client support for NFS version 2

　　〔＊〕　NFS client support for NFS version 3

　　〔＊〕　NFS client support for the NFSv3 ACL protocol extension

　　〔＊〕Root file system on NFS

·编译内核和设备树。

$　　make　uImage

$　　make　dtbs

测试：拷贝内核和设备树文件到/tftpuboot 目录下。

$　cp　arm/arm/boot/uImage　　　　　/tftpuboot

$　cp　arch/arm/boot/dts/exynos4412－fs4412.dtb　　　　　/tftpuboot/

启动开发板，修改内核启动参数，则可以通过 NFS 挂载根文件系统。

4. 实验现象

文件系统挂载成功，说明网卡驱动移植成功，如图 11－16 所示。

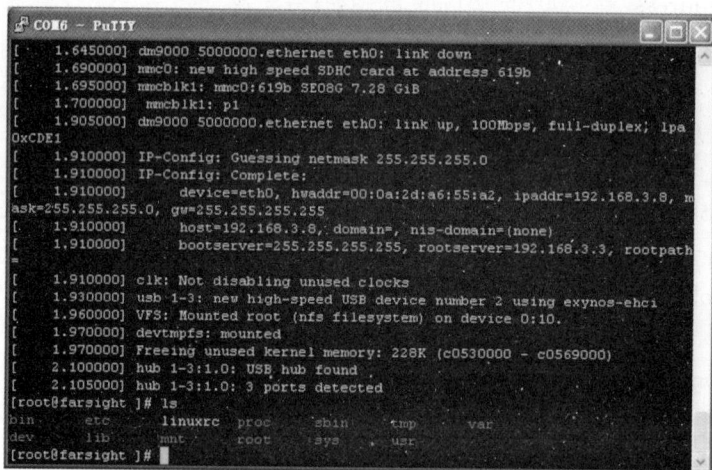

图 11－16　网卡移植成功

11.2.4　SD 卡驱动移植

1. 实验目的

熟悉基于 Linux 操作系统下的 SD 卡驱动移植过程。

2. 实验平台

FS4412 开发环境平台。

3. 实验步骤

运行 Ubuntu12.04 系统,打开命令行终端。

```
$  cd  ~/kernel/boot/lunx-3.14
```

· 修改设备树文件。

```
$  vim  arch/arm/boot/dts/exynos4412-fs4412.dtb
```

将

```
sdhci@12530000 {
        bus-width=<4>;
        pinetrl-0 = <&sd2_clk&sd2_cmd&sd2_bus4&sd2_dc>;
        pinetrl-names =" default" ;
        vmmc-supply = < &mmc_reg >;
        status = " okay" ;
    };
```

修改为

```
sdhci@12530000 {
        bus-width=<4>;
        pinetrl-0 = <&sd2_clk&sd2_cmd&sd2_bus4>;
        cd-gpios= <&gpx0 7 0 >;
        cd-inverted= < 0 >;
        pinetrl-names =" default" ;
        /* vmmc-supply = < &mmc_reg >;*/
        status = " okay" ;
  };
```

· 配置内核。

```
$  make menuconfig
Device Drivers ——->
        <*> MMC/SD/SDIO card support ——->
        <*> Secure Digital Host Controller Interface support
        <*> SDHCI support on Samsung S3C SoC
  File systems ——->
  DOS/FAT/NT Filesystems ——->
        <*> MSDOS fs support
        <*> VFAT (Windows-95) fs support
        (437) Default codepage for FAT
        (iso8859-1) Default  iocharset for FAT
    —*— Native language support ——->
```

```
< * >  Codepage 437 (United States，Canada)
< * >  Simplified Chinese charset (CP936，GB2312)
< * >  ASCII (United States)
< * >  NLS ISO 8859 - 1 (Latin 1；Western European Languages)
< * >  NLS UTF - 8
```

· 编译内核和设备树。

```
$    make uImage
$    make dtbs
$    cp    arm/arm/boot/uImage        /tftpuboot
$    cp    arch/arm/boot/dts/exynos4412 - fs4412.dtb        /tftpuboot/
```

4. 实验现象

启动开发板，通过 NFS 方式挂载根文件系统。

把 SD 卡插到 FS4412 的 SD 卡槽里，在串口终端可以看到：

```
[   1.620000] mmc0：new  high speed SDHC card at address sd6d
[   1.625000] mmccblkl：mmc0：cd6d SE08G 7.28GiB
[   1.630000] mmcblkl：pl (mmcblkl 是设备名   pl 是分区名)
```

挂载时注意不要挂在 eMMc 的分区。

```
#mount - t vfat/dev/mmcblkl/mnt
```

查看/mnt/目录即可看到 SD 卡中的内容。

11.2.5   USB 驱动移植

USB 接口是现在计算机系统中最通用的一种接口，以 U 盘驱动为例来介绍 USB 控制器驱动的移植。

1. 实验目的

熟悉 Linux 操作系统上 USB 驱动的移植过程。

2. 实验平台

FS4412 开发环境平台。

3. 实验步骤

运行 Ubuntu12.04 系统，打开命令行终端。

```
$  cd   ~/kernel/linux - 3.14
```

· 修改设备树文件。

```
$   vim   arch/arm/boot/dts/exynos4412 - fs4412.dts
```

添加如下内容：

```
usbphy：usbphy@125B0000 {
  #  address - cells = < 1>;
  #  size - cells = < 1>;
        compatible = "samsung，exynos4x12 - usb2phy";
        reg = < 0x125B0000 0x100>;
```

```
ranges;

    clocks = < &clock 2>, < &clock 305>;
    clock - names = "xusbxti", "otg";

    usbphy - sys {
        reg = < 0x10020704 0x8 0x1001021c 0x4>;
    };
};
    ehci@12580000 {
        status = "okay";
        usbphy = < &usbphy>;
    };
usb3503@08 {
        compatible = "smsc,usb3503";
        reg = < 0x08 0x4>;
        connect - gpios = < &gpm3 3 1>;
        intn - gpios = < &gpx2 3 1>;
        reset - gpios = < &gpm2 4 1>;
        initial - mode = < 1>;
    };
```

• 配置内核。

make menuconfig

Device Drivers ---->

  [*] USB support ---->

    < * > EHCI HCD (USB 2.0) support

    < * > EHCI support for Samsung S5P/EXYNOS SoC Series

    < * > USB Mass Storage support

    < * > USB3503 HSIC to USB20 Driver

    USB Physical Layer drivers ---->

      < * > Samsung USB 2.0 PHY controller Driver

   SCSI device support ---->

    < * > SCSI device support

    < * > SCSI disk support

    < * > SCSI generic support

• 编译内核和设备树。

$ make uImage

$ make dtbs

• 拷贝内核和设备树文件到 / tftpboot。

```
$ cp    arm/arm/boot/uImage         /tftpuboot
$ cp    arch/arm/boot/dts/exynos4412 - fs4412.dtb        /tftpuboot/
```

4. 实验现象

启动开发板,通过 NFS 方式挂载根文件系统。

重新编译内核,插入 U 盘后看到如下内容,表示移植成功。

[72.695000] usb 1 - 3.2:USB disconnect,device number 3

[74.435000] usb 1 - 3.2:new high - speed USB device number 4 using exynos - ehci

[74.555000] usb - storage 1 - 3.2:1.0:USB Mass Storage device detected

[74.560000] scsi1 : usb - storage 1 - 3.2:1.0

[75.645000] scsi 1:0:0:0:Direct - Access Kingston DataTraveler 160 PMAP PQ: 0 ANSI:4

[75.660000] sd 1:0:0:0:Attached scsi generic sg0 type 0

[76.695000] sd 1:0:0:0:[sda] 15556608 512 - byte logical blocks:(7.96 GB/7.41 GiB)

[76.700000] sd 1:0:0:0:[sda] Write Protect is off

[76.705000] sd 1:0:0:0:[sda] No Caching mode page found

[76.710000] sd 1:0:0:0:[sda] Assuming drive cache:write through

[76.725000] sd 1:0:0:0:[sda] No Caching mode page found

[76.730000] sd 1:0:0:0:[sda] Assuming drive cache:write through

[76.760000] sda:sda1 (sda 是设备名 sda1 是分区名)

[76.770000] sd 1:0:0:0:[sda] No Caching mode page found

[76.770000] sd 1:0:0:0:[sda] Assuming drive cache:write through

[76.780000] sd 1:0:0:0:[sda] Attached SCSI removable disk

在终端上执行挂载的设备与上边显示相关。

```
#   mount  - t  vfat /dev/sda1 /mnt
#  ls
```

可以查看到 U 盘内容,即完成实验 。

11.3 LED 驱动开发实验

11.3.1 实验原理

如图 11 - 17 所示,LED1~LED4 分别与 GPX2_7,GPX1_0,GPF3_4,GPF3_5 相连,通过 GPX2_7,GPX1_0,GPF3_4,GPF3_5 引脚的高低电平来控制三极管的导通性,从而控制 LED 的亮灭。这几个引脚输入高电平时发光二极管点亮;反之,熄灭。

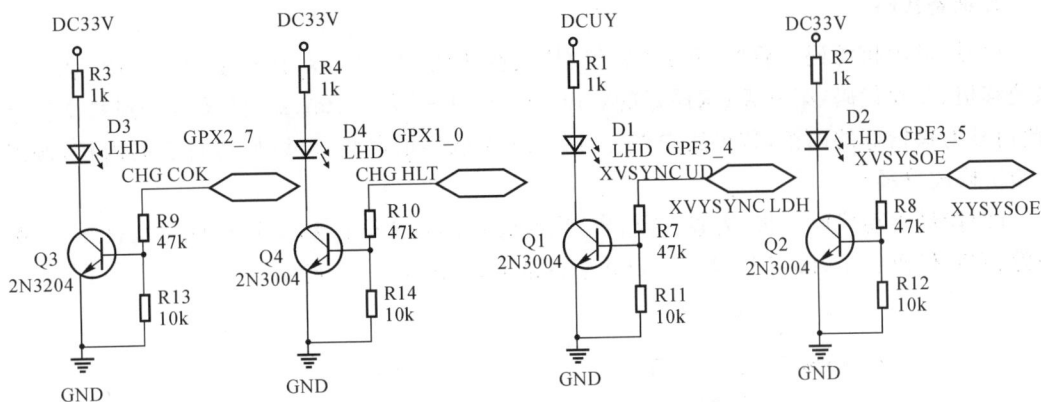

图 11 - 17　LED 硬件原理接线图

11.3.2　实验目的

利用 Exynos 4412 的 GPX2_7,GPX1_0,GPF3_4,GPF3_5 这 4 个 I/O 引脚控制 4 个 LED 发光二极管,使其闪烁。

11.3.3　实验平台

FS4412 平台开发环境。

11.3.4　实验步骤

运行 Ubuntu12.04 系统,打开命令行终端。

1. 环境准备

按照前面的步骤首先搭建好 TFTP 和 NFS 环境,如图 11 - 18 所示。

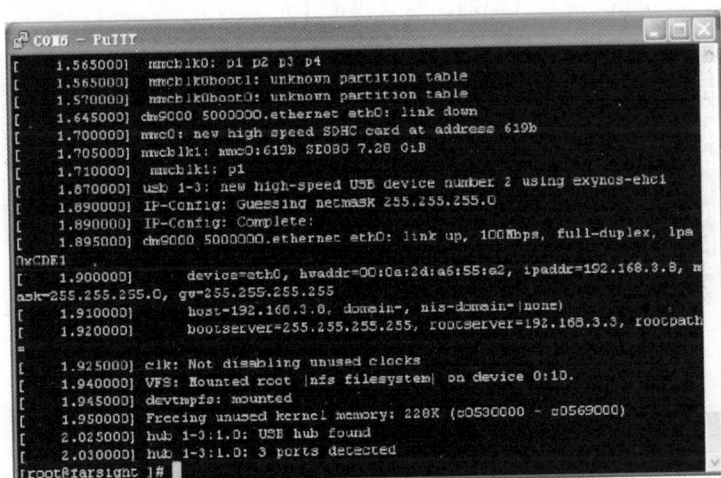

图 11 - 18　TFTP 和 NFS 环境硬件建好

2. 准备代码

（1）拷贝内核源码。将"光盘:实验资料\实验代码\2. Linux 移植驱动及应用 \2 Linux 系统移植\实验代码\第三天\编译好的\ linux－3.14－fs4412.tar.xz"目录拷贝到共享目录下（此内核为移植好的内核,如果用户做完 Linux 内核移植实验,可以使用自己的内核,按照实际情况修改路径）。

（2）拷贝驱动代码。将"光盘:实验资料\实验代码\2.Linux 移植驱动及应用\Linux 驱动开发\实验代码\interface"目录拷贝到共享目录下,如图 11－19 所示。

图 11－19　共享中的实验代码及驱动

（3）建立工作目录并拷贝源码。

```
$   mkdir    ～/workdir/driver   － p
$   cd       ～/workdir/driver/
$   cp       /mnt/hgfs/share/linux－3.14－fs4412.tar.xz
$   cp       /mnt/hgfs/share/interface/fs4412＿ led   ./    － a
```

（4）解压内核源码。

```
$   tar   xvf   linux－3.14－fs4412.tar.xz
```

编译内核源码,如图 11－20 所示。

```
$   cd   ～/workdir/driver/
$   make uImage       ;特别注意这里的 I 是大写的
```

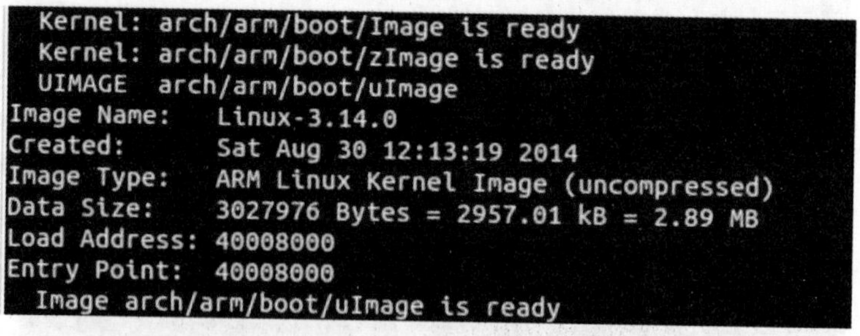

图 11－20　编译内核源码

3. 编译驱动源码

```
$   cd   ～/workdir/driver/ interface/fs4412＿ led
～/workdir/driver/ interface/fs4412＿ led   $   vim makefile
```

打开 Makefile 文件,如图 11－21 所示。

修改第 3,4 行的内容为使用的内核源码的路径和交叉工具链,如图 11－22 所示。

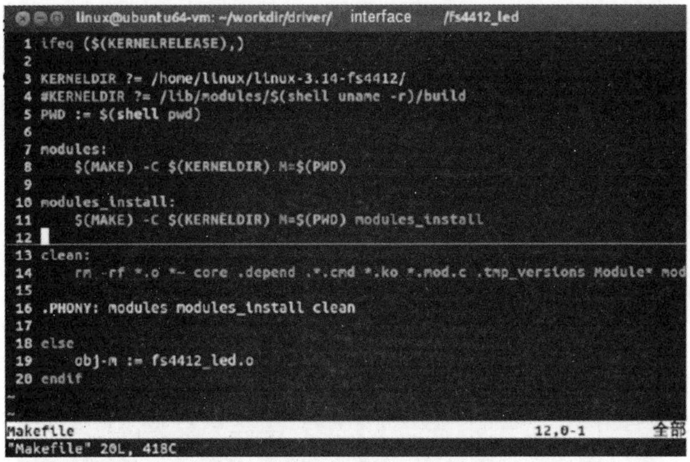

图 11 - 21　Makefile 文件内容

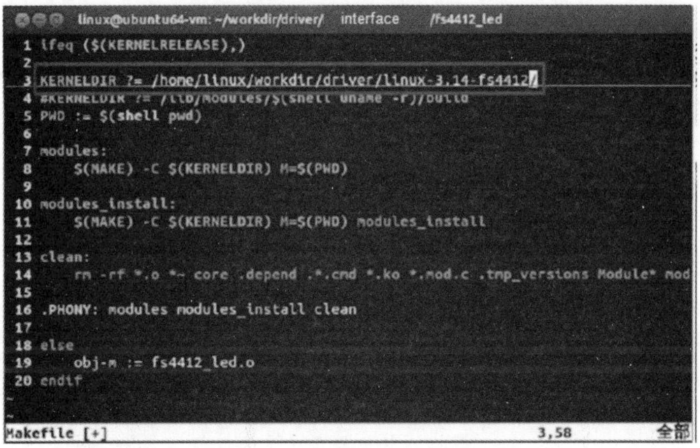

图 11 - 22　修改第 3,4 行内容

保存退出，执行 make 命令编译源码，如图 11 - 23 所示。

$　make

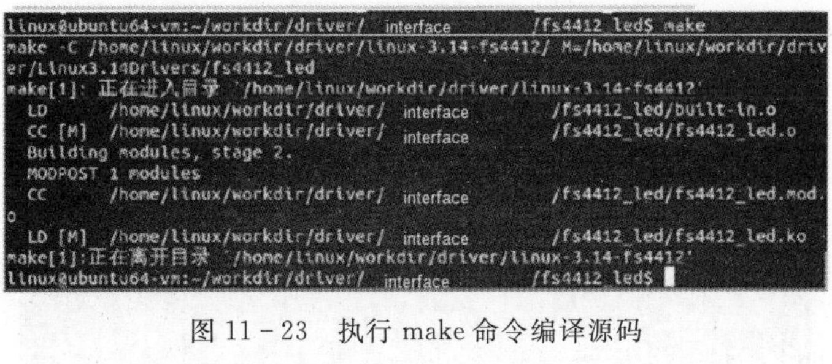

图 11 - 23　执行 make 命令编译源码

查看编译生成的 ko 文件，并拷贝到 nfs 文件系统目录中，如图 11 - 24 所示。

$　　ls

$　　cp　fs4412_led.ko　　　　　　/source/rootfs

图 11 - 24   编译生成的 ko 文件

执行命令编译测试文件,如图 11 - 25 所示。

$ arm – none – linux – gnueabi – gcc   test.c   - o   test

$ sudo   cp   test   /source/rootfs   密码 1,ls 查看

图 11 - 25   编译测试文件

4. 执行代码

首先启动开发板,查看系统文件,如图 11 - 26 所示。

ls

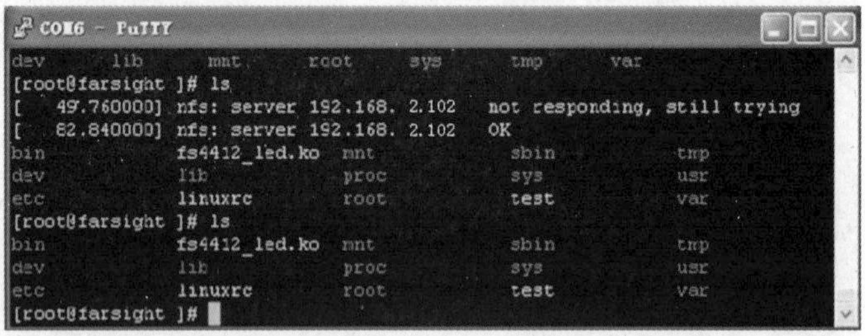

图 11 - 26   查看系统文件

加载驱动,输入下面命令,如图 11 - 27 所示。

insmod   fs4412_led.ko;加载 LED 驱动模块

mknod   /dev/led   c   500   0;创建设备节点

./test   ;运行测试程序并观察现象

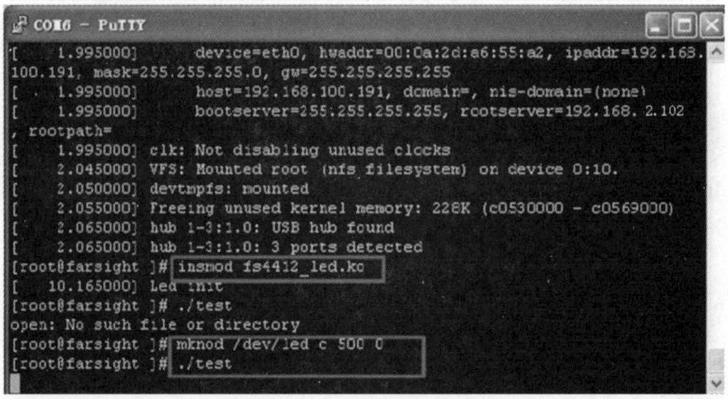

图 11 - 27   加载驱动

5. 实验现象

可以看到 4 个 LED 灯间隔闪烁,如图 11-28 所示。

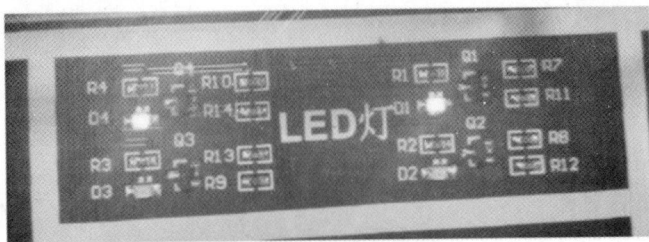

图 11-28 4 个 LED 灯间隔闪烁

如果要结束 LED 灯的闪烁,按组合键 Ctrl+C。

如果要修改原始程序,执行如下命令(建议最好另起名字,不要改变源代码):

$ vim test.c

6. 相关源代码

(1)分析与编写驱动代码。分析与编写驱动代码分下面几步:

1)查看原理图、数据手册,了解设备的操作方法。

2)在内核中找到相近的驱动程序,以它为模板进行开发,有时候需要从零开始。

3)实现驱动程序的初始化。比如向内核注册这个驱动程序,这样应用程序传入文件名,内核才能找到相应的驱动程序。

4)设计所要实现的操作,比如 open,close,read,write 等函数。

5)实现中断服务(中断不是每个设备驱动所必需的)。

6)编译该驱动程序到内核中,或者用 insmod 命令加载。

7)测试驱动程序。

(2)应用举例。下面是一个点亮 LED 的驱动分析和代码设计。

第一步,查看手册和原理图,找到相应寄存器。

查看原理图,如图 11-29 所示,Exynos 4412 开发板的 LED 由 CPX2_7,CPX1_0,GPF3_4,GPF3_5 四个寄存器来控制。观察电路图,需要在 I/O 口输出高电平才能使 LED 点亮。因此,在编程时只要给相关端口置"1",相应的灯点亮,置"0"灯灭。

第二步:查看手册,找出 4 个 LED 所用的控制寄存器和数据寄存器。

led2

GPX2CON   0x11000c40;led2 控制寄存器

GPX2DAT   0x11000c44;led2 数据寄存器

led3

GPX1CON   0x11000c20; led3 控制寄存器

GPX1DAT   0x11000c24;led3 数据寄存器

Led4 3-4   led5 3-5

GPF3CON   0x114001e0;led4-5 共用控制寄存器

GPF3DAT   x114001e4;led4-5 共用数据寄存器

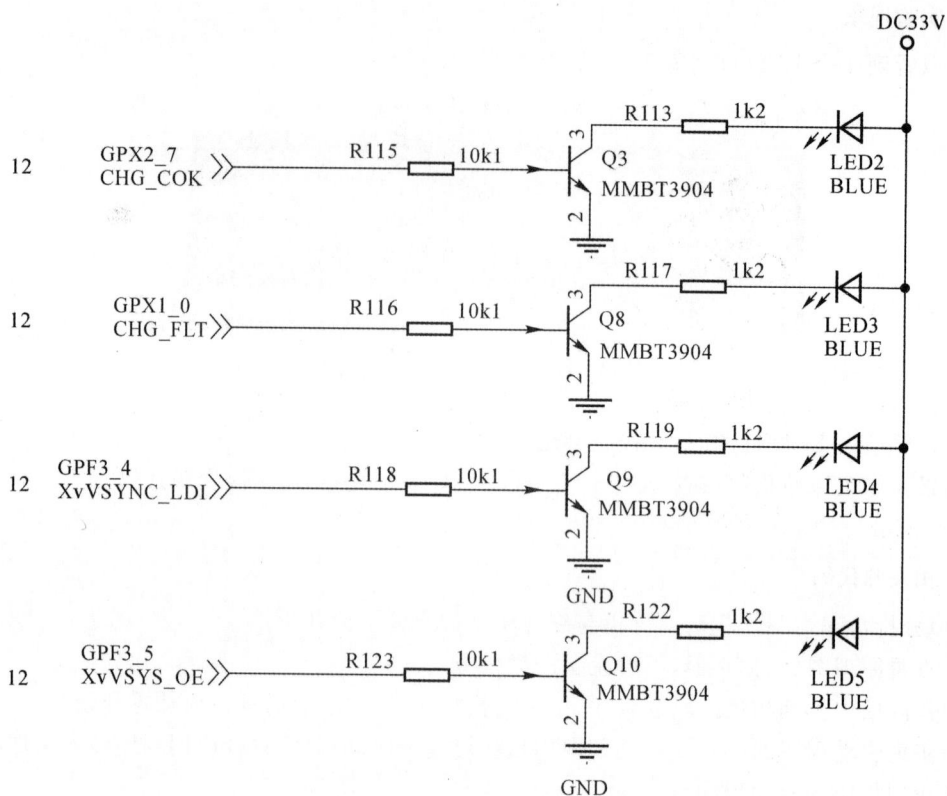

图 11-29 LED 设计原理图

第三步:程序编制。

方法一:利用汇编语言编写程序。

以 GPX2 为例,通过修改 GPX2CON 控制寄存器、GPX2DAT 数据寄存器的值来控制 LED 的亮灭。

·GPX2CON 控制寄存器设置。其地址为 0x11000C40,初始值为:Reset Value = 0x0000_0000。GPX2CON 可以控制 8 个 I/O 口,LED2 是由 GPX2_7 控制的,所以只要设置 GPX2CON[7]即可。GPX2CON[7]的位描述见表 11-2。

表 11-2 GPX2CON[7]的位描述

Name	BIt	Type	Description	Rese Value
CPX2CON[7:0]	[7:0]	RWX	0x0＝Input 0x1＝Output 0x2＝Reserved 0x3＝KP_POW[7] 0x4＝Reserved 0x5＝ALV_DBG[19] 0x6 ～ 0×E＝Reserved 0xF＝WAKEUP_INT2[7]	0x00

可以看到该 4 个 bit 为 0x1 时 I/O 口为输出功能,则可以如下设置:

```
LDR   R0,=0x11000C40        ;读取控制寄存器的地址
LDR   R1,[R0]               ;读取该寄存器的内容
BIC   R1,R1,♯0xf0000000     ;位清除 Rd←Rn & (~operand2),清除[31:28]这几位.
ORR   R1,R1,♯0x10000000     ;[31:28]位置 1,为 I/O 输出
STR   R1,[R0]               ;设置控制器
```

这里先将[31:28]位清零后再置 1,使得该端口被设置为输出引脚。而至于输出高电平还是低电平,则由 GPX2DAT 来控制。

· GPX2DAT 数据寄存器设置。其地址为 0x110000C44,初始值为 Reset Value ＝0x00,见表 11-3。

表 11-3　GPX2DAT 寄存器的位描述

Name	BIt	Type	Description	Rese Value
CPX2CON[7:0]	[7:0]	RWX	When you configure port as input port then corresponding bit is pin state. When configuring as output port then pin state should be same as corresponding bit. When the port is configured as functional pin, the undefined value will be read.	0x00

GPX2DAT 低 8 位有效,每 1 个 bit 控制一个端口输出电平的高低,该位置 1 输出高电平,置 0 输出低电平。为了点亮 LED,可以进行如下设置。

LED 被点亮:

```
LDR   R0,=0x11000C44     ;读取数据寄存器的地址
LDR   R1,[R0]            ;寄存器中的读取数据
ORR   R1,R1,♯0x80        ;使得第[7]置 1
STR   R1,[R0]            ;存入数据存储器中
```

第[7]位置 1 即可,此时 LED 被点亮;同样,该位置 0,则 LED 熄灭:

LED 被熄灭:

```
LDR   R1,[R0]
BIC   R1,R1,♯0x01
STR   R1,[R0]
```

LED 被点亮和熄灭的完整汇编程序:

下面是一个完整的汇编程序,实现 LED 灯的闪烁(这里以 LED3 为例):

```
.globl _start
.arm
```

```
_start:
        LDR   R0,=0x11000C20   ;GPX1CON 控制寄存器地址
        LDR   R1,[R0]
        BIC   R1,R1,#0x0000000f   ;使用的是[0]位,置 0
        ORR   R1,R1,#0x00000001   ;[0]位置 1,设置为 I/O 输出
        STR   R1,[R0]


loop:
        LDR   R0,=0x11000C24   ;GPX1DAT 数据寄存器地址
        LDR   R1,[R0]
        ORR   R1,R1,#0x01
        STR   R1,[R0]
        BL   delay                  ;输出"1"亮延时
        LDR   R1,[R0]
        BIC   R1,R1,#0x01          ;位清零
        STR   R1,[R0]
        BL   delay                  ;置"0"灭延时
        B   loop                    ;灯循环闪烁


delay:                              ;延时子程序
        LDR   R2,=0xffffffff         ;赋一个最大值
loop1:
        SUB   R2,R2,#0x1            ;减 1
        CMP   R2,#0x0
        BNE    loop1               ;没有减到 0 继续
        MOV   PC,LR
        .end
```

其实这里可以看到,汇编程序的缺点就是非常烦琐,而且辨识度差,这段代码,看其中一段,根本看不出其实现了什么功能,因此常常用 C 语言来编写。

方法二:用 C 语言程序控制 LED 的亮灭。开发中最重要的就是寄存器的控制,如何配置寄存器,以 GPX2 为例,在头文件里定义下面这个结构体:

```
/* GPX2 */
typedef struct {
    unsigned int CON;
    unsigned int DAT;
    unsigned int PUD;
    unsigned int DRV;
}gpx2;
```

＃ define GPX2 （ ∗ （volatile gpx2 ∗）0x11000C40 ）

这里将 GPX2 所用到的寄存器放到一个结构体内,宏定义＃define GPX2 （ ∗ （volatile gpx2 ∗）0x11000C40 ）的意义是将 0x11000C40 强转成 gpx2 ∗ 类型的地址,并取出该地址里面的值。直接向 GPX2.CON 里写入数据,便可控制该寄存器。PUD 是设置输出驱动能力,调整上拉(pull－up)/下拉(pull－down)的电阻值使两者电压相等;DRV 表示"DRAM 驱动强度",该参数用来控制内存数据总线的信号强度,数值越高代表信号越强。

命令:

GPX2.CON ＝ GPX2.CON & （～(0xf0000000)）｜ (0x10000000)

等价于:

```
LDR   R0,=0x11000C40
LDR   R1,[R0]
BIC   R1,R1,#0xf0000000
ORR   R1,R1,#0x10000000
STR   R1,[R0]
```

可以看出 C 编程可以大大加快开发效率。

4 个灯的开发实例如下:

led.c

```
1.    #include "exynos_4412.h"
2.    #include "led.h"
3.    void led_init(void)
4.    {
5.      GPX2.CON = GPX2.CON & (~(0xf0000000)) | 0x10000000;
6.      GPX1.CON = GPX1.CON & (~(0x0000000f)) | 0x00000001;
7.      GPF3.CON = GPF3.CON & (~(0x000f0000)) | 0x00010000;
8.      GPF3.CON = GPF3.CON & (~(0x00f00000)) | 0x00100000;
9.    }
10.   void led_on(int n)
11.   {
12.         switch(n)  {
13.         case 0:
14.               GPX2.DAT = GPX2.DAT|0x80;
15.               break;
16.         case 1:
17.               GPX1.DAT = GPX1.DAT|0x01;
18.               break;
19.         case 2:
20.               GPF3.DAT = GPF3.DAT|0x10;
21.               break;
```

```
22.          case 3:
23.                GPF3.DAT = GPF3.DAT|0x20;
24.                break;
25.          }
26.    }
27.
28.    void led_off(int n)
29.    {
30.        switch(n)  {
31.          case 0:
32.                GPX2.DAT = GPX2.DAT&(~(0x80));
33.                break;
34.          case 1:
35.                GPX1.DAT = GPX1.DAT&(~(0x01));
36.                break;
37.          case 2:
38.                GPF3.DAT = GPF3.DAT&(~(0x10));
39.                break;
40.          case 3:
41.                GPF3.DAT = GPF3.DAT&(~(0x20));
42.                break;
43.          }
44.    }
```

main.c

```
1.    # include "exynos_4412.h"
2.    # include "led.h"
3.
4.    void  delay_ms(unsigned int num)
5.    {
6.      int i,j;
7.      for(i=num; i>0;i--)
8.      for(j=1000;j>0;j--)
9.        ;
10.   }
11.   int main (void)
12.   {
13.     int i = 0;
14.     led_init ();
15.     while (1) {
```

```
16.        led_on(i%4);
17.        led_off((i-1+4)%4);
18.        i++;
19.        delay_ms(500);
20.      }
21.      return 0;
22.  }
```

同时注意这里使用的 makefile：

```
1.    #=================================================#
2.    CROSS_COMPILE = arm-none-eabi-
3.    NAME =pwm
4.    #CFLAGS += -g   -O0  -mabi=apcs-gnu -mfpu=neon -mfloat-abi=
      softfp  -fno-builtin \
5.    #      -nostdinc  -I ./include -I ./lib
6.    CFLAGS=- mfloat-abi= softfp  - mfpu= vfpv3  - mabi= apcs- gnu  - fno-
      builtin  - fno- builtin- function - g - O0 - c  - I ./include - I ./lib
7.    LD   = $(CROSS_COMPILE)ld
8.    CC   = $(CROSS_COMPILE)gcc
9.    OBJCOPY  = $(CROSS_COMPILE)objcopy
10.   OBJDUMP  = $(CROSS_COMPILE)objdump
11.   OBJS=./cpu/start.o ./driver/uart.o ./driver/_modsi3.o ./driver/_divsi3.o \
12.        ./driver/_udivsi3.o ./driver/_umodsi3.o main.o ./lib/printf.o
13.   #=================================================#
14.   all：clean   $(OBJS)
15.      $(LD)   $(OBJS) -T map.lds -o $(NAME).elf
16.      $(OBJCOPY)  -O binary  $(NAME).elf $(NAME).bin
17.      $(OBJDUMP) -D $(NAME).elf > $(NAME).dis
18.   %.o：%.S
19.      $(CC) $(CFLAGS) -c -o  $@ $<
20.   %.o：%.s
21.      $(CC) $(CFLAGS) -c -o  $@ $<
22.   .o：%.c
23.      $(CC) $(CFLAGS) -c -o  $@ $<
24.   clean：
25.      rm -rf $(OBJS) *.elf *.bin *.dis *.o
26.   #=================================================#
```

将生成的 led.bin 文件烧入开发板 0x40008000 处,使用命令 Go0x40008000,则可看到开
发板上的 LED 闪烁了。

方法三：C++ 代码（设备源代码）。

```
1.    //fs4412_led.c
2.    #include  <linux/kernel.h>
3.    #include  <linux/module.h>
4.    #include  <linux/fs.h>
5.    #include  <linux/cdev.h>
6.
7.    #include  <asm/io.h>
8.    #include  <asm/uaccess.h>
9.
10.   #include  "fs4412_led.h"
11.
12.   MODULE_LICENSE("Dual  BSD/GPL");
13.
14.   #define  LED_MA  500
15.   #define  LED_MI  0
16.   #define  LED_NUM  1
17.
18.   #define  FS4412_GPF3CON
19.   #define  FS4412_GPF3DAT
20.
21.   #define  FS4412_GPX1CON
22.   #define  FS4412_GPX1DAT
23.
24.   #define  FS4412_GPX2CON
25.   #define  FS4412_GPX2DAT
26.
27.   static  unsigned  int  * gpx3con;
28.   static  unsigned  int  * gpx3dat;
29.
30.   static  unsigned  int  * gpx1con;
31.   static  unsigned  int  * gpx1dat;
32.
33.   static  unsigned  int  * gpx2con;
34.   static  unsigned  int  * gpx2dat;
35.
36.   struct  cdev  cdev;
37.
38.   void  fs4412_led_on(int  nr)
```

```
39.    {
40.      switch(nr)  {
41.        case  1：
42.            writel(readl(gpx2dat) | 1 << 7，gpx2dat)；
43.            break；
44.        case  2：
45.            writel(readl(gpx1dat) | 1 << 0，gpx1dat)；
46.            break；
47.        case  3：
48.            writel(readl(gpf3dat) | 1 << 4，gpf3dat)；
49.            break；
50.        case  4：
51.            writel(readl(gpf3dat) | 1 << 5，gpf3dat)；
52.            break；
53.      }
54.    }
55.
56.    void  fs4412_led_off(int  nr)
57.    {
58.      switch(nr)  {
59.        case  1：
60.            writel(readl(gpx2dat) & ~(1 << 7)，gpx2dat)；
61.            break；
62.        case  2：
63.            writel(readl(gpx1dat) & ~(1 << 0)，gpx1dat)；
64.            break；
65.        case  3：
66.            writel(readl(gpf3dat) & ~(1 << 4)，gpf3dat)；
67.            break；
68.        case  4：
69.            writel(readl(gpf3dat) & ~(1 << 5)，gpf3dat)；
70.            break；
71.      }
72.    }
73.
74.    static  int  s5pv210_led_open(struct  inode  * inode，struct  file  * file)
75.    {
76.      return  0
77.    }
```

```
78.
79.    static  int  s5pv210_led_release(struct  inode  * inode,  struct  file  * file)
80.    {
81.      return  0
82.    }
83.
84.    static  long  s5pv210_led_unlocked_ioctl(struct  file  * file,  unsigned  int
       cmd,  unsigned  long  arg)
85.    {
86.        int  nr;
87.
88.        if(copy_from_user((void  * )&nr,  (void  * )arg,  sizeof(nr)))
89.          return  - EFAULT;
90.
91.        if  (nr  <  1  ||  nr  >  4)
92.          return  - EINVAL;
93.
94.      switch  (cmd)  {
95.        case  LED_ON:
96.            fs4412_led_on(nr);
97.            break;
98.        case  LED_OFF:
99.            fs4412_led_off(nr);
100.           break;
101.       default:
102.           printk("Invalid  argument");
103.           return  - EINVAL;
104.       }
105.
106.     return  0;
107.   }
108.
109.  int  fs4412_led_ioremap(void)
110.  {
111.    int  ret;
112.
113.    gpf3con  =  ioremap(FS4412_GPF3CON,  4);
114.    if  (gpf3con  ==  NULL)  {
115.        printk("ioremap  gpf3con\n");
```

```
116.        ret  =  −ENOMEM;
117.        return  ret;
118.    }
119.
120.    gpf3dat  =  ioremap(FS4412_GPF3DAT，4);
121.    if  (gpf3dat  ==  NULL)  {
122.        printk("ioremap  gpx2dat\n");
123.        ret  =  −ENOMEM;
124.        return  ret;
125.    }
126.
127.
128.    gpx1con  =  ioremap(FS4412_GPX1CON，4);
129.    if  (gpx1con  ==  NULL)  {
130.        printk("ioremap  gpx2con\n");
131.        ret  =  −ENOMEM;
132.        return  ret;
133.    }
134.
135.    gpx1dat  =  ioremap(FS4412_GPX1DAT，4);
136.    if  (gpx1dat  ==  NULL)  {
137.        printk("ioremap  gpx2dat\n");
138.        ret  =  −ENOMEM;
139.        return  ret;
140.    }
141.    gpx2con  =  ioremap(FS4412_GPX2CON，4);
142.    if  (gpx2con  ==  NULL)  {
143.        printk("ioremap  gpx2con\n");
144.        ret  =  −ENOMEM;
145.        return  ret;
146.    }
147.
148.    gpx2dat  =  ioremap(FS4412_GPX2DAT，4);
149.    if  (gpx2dat  ==  NULL)  {
150.        printk("ioremap  gpx2dat\n");
151.        ret  =  −ENOMEM;
152.        return  ret;
153.    }
154.
```

```
155.    return  0;
156.  }
157.
158.  void  fs4412_led_iounmap(void)
159.  {
160.     iounmap(gpf3con);
161.    iounmap(gpf3dat);
162.    iounmap(gpx1con);
163.    iounmap(gpx1dat);
164.    iounmap(gpx2con);
165.    iounmap(gpx2dat);
166.  }
167.
168.  void  fs4412_led_io_init(void)
169.  {
170.
171.     writel((readl(gpf3con)  &  ~(0xff  <<  16))  |  (0x11  <<  16),
         gpf3con);
172.     writel(readl(gpx2dat)  &  ~(0x3<<4),  gpf3dat);
173.
174.     writel((readl(gpx1con)  &  ~(0xf  <<  0))  |  (0x1  <<  0),
         gpx1con);
175.      writel(readl(gpx1dat)  &  ~(0x1<<0),  gpx1dat);
176.
177.     writel((readl(gpx2con)  &  ~(0xf  <<  28))  |  (0x1  <<  28),
         gpx2con);
178.      writel(readl(gpx2dat)  &  ~(0x1<<7),  gpx2dat);
179.  }
180.
181.  struct  file_operations  s5pv210_led_fops  =  {
182.     .owner  =  THIS_MODULE,
183.     .open  =  s5pv210_led_open,
184.     .release  =  s5pv210_led_release,
185.     .unlocked_ioctl  =  s5pv210_led_unlocked_ioctl,
186.  };
187.
188.  static  int  s5pv210_led_init(void)
189.  {
```

```
190.        dev_t  devno  =  MKDEV(LED_MA，LED_MI);
191.        int  ret;
192.
193.        ret  =  register_chrdev_region(devno, LED_NUM, "newled");
194.        if (ret ＜ 0) {
195.            printk("register_chrdev_region\n");
196.            return ret;
197.        }
198.
199.     cdev_init(&cdev, &s5pv210_led_fops);
200.     cdev.owner  =  THIS_MODULE;
201.     ret  =  cdev_add(&cdev, devno, LED_NUM);
202.     if (ret ＜ 0) {
203.            printk("cdev_add\n");
204.            goto err1;
205.     }
206.
207.     ret  =  fs4412_led_ioremap();
208.     if (ret ＜ 0)
209.            goto err2;
210.
211.
212.     fs4412_led_io_init();
213.
214.     printk("Led  init\n");
215.
216.     return 0;
217. err2:
218.     cdev_del(&cdev);
219. err1:
220.     unregister_chrdev_region(devno, LED_NUM);
221.     return ret;
222. }
223.
224. static void  s5pv210_led_exit(void)
225. {
226.      dev_t  devno  =  MKDEV(LED_MA, LED_MI);
227.
```

```
228.        fs4412_led_iounmap();
229.        cdev_del(&cdev);
230.        unregister_chrdev_region(devno,    LED_NUM);
231.        printk("Led    exit\n");
232.    }
233.
234.    module_init(s5pv210_led_init);
235.    module_exit(s5pv210_led_exit);
236.
```

C++   Code

```
1.     //fs4412_led.h
2.     #ifndef   S5pV210_LED_HH
3.     #define   S5pV210_LED_HH
4.     #define   LED_MAGIC   'L'
5.     /*
6.      *    need   arg   =   1/2
7.      */
8.
9.
10.    #define   LED_ON _ IOW(LED_MAGIC,   0,   int)
11.    #define   LED_OFF   _IOW(LED_MAGIC,   1,   int)
12.    #endif
13.
```

C++   Code

```
1.     //test.c
2.     #include   <stdio.h>
3.     #include   <fcntl.h>
4.     #include   <unistd.h>
5.     #include   <stdlib.h>
6.     #include   <sys/ioctl.h>
7.
8.     #include   "fs4412_led.h"
9.
10.    int   main(int   argc,   char   **argv)
11.    {
12.        int   fd;
13.        int   i = 1;
14.
```

```
15.     fd  =  open("/dev/led",  O_RDWR);
16.     if  (fd  <  0)  {
17.         perror("open");
18.         exit(1);
19.     }
20.
21.     while(1)
22.     {
23.         ioctl(fd,  LED_ON,  &i);
24.         usleep(500000);
25.         ioctl(fd,  LED_OFF,  &i);
26.         usleep(500000);
27.         if(++i  ==  5)
28.             i  =  1;
29.     }
30.
31.         return  0;
32. }
33.
```

C++　Code

```
1.    # Makefile
2.    ifeq  ($(KERNELRELEASE),)
3.    KERNELDIR  ?  =/home/linux/linux-3.14-fs4412/
4.    #KERNELDIR  ?  =/lib/modules/$(shell uname -r)/build
5.    PWD  := $(shell  pwd)
6.
7.    Modules：
8.        $(MAKE)  -C  $(KERNELDIR)  M=$(PWD)
9.
10.   modules_install：
11.       $(MAKE)  -C  $(KERNELDIR)  M=$(PWD)  modules_install
12.
13.   clean：
14.       rm  -rf  *.o  *~  core  .depend  .*.cmd  *.ko  *.mod.c  .tmp_
          versions  Module*  modules*
15.
16.   .PHONY：modules  modules_install  clean
17.
```

18.　　　else
19.　　　obj－m　:=　fs4412_led.o
20.　endif
21.

习　题　11

1. 简述 Boot Loader(Uboot)移植实验原理、步骤及现象。
2. 简述 Linux 系统移植实验原理、步骤及现象。
3. 分析 LED 驱动开发实验的几种代码结构。

参 考 文 献

[1]　廖义奎. Cortex - A9 多核嵌入式系统设计[M]. 北京:电力出版社,2014.

[2]　刘彦文,李丽芬. Linux 环境嵌入式系统开发基础[M]. 北京:清华大学出版社,2015.

[3]　黄智伟,邓月明,王彦. ARM9 嵌入式系统设计基础教程[M]. 2 版. 北京:北京航空航天大学出版社,2013.